CW01472015

ISBN 978-0-666-82668-8
PIBN 10725179

MANUEL

DU

MENUISIER

EN MEUBLES ET EN BATIMENS,

SUIVI DE

L'ART DE L'ÉBÉNISTE;

CONTENANT

Tous les détails utiles sur la nature des Bois indigènes et exotiques; la manière de les préparer, de les teindre; les Principes du dessin géométrique et des projections, exposés d'après la méthode de M. FRANCOEUR, et appliqués à la coupe des bois; la manière de mesurer et d'estimer les travaux du Menuisier; la Description des outils les plus modernes et les mieux perfectionnés; l'art de faire la menuiserie fixe, la menuiserie mobile et toute espèce de meubles; de les polir et vernir; d'exécuter le placage et la marqueterie.

PAR M. NOSBAN, MENUISIER-ÉBÉNISTE.

Ouvrage orné de Planches.

4e édition, revue, corrigée et considérablement augmentée.

TOME PREMIER.

———— ✒ ————

PARIS,

À LA LIBRAIRIE ENCYCLOPÉDIQUE DE RORET,

RUE HAUTEFEUILLE, N° 10 BIS.

1835.

INTRODUCTION.

L'ART du menuisier est un des plus connus, et il en est peu d'aussi importans : il est susceptible d'un très grand nombre d'applications scientifiques ; et par ces deux raisons, il est naturel de croire que c'est un de ceux auxquels les écrivains et les savans donnent le plus d'attention. Il n'en est rien ; on l'a livré presque entièrement à la routine. Seule, la sagacité des artisans lui a fait faire quelques progrès ; il a été enrichi par les ouvriers et non par les doctes : on dirait que la science ne lui a été utile que par cas fortuit. Grâce au prodigieux développement que le mouvement industriel a reçu de nos jours, cet art n'est pourtant pas resté stationnaire ; il a, au contraire, marché à grands pas vers la perfection. Le progrès général du goût, l'observation des règles de l'architecture ont épuré ses formes ; la chimie a fourni quelques applications heureuses à la teinture des bois ; elle a donné les moyens d'imiter ceux qui sont exotiques avec ceux qui naissent dans nos forêts. On a appris à les mieux polir, à faire ressortir leur veines, à les recouvrir de vernis transparens qui ajoutent à leur éclat et conservent leurs nuances. Dans beaucoup de cas, la connaissance des lois de la physiologie végétale a enseigné des règles pour rendre l'ouvrage plus solide, les bois plus compactes, leur travail plus facile. Enfin, l'invention des scies mécaniques, en permettant de diviser les bois précieux en feuilles très minces et très régulières, a rendu le placage plus solide, moins sujet à se tourmenter, et infiniment plus beau.

Je ferai connaître avec soin et détail toutes ces découvertes nouvelles ; les mettre à la portée de tout le monde sera le pre-

1.   I

mier service que rendra cet ouvrage. Mais il y a une autre partie de mon travail encore plus essentielle.

Dans chaque système de connaissances spéciales, il est des notions pour ainsi dire élémentaires, sur lesquelles tout repose et desquelles toutes les autres dérivent. De même, dans tous les métiers, il y a un petit nombre d'opérations simples, que l'on répète sans cesse, dont toutes les autres sont le résultat, et qui, par leur combinaison, produisent les opérations les plus compliquées. Ainsi, dans la menuiserie, quelques travaux principaux, tels que scier, corroyer, entailler, percer le bois, assembler les pièces, reviennent à chaque instant et constituent presque tout l'art. J'ai dû décrire ces travaux avec le plus grand détail, indiquer la meilleure manière de les exécuter, faire connaître les bonnes habitudes qu'il importe de contracter pour opérer mieux et plus vite, ainsi que les méthodes les plus sûres pour tenir et diriger les outils. J'ai donné la plus grande attention à cette partie de mon travail, que l'expérience pratique et la fréquentation des ateliers pouvait seule mettre en état de bien exécuter.

L'ouvrier le meilleur ne produira jamais de bons ouvrages, ou du moins il perdra beaucoup de tems et sera surpassé par un ouvrier médiocre, s'il n'est approvisionné de bons outils. C'est une observation faite par l'homme qui, de nos jours, a rendu le plus de services à l'industrie, par M. Charles Dupin, qu'un bon choix d'instrumens, pris tous de bonne qualité, suffit pour assurer à un ouvrier un excédant de bénéfices annuels dont la réunion mettrait sa vieillesse à l'abri du besoin. L'importance de cette observation m'a déterminé à donner une grande étendue à cette partie de mon travail. J'ai décrit tous les outils qui sont ou peuvent être utiles au menuisier, les anciens comme les plus nouveaux, surtout ceux qui économisent le tems ou diminuent la peine. On trouvera dans cette section plusieurs choses nouvelles.

Enfin, comme il est indispensable que le menuisier sache bien quelles sont la nature et les qualités des matériaux qu'il emploie, je me suis attaché à donner une connaissance complète de la structure, des qualités du bois , et de ses diverses espèces.

Voici dans quel ordre j'ai divisé mon ouvrage.

La *Première Partie* traite, dans une première section, des matériaux du menuisier, des bois, de leur structure, de leur qualité, des préparations qu'on leur fait subir, des diverses espèces de bois indigènes et exotiques. C'est, je crois, le travail le plus complet qui ait encore paru sur cette matière.

La seconde section est consacrée à la description des outils divisés en plusieurs classes.

La *Deuxième Partie* fait connaître les travaux du menuisier. La première section est remplie par d'amples détails sur les principes de cet art, c'est-à-dire sur les opérations fondamentales. Les deux autres contiennent la description détaillée, 1° de tous les ouvrages de menuiserie en bâtiment, mobiles ou dormans; 2° de tous les meubles connus.

Enfin, l'*Art de l'Ébéniste*, qui complète ce Manuel, apprend à travailler les bois durs, à faire le placage, la marqueterie; à polir et vernir les bois, à préparer les veines nécessaires; il est terminé par une collection de recettes, presque toutes éprouvées et la plupart très nouvelles, pour teindre et colorer les bois.

Plusieurs autres ouvrages ont été déjà composés sur l'art du menuisier ; je dois en dire quelques mots, afin que le lecteur voie en quoi mes devanciers ont pu m'être utiles.

Le plus ancien livre que je connaisse sur cette matière est l'*Art du Menuisier*, publié par Roubo, en 1770, avec l'ap-

probation de l'Académie des Sciences. Cet ouvrage, composé
de six grands volumes in-folio, n'a certainement jamais été le
livre des ouvriers, auxquels son prix élevé permettait rarement d'en faire l'emplette. Il a beaucoup vieilli ; les nombreuses
planches qu'il renferme sont devenues inutiles, et ce volumineux travail ne serait plus bon qu'à figurer dans les catalogues
de bibliographie, si on n'y trouvait çà et là quelques observations utiles, quelques bons conseils sur la manière de diriger les outils. Il renferme aussi tout ce qu'il est nécessaire
de savoir sur la construction des billards.

Roubo était trop volumineux ; on a songé à le réduire. On
en a publié un abrégé en deux minces in-12, dont l'un est
entièrement rempli de planches déjà vieillies. Les six volumes
in-folio de l'auteur original ont été concentrés en 182 petites
pages imprimées en gros caractères, et qui renferment en outre
des notions d'architecture, de géométrie, de longues tables de
conversion des mesures anciennes en mesures nouvelles, et
beaucoup de répétitions. En revanche il renferme aussi un assez grand nombre de phrases incomplètes.

Plus récemment (en 1825) M. Mellet a publié un *Art du
Menuisier en meubles*, en 1 vol. in-8 , infiniment plus utile.
L'art de plaquer les meubles est décrit avec soin. Les procédés
que l'auteur indique pour polir et vernir sont bien choisis,
et il a compilé beaucoup de recettes pour teindre et colorer.
Néanmoins, dans cette dernière section, il y a beaucoup de
lacunes, et j'ai vu avec surprise qu'il ne contenait rien sur
l'emploi de l'acétate de fer dont on a tiré, dans ces derniers
tems un si beau parti ; rien sur la coloration de l'érable par
l'eau forte, et qu'on n'y trouvait pas même la *teinture d'acajou
à l'alcool*, que préparent et vendent à Paris presque tous les
droguistes. Il donne des notions suffisantes pour beaucoup de

bois exotiques; mais, en revanche, il a négligé les bois indigènes, que je crois au contraire bien plus important de faire
connaître avec soin. Enfin, si l'on retranche de son ouvrage
les accessoires qu'il renferme, on trouvera que la partie relative aux travaux du menuisier proprement dits, se réduit à 150
pages environ. La description si importante des outils est
presque entièrement négligée. Néanmoins ce livre est encore
ce que nous avons de mieux sur l'art qui m'occupe.

Les détails dans lesquels je viens d'entrer prouvent que,
pour composer ce Manuel, la réflexion et l'observation m'ont
été plus utiles que les livres. C'est ainsi, je crois, qu'il faudrait
composer tous les traités de technologie. Je me suis attaché à
donner à mon style le plus de simplicité, de clarté possible;
et tout en multipliant les détails, j'ai évité d'être trop diffus.
Je crois qu'un ouvrage du genre de celui-ci est parfaitement
rédigé quand il est compris sans peine. Afin que les ouvriers
et les personnes qui n'ont pas l'habitude de fréquenter les
ateliers puissent me lire sans difficulté, j'ai évité l'emploi trop
répété des expressions techniques, et n'ai pas craint de recon-
rir souvent aux périphrases. J'ai même eu la précaution de
placer à la fin de l'ouvrage un petit vocabulaire de toutes ces
expressions, et de quelques autres que les ouvriers emploient
communément.

Pour faire de ce Manuel un livre utile, je n'ai point épar-
gné la peine; aurai-je réussi? Ce n'est pas à moi d'en juger.
Mais le moment est venu, je crois, de faire de bons ouvrages
technologiques. Maintenant, beaucoup de personnes instruites
et riches apprennent un art mécanique, l'exercent par amusement, pour se distraire ou se délasser des travaux intellectuels
bien plus fatigans. Ce sont elles qui pourraient fournir de bons
traités à l'industrie. Elles savent réfléchir, écrire ce qu'elles

ont vu, connaissent à la fois le langage de l'ouvrier et celui de la science, peuvent visiter beaucoup d'ateliers, comparer les divers procédés : pourquoi ces amateurs, riches de tant de trésors, ne rendraient-il pas en masse aux ouvriers les documens qu'ils en ont reçu en détail ?

La première édition de ce Manuel a paru à la fin de 1827; · et depuis ce tems trois éditions imprimées à grand nombre ont été épuisées. Ce débit rapide m'imposait des obligations graves,, et je me suis efforcé de mériter l'accueil du public par de. nombreuses améliorations. Indépendamment d'additions considérables à la partie relative aux bois et aux outils, qui ne cessera pas d'être plus complète que tout ce qui a été récemment publié sur la même matière, j'ai ajouté plusieurs procédés nouveaux pour imiter les bois exotiques, des détails sur la menuiserie d'église, de nouvelles et nombreuses applications de la géométrie à l'art du menuisier, l'art de toiser et d'évaluer toute espèce d'ouvrage de menuiserie; un chapitre contenant les notions élémentaires de l'architecture; enfin un autre chapitre dans lequel, m'aidant des travaux de M. Francœur, j'ai tâché de mettre à la portée de toutes les intelligences les principes de l'art du trait. Ainsi cet ouvrage sera en même tems un traité spécial de l'art de l'ébéniste et du menuisier, et une espèce de résumé de toutes les connaissances qui peuvent leur être utiles.

MANUEL

DU

MENUISIER.

~~~~~~

PREMIÈRE PARTIE.

DES BOIS ET DES OUTILS.

———

PREMIÈRE SECTION.

DES BOIS, DE LEUR NATURE ET DE LEURS ESPÈCES.

——◆——

CHAPITRE PREMIER.

NOTIONS SUR LA NATURE DES BOIS, LEUR FORCE ET LES DIFFÉRENS SENS DANS LESQUELS ON LES DÉBITE ET ON LES EMPLOIE.

LORSQU'ON divise horizontalement la tige des végétaux qui nous fournissent nos bois, on reconnait le plus souvent à des nuances distinctes, qu'elle est composée, indépendamment de l'écorce, de deux parties très différentes, l'*aubier* et le *bois* proprement dit. L'*aubier*, qui est la partie la plus rapprochée de l'écorce, est composé de couches concentriques, qui ne sont pas encore converties en bois parfait; il est, par consé-quent, d'un tissu moins dur et moins coloré que le bois. L'au-bier est d'autant plus épais que les arbres ont plus de vigueur et poussent plus rapidement. Il y a des arbres dont le tronc paraît entièrement composé de cette substance : tels sont en général le peuplier, le tremble et quelques autres que l'on désigne ordinairement sous le nom de *bois blanc*. Le peu de dureté et de solidité de l'aubier le fait bannir de tous les ouvrages pour lesquels il faut un bois compacte et homo-

gène ; il en résulte quelquefois une assez grande perte ; et
pour prévenir cet inconvénient, on a cherché à augmenter la
dureté de l'aubier. On y parvient pour certains arbres, tels
que le chêne et le sapin, en les écorçant quelque tems avant
que de les abattre.

Le bois proprement dit est cette partie du tronc la plus
dure, la plus solide, la plus foncée en couleur, recouverte par
l'aubier, et creusée à son centre par le canal qui contient la
moelle. La ligne de démarcation entre la couleur de l'aubier
et celle du bois est ordinairement assez nettement tranchée.
Quelquefois les deux couleurs contrastent ensemble de la manière la plus brusque. Par exemple, dans un des arbres qui
fournissent l'ébène, l'aubier est blanc, tandis que le centre
est d'un noir foncé.

La couleur du bois offre, dans les végétaux, de nombreuses
variétés ; il en est de même de la dureté, que l'on a comparée
à celle du fer dans quelques arbres, qui en tirent leur nom
vulgaire. En général, les végétaux ligneux qui croissent dans
les climats très chauds sont plus durs que ceux de notre pays ;
ils sont aussi d'une couleur plus foncée.

La dureté est, dans les bois, un des caractères les plus es-
sentiels, un de ceux qu'il importe le plus de connaître. En
général, elle est proportionnée à la pesanteur du bois, ce qui
n'est pourtant pas une règle tout-à-fait sans exception, puisque le noyer et le sorbier, ayant à peu près la même pesanteur,
le second est néanmoins plus dur que le premier. Cependant,
comme cette indication est ordinairement très sûre, je donne
ici un tableau de la pesanteur des bois de France. Ce tableau
a été dressé par M. Varenne de Fenille, et ses calculs ont été
faits sur un mètre cube de chaque espèce de bois bien dessé-
ché. La pesanteur est exprimée en kilogrammes, et il sera
facile de la comparer à celle de l'eau, qui pèse juste 1,000
kilogrammes par mètre cube.

TABLEAU de la pesanteur des bois de France.

—

	Kil.		Kil.
Sorbier cultivé	1030	Abricotier	712
Lilas	1029	Noisetier	701
Cornouiller	994	Pommier sauvage	694
Chêne vert	993	Bouleau	688
Olivier	992	Tilleul	687
Buis	982	Cerisier	682
Pommier courpendu	946	Houx	678
Cerisier Mahaleb	888	Sorbier des oiseleurs	669
If	878	Pommier cultivé	654
Prunier	845	Noyer	629
Oranger	827	Mûrier blanc	626
Aubépine	820	Erable plane	618
Faux acacia	800	Surcau	602
Mérisier	786	Mûrier noir	599
Hêtre	779	Marseau	592
Nerprun	773	Châtaignier	588
Poirier sauvage	759	Genévrier	587
Cytise des Alpes	754	Mûrier à papier	572
Erable duret	753	Ypreau	558
Mélèse	750	Pin de Genève	550
Pêcher	749	Peuplier blanc	550
Prunellier	744	Tremble	538
Charme	737	Aulne	510
Pommier de reinette	737	Maronnier d'Inde	506
Platane	737	Peuplier de Caroline	492
Sycomore	736	Sapin	463
Erable champêtre	730	Peuplier noir	457
Frêne	725	Saule	392
Orme	724	Peuplier d'Italie	360

Le bois est formé de couches qui s'enveloppent et se recon-
vrent. Celles qui sont au centre et les plus rapprochées de la
moelle sont les plus anciennes et les plus dures. Celles qui
touchent l'aubier sont plus molles et participent un peu de
sa nature. Toutes ces couches sont composées elles-mêmes de
longues fibres collées les unes à côté des autres et parallèles

au canal médullaire qui est au milieu de l'arbre. Leur existence est bien démontrée par la facilité avec laquelle le bois se
fend dans le sens de la longueur des fibres, ou, comme on le
dit, *suivant le fil du bois.* Il y a cependant un grand nombre de
bois, tels que celui de l'orme tortillard, du groseiller, dont
les fibres, au lieu d'être parallèles, sont entrelacées et comme
entortillées en tous sens. Quand cette disposition est bien marquée, il est alors difficile de travailler ces bois, qu'on appelle,
par cette raison, *bois rebours.*

Lorsqu'on a scié transversalement un tronc d'arbre, on
aperçoit aisément les lignes circulaires formées par les couches
concentriques du bois; mais quand on examine avec beaucoup d'attention la coupe horizontale du tronc, on voit qu'indépendamment de ces lignes, il y en a d'autres qui vont de
la circonférence au centre, et qui se réunissent toutes au
canal médullaire. Quelques-unes cependant ne vont pas tout-
à-fait jusqu'à la circonférence. Ces lignes qui sont très apparentes dans le chêne, le hêtre, et qu'un botaniste a comparées
aux lignes horaires d'un cadran solaire, sont tout-à-fait disposées comme les rayons d'une roue. On les appelle prolongemens ou rayons médullaires.

D'importantes considérations résultent de cette structure du
bois. On a remarqué d'abord que le bois qui diminue beaucoup de volume en se desséchant, se retire dans le sens de la
largeur, mais jamais dans le sens de la longueur. On a conclu
que les fibres ne se raccourcissaient jamais, et que le resserrement produit par la dessiccation provenait de ce qu'elles se
rapprochaient. Cette observation a donné les moyens de pré-
voir en quel sens aurait lieu la retraite, de sorte que dans le
cas où l'on est obligé d'employer des bois verts, on peut
prendre les précautions nécessaires pour que les inconvéniens
qui peuvent en résulter soient aussi faibles que possible.

Du même fait il résulte qu'il n'est pas indifférent d'employer
du bois scié dans tel sens plutôt que dans tel autre. Si les fibres
du bois ont été tranchées, toute la solidité du bois provien-
dra seulement de ce qu'elles sont collées à côté les unes des
autres, et on s'aperçoit bientôt combien est faible l'adhérence
que leur a donnée la nature, quand on essaie de rompre une
planche qui a été sciée dans cette direction. Si, au contraire,
la fibre a été ménagée et si on lui a conservé toute la longueur
possible, alors pour rompre le morceau de bois, il faut non

plus seulement détacher les fibres des unes des autres, mais les casser. C'est comme si on avait à briser un faisceau de baguettes. Il faut en outre avoir soin, lorsqu'une pièce d'un petit volume doit résister à une pression assez forte, que les portions de couches concentriques qui la composent aient leur largeur dans le sens de la résistance. Supposons qu'il s'agisse de soulever une pierre avec un levier en bois. Si, lorsque la barre de bois est engagée sous la pierre, les couches concentriques sont parallèles au sol, elles pourront plier comme le feraient dans cette position des lames élastiques superposées, se séparer les unes des autres, et par suite se rompre; mais si la largeur de ces portions de couches concentriques est perpendiculaire au sol, elles ne se rompront pas plus que ne le ferait un faisceau de lames superposées et qui seraient placées de champ, c'est-à-dire sur leur tranche. Les portions de couches concentriques du levier ne sont, en effet, pas autre chose que des lames collées ensemble les unes sur les autres.

La structure du bois sert encore de guide quand il s'agit de débiter un tronc, c'est-à-dire, de le diviser en madriers ou en planches. On fait cette division dans des sens bien différens, suivant qu'on a égard à la beauté du bois ou à sa solidité.

Si on veut des madriers ou des planches solides, on scie et on refend parallèlement au canal médullaire, qui est au milieu du tronc. Dans ce cas, toute la longueur des fibres est conservée; c'est ce qu'on appelle *bois de fil* ou scié suivant le fil du bois.

Si on veut au contraire faire ressortir les veines du bois, sans s'inquiéter de sa solidité, on coupe le tronc perpendiculairement à son canal médullaire ; alors toutes les fibres sont coupées et les plateaux qu'on obtient ont tous l'empreinte des couches concentriques ; c'est ce qu'on appelle *bois tranché.*

Quand il y a une trop grande régularité dans les lignes circulaires qui forment les couches et qu'on est bien aise de détruire cette symétrie, on scie le tronc obliquement à la longueur des fibres, ou *en semelle.* Cette coupe en diagonale est plus solide que la précédente, et les veines du plateau sont disposées en forme d'ovale ou en doubles gerbes.

Il y a une quatrième manière de refendre le bois, dont les Hollandais ont long-tems fait un mystère. Elle donne des résultat plus brillans et presque aussi solides que la première. Voici quelle est la manière de procéder. On commence par diviser le troncparallèlement à sa longueur, en quatre portions de cylindre; on refend ensuite en planches ces madriers triangulaires, en commençant par un angle et en dirigeant la scie perpendiculairement à la largeur des couches concentriques. La première pièce qu'on enlève par ce moyen n'est pas autre chose qu'un liteau triangulaire. On obtient ensuite des planches dont la largeur augmente jusqu'à ce qu'on soit arrivé au point de la surface extérieure du madrier, qui est opposé au sommet de l'angle qui était au cœur de l'arbre. A partir de ce point, la largeur des planches recommence à diminuer, et l'on finit encore par un liteau triangulaire. Cette manière de débiter le bois a pour but de couper obliquement les prolongemens médullaires dont nous avons parlé. Ces prolongemens, que les ouvriers appellent la *maille*, forment, à la surface des planches, des taches brillantes ou *miroirs*, et c'est pour que ces taches soient plus grandes qu'on procède de cette manière. C'est ce qu'on appelle refendre sur la maille. Les Hollandais, qui travaillaient ainsi le chêne, cachaient leur procédé, et on croyait généralement que cette maille large et apparente provenait d'une espèce de chêne qui ne croissait qu'en Hollande, tandis que c'était tout simplement du chêne acheté dans nos forêts.

CHAPITRE II.

DES DIVERSES MANIÈRES DE PRÉPARER LE BOIS AVANT DE LE TRAVAILLER.

De la dessiccation du bois.

La sève, qui existe dans tous les bois, est une cause inévitable d'altération. Elle s'échauffe et fermente même dans ceux qui sont de meilleure qualité, et travaille jusqu'à ce que le tems l'ait détruite. Dans les bois de qualité inférieure, cette fermentation a des effets encore plus fâcheux, surtout s'ils n'ont pas été coupés dans la saison convenable. La corruption de la sève attire les insectes, qui rongent et coupent les fibres; elle fait bomber, fendre et même pourrir les bois avant le tems. Par son évaporation, elle donne lieu à un resserrement quelquefois considérable; les pièces de l'ouvrage fait avec du bois vert se séparent, et si elles sont assemblées d'une manière invariable elles se fendent. Il ne faut donc employer les bois qu'après les avoir bien fait sécher, ce qu'on obtient en les exposant à l'air, sous un hangar.

Procédé de Mugueron pour dessécher les bois.

La dessiccation obtenue par le moyen précédent est lente et n'est.jamais compléte. Il y a près de cinquante ans que M. Mugueron, maître-charron à Paris, inventa un moyen ingénieux qui produit de bien meilleurs effets. Il consiste tout simplement à faire bouillir le bois dans de l'eau et à le faire ensuite sécher à l'étuve. Par cette opération, le bois est entièrement dépouillé de cette partie extractive; ses fibres se rapprochent, sa sève est remplacée par l'eau qui s'évapore promptement. On peut même, comme nous allons le voir, mêler à l'eau d'autres substances qui pénètrent jusqu'au cœur du bois et lui donnent de nouvelles qualités. La découverte faite par M. Mugueron, obtint l'approbation de l'Académie des Sciences. Voici le résultat des épreuves faites sous ses yeux : 1° le meilleur bois acquiert un tiers de force de plus que sa force naturelle; 2° le bois vert auquel il fallait plusieurs années pour pouvoir être employé, peut l'être très promptement, 3° le bois qui n'était propre à rien, rendu plus dur, devient utile à plusieurs ouvrages; 4° les bois ainsi préparés sont moins sujets à être fendus, gercés et vermoulus; 5° on peut, dans l'emploi, diminuer d'un tiers la grosseur de certaines pièces de bois; 6° le bois devient flexible ; il en résulte qu'on peut redresser les pièces qui sont courbées; et quand on le désire, ceintrer dans tous les sens celles qui sont droites.

Il n'est pas douteux que cette dernière propriété, si remarquable dont M. Mugueron avait tiré parti pour le charronnage, n'ait été l'origine de la prétendue découverte que M. Isaac Sargent a rajeunie et sur laquelle nous donnerons de nouveaux détails dans la première section de la deuxième Partie.

Modification du procédé de M. Mugueron; par M. Neuman.

M. Mugueron, pour appliquer sa découverte, avait fait faire d'immenses chaudières ; mais, comme tout le monde ne peut pas en faire autant, on avait à peu près abandonné son procédé. M. Neuman, menuisier d'Hanovre, et plusieurs ébénistes anglais en ont rendu l'emploi bien plus facile en se servant du chauffage à la vapeur pour faire entrer l'eau en ébullition.

Cette nouvelle manière de procéder est très simple. On met les pièces de bois dans une forte caisse en chêne, dont les joints ont été bien mastiqués. On a soin que les diverses pièces de bois ne s'appliquent pas exactement l'une sur l'autre. Il y a au fond de la caisse un robinet qu'on ouvre et ferme à volonté. On la remplit d'eau.

Sur un fourneau placé à côté de la caisse est une chaudière pleine d'eau et fermée par un couvercle en forme d'entonnoir renversé. Pour que la vapeur ne puisse pas s'échapper en glissant entre le couvercle et la chaudière, on bouche la jointure avec de la terre glaise, ou mieux encore avec de la chaux vive délayée avec du blanc d'œuf, mêlé à l'avance avec un peu d'eau. Au sommet du couvercle, on a soudé un gros tuyau qui s'élève d'abord verticalement, puis se recourbe et descend au fond de la caisse en bois. Quand on chauffe fortement la chaudière, l'eau qu'elle renferme entre en ébullition, la vapeur sort par le tuyau du couvercle, et, ne trouvant point d'autre issue, passe à travers la masse d'eau contenue dans la caisse, qu'elle finit par échauffer. L'opération est plus ou moins longue et l'ébullition doit être plus ou moins iong-tems soutenue, suivant que les pièces de bois renfermées dans la caisse sont plus ou moins grosses. On a atteint le but quand l'eau qui sort de la caisse n'est plus colorée par le bois soumis à l'opération.

Ce procédé pourrait, je crois, être employé avec beaucoup de succès, pour teindre le bois en grand. Il suffirait pour cela de remplacer l'eau de la cuve par la liqueur colorante qu'on aurait d'abord chauffée. Il est présumable qu'on aurait des teintes bien plus vives, si, après avoir fait subir au bois une première ébullition dans l'eau pure, on les plaçait dans la liqueur colorante, soit de suite, soit après les avoir fait sécher ; je ne doute pas que, par ce moyen, la couleur ne pénétrât jusqu'au cœur du bois.

En France, on pratique depuis long-tems un procédé de lixivation à peu près analogue, dans l'intention de garantir les bois de la piqûre des vers. On les met bouillir dans des chaudières où l'on a jeté des cendres de bois neuf, et on les y laisse pendant une heure environ.

Moyen de rendre les bois inaltérables.

Il y en a un bien simple, il consiste à jeter du sel de cuisine dans la cuve de Neuman. Aux État-Unis, on fait mariner dans le sel les bois qu'on destine à la charpente. Un journal allemand, annonçait, en 1813, qu'à Copenhague, le Champignon s'étant mis sur le bois du plancher de la Comédie, avait gagné au point que le plancher vint à manquer; on en construisit un nouveau, qu'on eut soin de frotter d'une dissolution de sel. Au bout de dix ans, le bois de ce plancher est encore aussi sain et aussi bien conservé que s'il était tout récent. La charrée de savon a la même propriété.

Manière de rendre le bois incombustible.

Suivant Faggot (Mémoires de l'Académie de Stokholm), il suffit, pour cela, de le faire bouillir dans une dissolution d'alun ou de vitriol vert (sulfate de fer).

Les bois imprégnés d'urine ne se consument que très lentement. On trouve dans le *Monats blatt für Bauwesen*, de 1821, que si on lessive du schiste alumineux avec de l'urine, et qu'on laisse pendant quatorze jours dans cette liqueur des morceaux de bois de pin de trois pouces d'épaisseur, ils deviennent presque incombustibles. Après les avoir laissé sécher, si on les met dans le feu, ils y restent pendant près d'une demi-heure, sans subir d'altération; c'est seulement au bout de ce tems qu'ils commenceront à se charbonner, mais ils ne produisent plus de flamme. Sans doute ces procédés sont coûteux, et il est moins dispendieux de payer une prime d'assurance. Mais les Compagnies d'Assurance contre les incendies ne peuvent pas mettre à l'abri des accidens les habitans des maisons, et la foule qui se presse dans les théâtres.

Procédé pour durcir le bois.

Si on veut donner au bois une très grande dureté, il faut l'imbiber d'huile ou de graisse et l'exposer pendant un certain tems à une chaleur modérée. Il devient alors lisse, luisant et très dur quand il s'est refroidi. C'est d'un procédé semblable que se servent quelques sauvages pour durcir le bois avec lequel ils construisent leurs armes et leurs outils. Ainsi préparé, le bois devient assez dur pour tailler et percer d'autres bois, et les piques graissées, chauffées et séchées de la sorte, peuvent traverser le corps d'un homme de part en part.

Procédé de M. Atlee pour durcir le bois et l'empêcher de travailler par l'effet de l'humidité.

Le bois est d'abord débité en planches ou en pièces parallélogrammiques qui doivent avoir une épaisseur égale sur toute leur longueur ; ensuite ces pièces sont passées entre les cylindres de fer ou d'acier bien poli , d'un laminoir qui les comprime à la manière des feuilles métalliques. L'écartement entre les cylindres se règle suivant l'épaisseur du bois ; mais pour qu'il n'éprouve pas une compression brusque, qui romprait les fibres et le ferait éclater , l'auteur propose de placer plusieurs paires de cylindres à la suite l'un de l'autre, afin que la pression soit graduelle et successive. L'écartement de ces cylindres devra être tel, qu'à mesure qu'ils s'éloignent ils soient plus serrés. M. Atlee assure que par ce moyen la sève ou l'humidité est forcée de sortir du bois sans que ces fibres soient rompues : ce bois sera ainsi plus compacte, plus lourd, plus solide et moins susceptible de se pourrir. C'est principalement pour l'ébénisterie que l'auteur recommande son usage, comme ne travaillant pas, prenant un beau poli et se rayant difficilement. On est dispensé d'ailleurs de l'emploi de la varlope et du rabot, attendu que le laminage donne aux planches une surface très unie.

Je dois faire observer que les bois noueux ne subiraient pas le laminage sans éclater, quelles que fussent les précautions prises pour graduer la compression.

Conservation des bois par l'acide pyroligneux.

Nous croyons ne pouvoir mieux faire que de rapporter des expériences faites par un Américain du nord, qui a consacré plusieurs années aux épreuves et aux recherches d'un moyen de conserver le bois des vaisseaux, et qui s'est arrêté à l'emploi de l'acide pyroligneux, comme le plus sûr et le meilleur des préservatifs contre la piqûre des vers et la pourriture etc. (1) Pour faire ses expériences, il a exposé à la chancissure deux pièces de bois vert abattues depuis long-tems et qu'il avait auparavant imprégnées d'acide pyroligneux. Il a été reconnu que ces bois n'avaient pas éprouvé le moindre dépérissement, tandis que des pièces de la même espèce, et semblables en tout à celles sur lesquelles se faisait l'expérience, se sont moisies et ont même tombé en pourriture.

---

(1) M. Briant, de la Monnaie, a obtenu un brevet pour la conservation des bois au moyen du sulfate de fer ; nous aurons occasion de parler de la découverte de cet habile industriel.

On savait déjà que l'acide pyroligneux conservait les substances animales; mais on n'avait eu jusqu'ici que des doutes sur les effets de son application aux substances végétales, et surtout aux poutres, aux planchers, aux bordages des vaisseaux.

Ce procédé est si simple et si facile, qu'il semble impossible que les constructeurs se refusent à l'adopter. En voici les détails :

Après avoir scié, on façonne les différentes pièces de la construction, on les met à couvert pendant huit ou dix jours pour les empêcher d'être mouillées, et chaque jour on leur applique avec une brosse une couche d'acide qui les pénètre à environ un pouce de profondeur.

Le bois doit être abattu depuis un assez long tems pour être scié, et l'on observe que, le cœur du chêne étant naturellement moins corruptible, on peut se dispenser de lui donner autant de couches qu'aux autres parties plus voisines de l'écorce, ou aux autres espèces de bois.

Procédé de M. Callender pour préparer le bois d'acajou de manière à le garantir des influences de l'atmosphère.

On sait que les anglais fabriquent tous leurs meubles d'acajou en bois plein, tandis que chez nous on est dans l'usage de les plaquer, ce qui permet d'obtenir des ronçures et des veines agréables et variées. Lorsque ce placage est bien fait, il est tout aussi solide que le bois plein; mais il faut avoir soin de fixer les feuilles sur des bois déjà très secs, avec de la colle qui ne soit pas trop hygrométrique.

Il paraît que l'humidité du climat fait *voiler* les bois d'acajou, du moins ceux récemment travaillés, ce qui oblige à les faire sécher préalablement, opération longue et dispendieuse qui ne remédie souvent qu'imparfaitement à ce défaut. M. Callender propose de l'abréger par un procédé fort simple qu'il a communiqué à la Société d'Encouragement de Londres, et pour lequel il a obtenu une récompense de quinze guinées. Il consiste à placer les bois dans une caisse ou chambre hermétiquement fermée, où l'on fait arriver par un tuyau aboutissant à une chaudière, de la vapeur d'eau qui ne doit pas être au-dessus de la température de 80 degrés de *Réaumur*. Après que les bois ont été ainsi exposés pendant deux heures plus ou moins, à l'effet de la vapeur, et qu'on juge qu'ils en sont bien pénétrés, on les porte dans une étuve, ou dans un atelier chauffé, où ils restent pendant vingt-quatre heures avant d'être mis en œuvre. Nous observons que l'auteur n'entend parler que des bois de moyenne dimension, c'est-à-dire de ceux d'un pouce et demi à deux pouces d'épaisseur, dont on fait ordinairement des chaises, des balustrades, des lits, etc. On conçoit que des pièces d'un plus fort échantillon exigent plus de tems pour être complètement desséchées.

De beaux blocs d'acajou sont souvent déparés par des taches et des veines verdâtres qui renferment des insectes qui ne tardent pas à les attaquer. M. Callender assure que son procédé remédie à ce double inconvénient, en effaçant les taches, et en détruisant les larves des insectes.

Plusieurs habiles ébénistes de Londres ont pratiqué avec succès ce moyen dont ils ont rendu le compte le plus satisfaisant. Ils attestent que l'acajou ainsi préparé, ne se déjette pas quand il est exposé au soleil et à la chaleur ; qu'il ne s'y manifeste point de gerçures, et que sa couleur acquiert plus d'intensité.

Nous ne doutons pas que ce procédé ne trouve de nombreuses applications en France, surtout pour empêcher les bois d'être piqués des vers. (*Bulletin de la Société d'Encouragement*, 1818 page 248).

Procédé de M. Paulin Desormeaux pour la conservation des bois.

Après l'abattage et la rentrée des bois dans le cellier, on débite ceux en grume, en bûches de quatre à cinq pieds de longueur, on colle sur les bouts des rondelles de papier sur lesquelles on répand ensuite de l'huile. Pour les garantir de la piqûre des vers on écorce ces bûches un an après leur abattage, au printems, à l'instant où les œufs des insectes déposés dans cette écorce commencent à éclore. L'écorce ôtée, le bois sèche et durcit : les œufs, s'ils éclosent, ne peuvent nuire au bois, et ceux déposés par la suite ne peuvent y causer de dommage; le ver, lorsqu'il éclot, ne trouvant plus l'écorce qui le nourrit jusqu'à ce qu'il soit assez fort pour perforer le bois même. C'est surtout pour les bois fruitiers, c'est-à-dire les bois les plus précieux, que ce procédé offre de l'avantage. Le

noyer n'est garanti par ce moyen que des gros vers, les petits
arvenant encore à s'y loger, mais il fait exception, et c'est tou-
ours quelque chose d'avoir seulement à redouter ces derniers
qui n'ont point d'action sur le bois verni.

CHAPITRE III.

DES DIVERSES ESPÈCES DE BOIS INDIGÈNES.

Je diviserai en deux classes les bois que je veux faire
connaître; savoir, les bois originaires de France ou qui y sont
acclimatés, et les bois qui croissent dans d'autres pays. Parmi
ceux dont je parlerai, il y en a quelques-uns qui servent plus
souvent au tourneur qu'au menuisier; mais je n'ai pas cru
devoir les omettre. Pour que les recherches soient plus faciles,
j'ai disposé les notices par ordre alphabétique.

Abricotier.

C'est un bois assez agréablement veiné; mais on s'en sert
peu; parce qu'il est très sujet à fendre. Il se polit difficilement,
et souvent il est pourri au cœur.

Acacia.

Ce bel arbre, apporté en France en 1600, par M. Robin,
n'est pas encore assez estimé chez nous. Il vient extrêmement
vite. Quand un homme se marie aux État-Unis, il arrive
souvent qu'il plante en acacias plusieurs acres de terrain, et
au bout de vingt ans, la coupe de ces arbres lui suffit pour
établir ses enfans. Ce bois, qui ne pourrit ni à l'eau ni à l'air,
que les vers n'attaquent point, est d'un grain fin assez dur et
bien veiné. Il est d'un jaune verdâtre, et ses veines brunes
tirent aussi un peu sur le vert. Il se polit très bien, et le
brillant de son poli offre un satinage agréable à l'œil. Ce bois,
nerveux et léger, convient mieux que tout autre pour faire
des chaises.

Alizier ou Alouchier.

Cet arbre est malheureusement exposé à être attaqué par les
vers, qui, après avoir rongé l'écorce, pénètrent jusqu'au
cœur. Jeune il est blanc, doux sous l'outil, a un grain très fin

et des veines disposées comme le noyer. Il reçoit les moulures les plus déliées. En vieillissant, il devient rougeâtre, acquiert de la dureté, et peut recevoir un beau poli ; il prend très bien les teintures rembrunies. Il a quelquefois au cœur des veines d'un beau noir, qui malheureusement sont cassantes.

Amandier.

C'est un excellent bois, que les ouvriers nomment faux gaïae ou gaiac de France. En effet, le bas du tronc, quand le bois est bien sec, n'est pas tout-à-fait sans ressemblance avec le gaïae. Quand il est scié avec une scie à denture très fine, il est luisant comme ce bois exotique, très pesant, très dur et imprégné de résine ; il est excellent pour faire des manches de ciseau qui résistent long-tems au maillet : il est bien veiné, mais très susceptible de se fendre en spirale. Avant de s'en servir, il faut le laisser très long-tems sécher à l'air, sans cela il serait impossible d'en tirer parti.

Aulne.

Son bois est blanc, facile à teindre, surtout en noir, et les ébénistes l'emploient souvent au lieu de l'ébène ; il est d'une coupe lisse et nette sur le ciseau. Les sculpteurs et les tourneurs l'estiment, quoiqu'on ne puisse ni le poncer ni le vernir ; il reçoit bien les moulures, mais les vers s'y mettent aisément. On l'emploie le plus ordinairement à faire des chaises communes et des échelles, qui ont l'avantage d'être très légères ; mais cet arbre porte des espèces de loupes ou excroissances qui, dans ces derniers tems, ont été travaillées avec succès. Ces loupes sont agréablement mélangées de dessins rouges et moirés ; elles présentent l'aspect de l'acajou, et ont le grain de la loupe d'orme ; mais le placage qui en résulte est très tendre, et se raie aisément.

Azerolier.

C'est une espèce de néflier. *Voyez* ce mot.

Bouleau.

Ce bois est solide, mais moins dur dans nos climats que dans le Nord. Sa couleur est d'un blanc rougeâtre ; son grain n'est ni fin ni grossier quand il est sec : on en fait des ustensiles de ménage, des sabots, des jougs et autres instrumens aratoires. Il se forme sur le bouleau des nœuds ou loupes d'une substance rougeâtre, marbrée, légère, solide et non fibreuse, recherchées par les tourneurs.

Buis.

Il y en a deux espèces, le buis de France et le buis d'Espagne. Le *buis de France* est presque toujours rabougri. Tout le monde sait qu'il est jaune, nuancé de vert, qu'il est assez dur et que les tourneurs le recherchent. Souvent il porte à fleur de terre des excroissances ou loupes difficiles à travailler, et dont on fait beaucoup de cas. Souvent on obtient de ces loupes d'une manière artificielle. Pour cela, on fait passer une branche par une virole de fer qu'elle remplit exactement. La branche ne peut plus grossir, la sève s'y accumule et la gonfle au-dessous de la virole. Il y pousse d'autres petites branches que l'on coupe, ce qui produit des nœuds; le gonflement continue toujours, et l'on finit par avoir une loupe plus facile à travailler et aussi belle que celle que produit la nature. On fait ressortir les veines de ces loupes à l'aide d'une teinture de bois d'Inde et d'un mélange d'acétate de fer et d'acide nitrique.

A l'exposition de 1827, on a vu une petite table plaquée en buis et vernissée, dont les nuances produisaient un effet très agréable.

Le *buis d'Espagne* est ainsi nommé, parce que c'est surtout dans les Pyrénées qu'il croît avec abondance. On le trouve là à haute tige, droit et sans nœud. Ses qualités sont celles du buis ordinaire; il se polit de même, mais porte rarement des loupes.

Cèdre.

La rareté, la beauté et l'incorruptibilité de ce bois l'ont rendu célèbre. Il est excellent pour la charpente et devrait être multiplié. Sa croissance est rapide. Il se plaît dans les terrains pierreux, sablonneux et maigres; on pourrait en couvrir les coteaux arides, et le placer dans les bosquets d'hyver où il ferait un bel effet. Le bois de cèdre est rougeâtre, odoriférant. On a prétendu que les charpentes des temples de Jérusalem et de Diane à Éphèse avaient été construites avec ce bois; mais M. de Fenille fait observer avec raison que cet arbre n'ayant pas plus de vingt pieds de haut, ne peut servir à la charpente d'aussi grands édifices. Le même auteur doute encore plus qu'on l'ait employé, comme le rapporte l'histoire, à sculpter la statue de Diane dans le même temple. Ce bois est trop mou et d'un grain trop inégal pour cela; il se fend en outre trés aisément.

Cerisier.

Il y en a plusieurs espèces.

Le *Cerisier ordinaire* a l'aubier blanchâtre et le cœur d'un rouge assez semblable à celui de l'acajou, ce qui le rendrait bien plus précieux pour l'ébénisterie si cette couleur se soutenait. On la fixe bien en partie en y passant de l'eau de chaux, mais alors la couleur brunit et devient moins agréable; c'est pourtant une des plus solides parmi celles qu'on communique artificiellement. Il est un peu trop tendre pour la grosse menuiserie, ainsi que les suivans, et ne peut d'ailleurs être employé pour les ouvrages qu'on exposerait à l'air.

Le *Merisier*, dont le bois est plus serré, plus dur que celui des cerisiers ordinaires, prend mieux le poli, et par cette raison mérite de beaucoup la préférence. Mais, comme le cerisier, il pâlit extraordinairement en vieillissant, quelle que soit la couleur qu'on lui ait donnée, et sous ce rapport, il est moins propre que le noyer à l'imitation de l'acajou. C'est d'ailleurs un bois très sujet à la vermoulure, et dont les planches sont rarement saines en entier, de sorte qu'il y a beaucoup de déchet. Néanmoins, quand on le traite par les acides et quand on choisit un bois riche en accidens, on produit des meubles très élégans et très recherchés. On a vu à Paris des fauteuils et des chaises de merisier vernis qui étaient du plus bel effet. C'est surtout pour ce dernier genre de travail qu'on fait un grand usage de ce bois. Néanmoins, pour les chaises communes, il faut lui préférer l'acacia qui est bien plus solide, et qui deviendrait peut-être aussi beau si on s'étudiait à le teindre et à lui appliquer les acides.

Le *Guignier* est encore plus dur que le merisier. Il est aussi plus liant, plus roncé. Les planches du guignier ornées de nœuds font de très beaux dessus de table. Ces nœuds vert-olive avec des accidens rougeâtres, blancs ou bruns, se détachent sur un fond vert tendre. On ne doit donc y mettre une couleur que dans le cas où il ne présente que très peu de nuances.

Le *Cerisier mahaleb*, ou bois de *Sainte-Lucie*, croît en abondance dans les Vosges, près du village de Sainte-Lucie.

Sa couleur naturelle est celle du cerisier, mais il brunit beaucoup en vieillissant. Il a une légère odeur de violette. Il ne faut pas le confondre avec le bois de *palissandre* qu'on nous apporte de l'île de Sainte-Lucie, et qui a une odeur semblable à celle du *mahaleb*.

Le *Cerisier à grappes* ou *putier* ressemble beaucoup au précédent, et présente un beau veinage quand il est débité *en semelle*.

Charme.

La contexture des fibres du charme est singulière. Ses couches concentriques ne suivent point une couche exactement circulaire comme celle des autres arbres; elles sont ondulées en zigzag. Le charme est par conséquent rebours, difficile à travailler, et s'enlève en éclat sous l'outil. En revanche, il fait peu de retraite et est très dur, ce qui le rend supérieur à tous les autres bois, pour la confection des instrumens qui doivent frapper de grands coups ou opposer une forte résistance. Son grain est serré, il est d'un blanc mat, d'où il résulte qu'on l'emploie souvent pour faire des cases de damier ou des filets de marqueterie. Il se polit difficilement; cependant on en vient à bout quand on l'attaque avec un outil affûté bien vif. Celui qui vient dans les terrains humides est mou, sans consistance, et doit être rejeté. Le charme noueux fournit les meilleurs maillets.

Châtaignier.

C'est un des meilleurs bois pour la charpente et la menuiserie commune. On en fait d'excellens cercles de tonneaux, et quelques ouvriers prétendent qu'il ne se retire pas en séchant. S'il possédait vraiment cette qualité, on devrait le préférer à tout autre bois pour les bâtis destinés à être plaqués. Il ne faut pas croire, comme l'ont dit plusieurs auteurs, que les charpentes du Louvre et de presque tous les grands édifices gothiques ont été faites en châtaignier. Daubenton a prouvé que ces charpentes sont en chêne blanc, qui, lorsqu'il a vieilli, a l'aspect du châtaignier. Cette erreur a été reproduite dans l'*Art de l'Ébéniste*, publié depuis la première édition de cet ouvrage.

Chéne.

C'est peut-être de tous les bois celui que l'on emploie le plus dans la charpente et dans la menuiserie; il est en effet difficile d'en trouver un qui soit plus propre à cet usage, quoiqu'il ait peu d'éclat, et que son tissu grossier ne permette guère d'y pousser des moulures. De toutes les espèces, le chêne blanc est la meilleure. L'yeuse ou chêne vert est cependant plus dur. On trouve quelquefois des loupes de chêne qui égalent en beauté les bois d'ébénisterie les plus remarquables. Elles viennent de Bretagne, mais ne doivent être employées que fort sèches, parce qu'elles éprouvent un retrait considérable.

Citronnier. Voyez Oranger.

Cognassier.

Bois jaune, d'un tissu serré, assez ordinairement noir au centre, susceptible de recevoir un beau poli. Comme il est très sujet à fendre, il faut le tenir long-tems à la cave. On le monte progressivement marche par marche.

Cormier.

Plus dur et plus liant que l'alizier, il doit encore être préféré à ce dernier bois, parce qu'il est d'un rouge brun plus foncé. Celui de montagne, moins gros que celui de plaine, est cependant plus beau et nuancé de veines noires, d'un très bel effet. Malgré sa dureté, il est facile à polir. On l'emploie pour faire les fûts des varlopes, demi-varlopes, rabots et autres outils à fûts. Ce bois, d'ailleurs très pesant, a pourtant le défaut d'être sujet à se tourmenter. A l'exposition de 1827, il y avait une table à l'antique très belle et toute plaquée en cormier.

Cournouiller.

Il est brun au cœur et noircit en vieillissant. Sa croissance est très lente. Il a un aubier blanchâtre avec une légère nuance de rose. Il est dur et d'un grain serré, susceptible de recevoir un beau poli, très propre à faire des massues de fléau, mais souvent tellement criblé de nœuds qu'il devient impossible de le travailler.

Cyprès.

On en compte plusieurs espèces. Le Cyprès commun, originaire du Levant, croît avec abondance dans la plupart des îles de l'Archipel; il vient aussi en France. Son bois dur, très serré, presque incorruptible, est très propre à faire des pieux, des palissades, des barrières et autres ouvrages extérieurs pour lesquels il faut des bois de longue durée. Son odeur pénétrante et suave a quelque analogie avec celle du santal. Sa couleur est d'un rouge très pâle, avec quelques veines brunes.

Le *Cyprès horizontal* croît dans les îles du Levant et vient plus haut que le précédent. C'est le principal bois de charpente de l'Asie. Très bon pour faire des planches, il acquiert en peu de tems la grosseur du chêne, quand il est bien cultivé. Autrefois dans l'île de Candie, on l'appelait *dos filiæ*, parce que le prix d'un seul de ces arbres suffisait pour doter une fille. Il résiste aux vers et passe pour incorruptible. On s'en servait en Égypte pour faire des cercueils qui durent encore. Les portes de l'Église de Saint-Pierre, construites du tems de Constantin, étaient encore en bon état quand, onze siècles après, le pape Eugène IV les remplaça par des portes en bronze.

Cytise des Alpes.

Ce petit arbre croît naturellement dans les Alpes suisses, italiennes, et dans le midi de la France. Son bois est très dur, très souple et très élastique. En Provence, on l'emploie à faire des rames et des bâtons de chaises à porteurs. Dans le Mâconnais on le courbe en arcs qui, après un demi-siècle, conservent toute leur élasticité. Il est assez semblable, par sa couleur, à-l'ébène vert. Son cœur, d'un vert sombre, est entouré d'un aubier d'une couleur tranchant agréablement. Le pointillé de son fil et ses nervures concentriques, rayonnant du centre à la circonférence, font un bel effet. Il prend bien le poli, et l'acide sulfurique le noircit profondément.

Ébénier (faux). Voyez Cytise.

Érable.

Il y en a deux espèces.

L'*Érable commun* ou petit érable des bois est un bois dur, souple, liant, assez ferme, et fin comme celui de tous les érables. Il prend un beau poli et est très recherché quand il a beaucoup de nœuds. Sa couleur est d'un jaune très pâle, mais l'action de l'eau forte la rend dorée et chatoyante. Alors, quand on plaque un meuble avec du broussin d'érable, traité de cette manière, qu'on l'a poli et verni avec soin, il fait le plus bel effet, et peu de bois exotiques lui sont préférables.

Plusieurs meubles, construits de la sorte, ont universellement fixé l'attention aux dernières expositions. La loupe d'érable produit encore un plus bel effet, mais elle est rare. Ce bois prend aussi différentes nuances par l'action de l'acétate de fer. A l'exposition de 1827, un superbe billard entièrement plaqué en érable ondulé, et un secrétaire revêtu de loupe d'érable et de bois de citronnier mélangés attiraient l'attention de tous les connaisseurs.

L'*Érable sycomore* se travaille bien sous la varlope. C'est un bois blanc, tendre, agréablement ondulé et veiné. Il prend un beau vernis, et l'on recherche le sycomore marbré des montagnes.

M. Varenne de Fenille parle d'une espèce d'érable, qu'il décrit sous le nom d'*érable duret* et qui croit dans les montagnes du Jura. Elle paraît peu connue des botanistes; mais les habitans de ces montagnes lui donnent la préférence sur toutes les autres espèces d'érable. Son bois est plus dur, moins sujet à se fendre, et cependant on n'y distingue ni aubier ni couches annuelles.

Frêne.

Ce superbe arbre forestier est, de tous les grands végétaux de France, celui qui fournit le bois le plus flexible. On en fait de bons manches de marteaux, d'excellens montans d'échelles, des montures de scie. Son bois, d'un assez beau blanc, rayé de jaune à la séparation des couches concentriques, est peu serré et assez difficile à raboter.

Mais ce qui rend surtout ce bois précieux pour l'art qui nous occupe, ce sont ces loupes énormes, que l'on peut quelquefois débiter en quartels de quatre pieds de haut sur quatre pieds de large, et dont l'emploi est une des plus précieuses découvertes de l'ébénisterie moderne. On peut en distinguer trois espèces, la brune, la blanche et la rousse.

La couleur sombre de la loupe brune est, dit-on, le résultat des vapeurs méphytiques dont elle se pénètre dans des fosses de fumier où on les laisse pendant long-tems. Elle a la couleur de la noix de coco, mélangée de dessins d'une nuance plus tendre et même de parties blanches, qu'on prendrait pour des corps étrangers. Cette variété est sujette à des crevasses qu'il faut boucher comme celles de la loupe d'orme. Néanmoins plusieurs ébénistes habiles, pour perdre moins de tems, se contentent de remplir les petits vides avec un mastic fait de sciure de bois et de colle forte, qu'ils remplacent quelquefois avec du vernis au pinceau épaissi à une douce chaleur. Quand la crevasse est trop grande, il faut nécessairement coller une pièce de rapport. Cette loupe et ses suivantes, faciles à travailler en tous sens, reçoivent un poli de glace et imitent le plus beau marbre. On peut y faire les moulures les plus délicates.

La loupe blanche n'a été soumise à aucune influence étrangère. Aussitôt qu'elle est détachée de l'arbre, on la renferme dans un endroit sec. Elle n'est pas crevassée comme la précédente. Un beau moiré blanc, mélangé d'une couleur tendre café au lait, et parfois d'accidens gris-bleu, forme la teinte primitive de cette loupe. Mais, par les acétates de fer, dont la composition et l'emploi seront indiqués dans le dernier chapitre de l'ouvrage, on peut à volonté la teindre en beau vert jaspé, en brun roux mêlé de gris blanc et de jaune; enfin, en brun foncé, nuancé de noir et de rouge sombre. Suivant les plus habiles ébénistes, on doit scier en feuilles la loupe de frêne blanche presque aussitôt que l'arbre est abattu. Alors les feuilles n'ont pas de gerçure. A la vérité elles se tourmentent beaucoup; mais en les tenant pendant quelque tems dans un endroit humide, et en les pressant ensuite entre des cales chaudes, on les rend aussi unies que des feuilles de papier. Il faut avoir soin que les cales soient bien polies et sans défaut. On doit aussi les frotter avec du savon et non pas avec de la cire : sans cela la blancheur du bois serait altérée.

La loupe rousse est d'un jaune obscur mêlé de roux. M. Désormeaux à qui j'emprunte ces détails, et qui, le premier, a décrit ces trois variétés, croit que la différence de couleur provient uniquement de ce que la loupe rousse a séjourné dans l'eau et la loupe brune dans du fumier.

Les ouvriers qui emploient la loupe de frêne en placage ne doivent pas oublier qu'elle exige des bâtis plus solides que l'acajou.

Fusain.

Avec ce bois, qui est jaune, on fait des pieds-de-roi, des règles, des fuseaux. Il obéit bien au ciseau, et les sculpteurs en font usage; mais c'est un arbuste trop petit pour avoir de

l'importance. Dans quelques pays, après avoir divisé les branches en copeaux longs et minces, on frise ces lanières et on en
fait des balais à chasser les mouches.

Fustel. Voyez Sumac.

Gainier ou arbre de Judée.

Cet arbre croît spontanément en Espagne, en Italie et dans
le midi de la France. C'est un des plus beaux arbres d'agrément. Ses feuilles sont grandes et belles, et au printems il se
couvre d'une multitude de fleurs-roses. Sa couleur est assez
semblable à celle de l'acacia. Quand on le débite à bois de
fil, il est aisé à polir et son aspect filandreux est agréable.
Son aubier blanchâtre tranche agréablement avec son cœur
vert jaune, diapré de veines d'un vert plus foncé.

Genévrier.

Bois tendre, susceptible d'un beau poli, répandant une
odeur faible, mais agréable, et joliment veiné. Il ne peut
être utile que pour de très petits ouvrages ou pour la marqueterie.

Guignier. Voyez Cerisier.

Hêtre.

Suivant M. Varenne de Fenille, ce bois ne paraît ni d'une
grande force ni d'une grande élasticité; il se tourmente, se
fend avec excès et fait prodigieusement de retraite; le grain
n'est pas assez homogène pour recevoir un beau poli. Les
faisceaux de fibres (prolongemens médullaires) qui tendent
de la circonférence au centre sont très prononcés, de sorte que
de quelque manière qu'on le débite, la moelle est toujours
très apparente. Ce bois est sujet à la vermoulure ; mais on l'en
garantit en le tenant vingt semaines dans l'eau. On prétend
aussi qu'il y est moins exposé quand il a été coupé en été. Ce
bois est un des plus employés; il supporte bien le fort assemblage, se laisse couper dans tous les sens, et est très utile pour
la construction des banquettes et autres sièges communs. On
aurait tort de l'employer, comme le font quelques ébénistes
et comme le conseille M. Paulin Désormeaux, pour faire les
bâtis et les intérieurs de meubles destinés à être plaqués. Le
hêtre même très sec se tourmente toujours et finit par faire

clater la feuille de bois plus précieux dont on le recouvre.
En revanche, c'est après l'orme le bois le plus convenable
pour les tables d'établi. A Paris, on en fait des commodes
auxquelles on donne la couleur du noyer, en les frottant avec
du brou de noix, qu'on a broyé et laissé pourrir, ou qu'on
a fait bouillir dans l'eau jusqu'à ce qu'il se soit réduit en pâte.
La fraude est néanmoins facile à découvrir, car les miroirs ou
petites plaques luisantes formées par la moelle abondent sur
le hêtre et ne se trouvent pas sur le noyer.

Houx.

C'est un bois excessivement dur et blanc. On prétend, dans
plusieurs ouvrages, et notamment dans le Dictionnaire d'Histoire Naturelle publié par Déterville, qu'il ne surnage pas sur
l'eau; c'est une erreur, puisqu'il pèse à peu près moitié moins
que ce liquide. Ce bois est susceptible d'un poli parfait; il
est du plus beau blanc possible, et on serait tenté de le prendre
pour de l'ivoire. Comme cette substance, il jaunit un peu en
séchant. Les tabletiers l'emploient pour faire les cases blanches
de leurs damiers, et comme son cœur un peu noirâtre prend
la couleur noire plus parfaitement que tout autre bois, on
pourrait aussi le substituer à l'ébène. Par malheur il est très
difficile à travailler, et le fer du rabot doit être bien affuté et
très peu incliné. Ce bois fournit aussi les meilleures baguettes
de fusil. A l'exposition de 1827, il y avait une table de houx
dont la blancheur, relevée par des baguettes d'amaranthe,
produisait le plus agréable effet. Une disposition analogue
charmait également en 1834, tous les regards; d'ailleurs à
cette exposition, le houx se multipliait en incrustations sur le
palissandre, l'angica; mais on a blâmé justement son mélange
avec l'ivoire. En effet les teintes blanchâtres de ces deux objets
doivent présenter une discordance désagréable. Tout-à-fait dé-
pourvu de nervures et fort dur, le houx est peut-être moins
propre à faire des incrustations qu'à en recevoir.

If.

M. de Feuille le regarde comme le plus beau de nos bois
indigènes pour la marqueterie. Il souffre la comparaison avec
la plupart des bois que l'on fait venir à grands frais d'Amérique pour le même objet. La couche peu épaisse de son aubier, d'un blanc éclatant et très dur, recouvre un bois plus dur

encore, plein, sans pores apparens, qui reçoit le poli le plus vif, et d'un rouge orangé. Sa couleur est d'autant plus foncée que l'arbre est plus vieux. Elle tire plutôt sur l'orangé que sur le rouge quand le bois est nouvellement employé; mais avec le tems, l'air et la lumière en le rembrunissant l'embellissent.

« Le hasard m'a fait découvrir, dit le même auteur, qu'on pouvait aisément lui donner la couleur d'un pourpre violet assez vif, qui le rapproche encore plus de la beauté des bois des Indes. L'artifice consiste à en immerger des tablettes très minces, que les ébénistes appellent des feuilles, dans l'eau d'un bassin pendant quelques mois. Cette opération, infiniment simple, développe sa partie colorante de manière à produire le changement avantageux que j'annonce. L'opération réussit mieux et plus promptement si le bois a toute sa sève. »

Tout ce que dit cet auteur sur ce bois est fondé et ne peut recevoir aucun reproche d'exagération, quand on sait choisir l'if; car s'il y a des ifs qui sont bien veinés, bien ronceux, il y en a d'autres qui trompent toutes les espérances. Les ouvriers distinguent par cette raison l'if anglais de l'if français. Cette distinction est fondée; mais la dénomination est fautive, car l'if prétendu anglais, que nous appellerons if noueux, et qui seul est veiné, croît abondamment en France. Cet arbre pousse dans les endroits pierreux, s'élève rarement à une grande hauteur, est tout hérissé depuis le pied de petites branches qui se prolongent dans l'intérieur, et forment le roncé. Son écorce est comme rocailleuse et profondément sillonnée de gerçures, et quand l'arbre a crû dans un terrain ferrugineux, le bois est jaspé d'un violet bien prononcé qui ajoute à sa beauté: malheureusement l'exiguité des dessins de ce bois ne permet pas de l'employer pour de grands meubles. L'if ordinaire, qui est loin d'avoir le même mérite, quoique la couleur soit à peu près la même, est droit, non hérissé de branches, et a l'écorce lisse. On peut le veiner artificiellement avec les acétates de fer et l'eau forte.

Judée (arbre de) Voyez *Gainier.*

Lierre.

Bois léger et spongieux, qui ne peut servir qu'à faire des polissoirs

Lilas.

Son bois est très dur et le plus pesant des bois indigènes après le sorbier. Son grain est aussi compacte et aussi serré que celui du buis. Sa couleur est grise, mêlée quelquefois de veines couleur de lie de vin. Les Turcs font des tuyaux de pipe avec ses branches qu'ils vident de leur moelle.

Lucie (bois de Sainte). Voyez Cerisier.

Mahaleb. Voyez Cerisier.

Maronnier d'Inde.

Bois tendre, spongieux, peu propre au chauffage, souvent abandonné aux sculpteurs et aux layetiers. Un ébéniste de Lyon l'a pourtant fait servir à plaquer des meubles qui avaient un aspect agréable; il a été imité par M. Chireau, ébeniste à Paris, qui a présenté à l'exposition de 1827 un très beau billard plaqué en loupe d'orme et en bois de marronnier. Le racloir suffit presque pour polir ce bois, et il devient très beau sous la ponce à l'eau. Frotté avec une décoction de bois de Brésil et de Fernanbouc, sans alun, il prend bien la couleur d'acajou, et devient très brillant par l'application d'un vernis. A l'exposition de 1834 le maronnier a été employé en incrustations.

Mélèse.

Suivant M. Latour d'Aigues, ce bois serré, n'étant pas rempli de nœuds comme le sapin, est l'émule du chêne par sa durée, et même le surpasse. Dans des treillages construits partie en chêne, partie en mélèse, on a vu le chêne se pourrir le premier. Le mélèse n'est point sujet à plier. Très bon pour la menuiserie commune, il est employé dans la Provence à faire des tonneaux, et la finesse de son grain retient parfaitement les esprits des liqueurs sans altérer leurs qualités. Suivant Miller, qui confirme ces éloges, il résiste à l'action de l'air et de l'eau mieux que le chêne; mais d'autres auteurs lui reprochent de se tourmenter et de transsuder long-tems, quand il est exposé à la chaleur, une résine qui doit en faire proscrire l'usage.

Merisier. Voyez Cerisier.

Micocoulier.

Bois noir, dur, compacte, pesant et sans aubier; il est,

excellent pour les ouvrages qui exigent de la souplesse, et Duhamel le regarde comme le bois le plus pliant. Autrefois il était réputé le plus dur après l'ébène et le buis; il ne contracte jamais de gerçures, et ses racines moins compactes que le tronc, sont plus noires. On dit que scié obliquement à ses couches, il peut suppléer le bois satiné qu'on apporte d'Amérique. La couleur n'est pourtant pas la même; néanmoins il est probable qu'il produit alors beaucoup d'effet. Il se polit bien.

Mûrier.

Le bois des deux espèces de mûrier est chanvreux et difficile à polir. Le *mûrier noir* a une couleur plus foncée, assez semblable à celui de l'acacia; le *mûrier blanc,* dont la couleur est plus claire, n'est guère employé qu'à faire des tonneaux, qui, dit-on, communiquent un goût agréable au vin blanc.

Néflier.

Ce bois est en grande réputation pour la fabrication des cannes, et convient en effet très bien à cet usage. Il joint la flexibilité à une extrême dureté. Son grain est fin, égal, et par conséquent on peut obtenir un beau poli; mais ce bois, qui est gris, veiné de quelques nuances rougeâtres, sèche lentement et se tourmente beaucoup.

Noisetier.

Bois très flexible, d'une couleur de chair pâle, d'un grain plein et égal, mais trop tendre pour recevoir un beau poli.

Noyer.

C'est le rival de l'acajou, auquel les Anglais le préfèrent. Sa couleur est sérieuse, mais elle est belle; il n'existe pas de bois plus doux, plus liant, plus facile à travailler. En le tenant immergé dans l'eau pendant plusieurs mois, on renforce sa couleur, et ses larges veines noires sur un fond brun sont beaucoup plus prononcées. Les racines de cet arbre, qui sont assez grosses pour être employées, ont des veines ondoyées et chatoyantes d'un bel effet.

C'est en Auvergne que croissent les plus beaux noyers. Les veines noires qui les sillonent ne sont pas des accidens comme dans le noyer ordinaire; elles s'y trouvent constamment, et forment le caractère qui les distingue. On les scie en épais pla-

teaux que l'on envoie à Paris. Quand on veut que ce bois soit
encore plus beau, on le fait séjourner quelque tems dans des
fosses de fumier. Lorsque l'on veut céder au caprice de la mode,
l est facile de donner au noyer peu foncé la couleur et l'aspect de l'acajou. Nous en donnerons plus bas les moyens. C'est
le tous les bois celui qui se prête le mieux à cette imitation,
et conserve le plus long-tems la couleur..

Olivier.

L'olivier, qui croît en abonce dans le midi, est recherché
par les ébénistes et mérite de l'être. Son odeur agréable, sa
couleur jaune nuancée par des veines brunes, le beau poli qu'il
st susceptible de recevoir concourent à le rendre précieux. On
attache surtout du prix à ses loupes et à ses racines ; mais ce
bois à l'inconvénient d'être tortueux et fragile : ses couches
concentriques ont très peu d'adhérence ensemble.

L'olivier se prête particulièrement à une agréable fantaisie,
dont M. Yoof a exposé en 1834 un exemple tout-à-fait gracieux, c'est-à-dire une jolie table en *mosaïque d'olivier*. Ce
genre de bois s'obtient en formant des faisceaux de branches
d'olivier dans les vides desquels on enfonce avec force des coins
du même bois : puis on donne un trait de scie perpendiculai-
ment à la direction des branches, et l'on obtient ainsi une
rte de bois d'un aspect très agréable et très nuancé.

Oranger.

L'oranger et le citronier sont des bois jaunes, d'une odeur
agréable. Le premier n'est guère susceptible de recevoir un
beau poli ; quant au second, il est maintenant fort à la mode.
À l'exposition de 1823, on vit un secrétaire qui en était revêtu, et maintenant on en fait encore beaucoup de petits ouvrages de tabletterie, ornés de clous d'acier, tels que néces-
aires, boîtes à thé, etc. Ce bois prend difficilement la colle et
fait un mauvais placage.

Orme.

Le bois de l'orme ordinaire est aussi précieux que le chêne;
dur, liant, facile à travailler, et très propre surtout à faire des
pièces cintrées. C'est le meilleur des bois pour le charronage,
les tables d'établi, de cuisine, et les billots de boucher.

Pour l'ébénisterie on donne la préférence à l'orme tortillard
dont les fibres sont extrêmement serrées, entrelacées, de sorte

que le bois paraît ne pas avoir de fil. Lorsqu'un tenon de bois
dur et qui ne fléchit pas est enfoncé à grands coups de marteau dans une mortaise creusée dans l'orme, les fibres de ce
dernier, forcées de céder à l'impulsion, réagissent ensuite contre
le tenon et le serrent comme dans un étau.

De nos jours l'orme tortillard a été employé avec un très
grand succès par plusieurs ébénistes.

Ce bois est bien nuancé et tout pointillé. Il se polit difficilement, prend bien le vernis et ressemble alors à un beau marbre,
surtout lorsque des nœuds rougeâtres traversent l'aubier recouvert de bois fait d'une teinte plus foncée, et dont les nuances
varient depuis le brun noir jusqu'au rouge carminé. On tire
surtout un parti avantageux des têtes d'orme qui ont été régulièrement ébranchées. Néanmoins, on leur préfère encore
les loupes d'orme, débitées en feuilles de placage. On désigne
par ce nom des excroissances d'une nature particulière formées par l'entrelacement d'une multitude de fibres, et d'un
grain très serré.

Deux difficultés s'opposent cependant à ce qu'on en fasse
un aussi grand usage que semble l'indiquer la beauté de la matière. Ce bois est très rebours et fort difficile à corroyer et à
polir; d'un autre côté les loupes sont presque toujours creusées d'une multitude de petits trous et de petites crevasses. Il n'y
a pas d'autre remède que de boucher ces défauts avec un
grand nombre de petites chevilles que l'on fixe dans les cavités
avec un mélange de bonne colle-forte et de poussière fine d'a-
cajou ou de bois de corail. On commence par remplir les
vides avec le mastic, on y enfonce les chevilles après les avoir
trempées dans de la colle, et quand tout est sec, on enlève ce
qui déborde avec une scie. Mais on sent combien cette opération doit être longue et combien on perd de tems à couper
toutes ces chevilles. La couleur un peu sombre des meubles
plaqués en loupe d'orme, et leur cherté, qui provient de la
difficulté qu'on éprouve à les polir, se sont seules opposées à
ce qu'ils devinssent d'un usage général.

Pêcher.

Lorsque le pêcher a crû en plein vent, M. Varenne de
Fenille le regarde comme un des plus beaux indigènes qu'on
puisse employer en placage. Loin d'altérer sa couleur, le contact de l'air ajoute à sa beauté. Ses veines sont larges, bien

renoneées, d'un beau rouge brun, couleur de tabac d'Espagne, entremêlés d'autres veines d'un brun plus clair. Le grain de ce bois est fin; il reçoit un beau poli; mais il faut avoir soin de le débiter en feuilles, tandis qu'il est encore vert; car, sans cela, il est sujet à se gercer, et alors il y aurait beaucoup de perte.

Peuplier.

On en distingue plusieurs espèces.

Le *Peuplier grisaille*, que les ouvriers appellent *bois grisard*, forme de belles boiseries qui durent long-tems, si le lieu où on les place n'est pas humide. Débité en petites planches minces et étroites, il sert en Flandre à faire de beaux parquets, on doit l'employer bien sec. Il se laisse travailler sans peine, se prête bien à l'assemblage, et reçoit un beau poli qui manque pourtant d'éclat. C'est un bois très blanc, moins tendre que les autres bois de même espèce; il présente, particulièrement dans le cœur, des veines d'un rouge rose qui ressortent très bien quand on applique sur ce bois une couleur jaune, composée tout simplement d'esprit de vin et de *terra-merita*, couleur végétale extraite de la racine du *cucurma*. Ainsi préparé, le peuplier grisaille imite le citronnier, et sert pour des intérieurs de secrétaires; mais cette couleur est peu solide.

Le *Peuplier tremble*. C'est un bois blanc et tendre dont la volige sans nœuds est très utile aux ébénistes pour faire les panneaux des bâtis, qu'ils recouvrent ensuite de placage.

Le *Peuplier noir*. Cet arbre, qui croît promptement, est très recherché dans le midi de la France pour la charpente légère.

Le *Peuplier d'Italie*. On en fait moins de cas que des autres, à cause de sa contexture spongieuse et de la facilité avec laquelle il se pourrit; néanmoins sa grande légèreté et son bas prix doivent le faire employer de préférence par les layetiers. Une caisse d'emballage en planches épaisses d'un pouce, longue de quatre pieds, large de trois, haute de deux, pèse en tremble, quarante-trois livres quinze onces; en sapin, trente-sept livres treize onces; en peuplier d'Italie, vingt-neuf livres six onces. Cette différence n'est pas à négliger pour le commerce.

On prétend que le peuplier d'Italie ne se retire pas; et par cette raison les ébénistes lui donnent la préférence pour les panneaux de secrétaires et de bureaux qui doivent recevoir un dessus de maroquin ou de basane.

Pin.

Cet arbre résineux est très bon pour la charpente; il fournit d'excellens corps de pompe; mais son odeur doit le faire rejeter de la menuiserie intérieure.

Platane.

Il n'est naturalisé en France que depuis peu de tems. Buffon planta le premier, à Paris, au Jardin des Plantes, et Bacon fut le premier qui en introduisit un en Angleterre. Cet arbre est maillé comme le hêtre; il se tourmente de même quand il n'est pas employé parfaitement sec. Mais son grain est plus fin, il reçoit un plus beau poli, et comme on peut le couper dans tous les sens, on en profite pour faire ressortir des accidens et des teintes qui ajoutent à sa beauté. Sa surface est quelquefois comme diaprée. Il est d'un blanc un peu fade, qu'on peut aisément relever avec une légère teinture. Oléarius nous apprend qu'en Perse, où on l'emploie pour la menuiserie, après qu'il a été frotté d'huile, il contracte une couleur brune, mêlée de veines jaspées, qui le rendent préférable au noyer. Sur certains platanes, on remarque des anneaux tout autour de la tige. Ce caractère indique les arbres les plus noueux et ceux qu'on doit préférer pour l'ébénisterie. Il y en avait une jolie table à l'exposition de 1827.

Poirier.

De tous les bois, celui-ci est le plus facile à travailler; il se laisse couper et tailler en tous sens sans la moindre difficulté. On donne la préférence au poirier sauvage; il est plus dur, et sa pâte est si fine qu'elle reluit sous le tranchant du ciseau. Il peut recevoir le plus beau poli, et sa couleur jaune est veinée de filets d'un noir d'ébène brillant et d'un rouge brun très-vif. Il reçoit parfaitement les moulures dont on veut l'orner. Quand il a été cultivé, il est moins dur, d'une couleur rougeâtre; mais toujours facile à travailler. Il prend très bien la teinture noire.

Pommier.

C'est un bois fort semblable au cormier par sa couleur et par ses veines; il est plus facile à travailler; mais les planches qu'on en retire se fendent et se voilent à l'excès.

Le pommier sauvage est, en revanche, un des meilleurs arbres que nous fournissent nos forêts. Il n'est pas sujet à se fendre; son cœur est d'un beau rouge, son aubier d'un jaune qui devient un peu rougeâtre au poli à l'huile; des nœuds et des veines nuancent ce fond richement coloré. On peut remarquer qu'en général les plus beaux bois de nos climats sont ceux que fournissent les arbres fruitiers. Celui dont je viens de parler n'est pas aussi employé qu'il mériterait de l'être.

Prunier.

Le prunier sauvage est ordinairement d'un trop petit volume pour qu'il soit nécessaire de s'en occuper. Sa couleur est semblable à celle du pêcher, et il se tourmente beaucoup.

Le prunier cultivé mérite beaucoup plus d'attention. Ce bois doux et liant peut être travaillé avec la plus grande facilité. Ses veines sont variées, ondées de brun et d'un jaune rougeâtre; quelquefois il est parsemé de petites taches d'un rouge très vif qui rendraient ce bois plus précieux encore si elles étaient plus abondantes. De tous nos bois indigènes c'est celui qui reflète le mieux la lumière, quand il a été bien poli et recouvert d'un vernis. Les ébénistes de quelques provinces l'emploient beaucoup, et le désignent par les noms de *satiné de France, satiné bâtard*.

Parmi les diverses espèces de prunier, il faut surtout remarquer le prunier dit de *Saint-Julien*. Sa couleur et ses reflets imitent assez bien l'acajou. Rouge au cœur, ce bois est d'un blanc vert près de l'écorce; mais on donne à l'aubier la même couleur qu'au cœur, en l'imbibant d'acide nitrique mêlé d'un peu d'eau. Cet acide (ou eau forte) n'agit pas sur le cœur. En variant les acides et surtout en recourant aux acétates de fer, on peut faire un très beau veiné artificiel. Voyez à la fin du dernier chapitre de l'*Art de l'Ébéniste*.

Les ébénistes ne savent pas assez tirer parti de ce bois et du contraste qui existe entre le cœur et l'aubier, auquel on donne une consistance presque égale à celle du bois fait, en le coupant en bonne saison après l'avoir écorcé un an d'avance.

Sapin.

Bois blanc, très employé, quoiqu'il soit assez souvent noueux, et que ses nœuds se détachent quand il est sec, On n'en fait aucun ouvrage destiné à être plaqué, parce que les veines résineuses dont il est traversé prennent mal la colle.

Sycomore. Voyez *Érable.*

Sorbier.

Le plus pesant et le plus dur des bois fournis par les grands arbres de France. Sa fibre est homogène, son grain fin, il prend bien le poli. Sauvage, ses qualités sont à peu près les mêmes. Il résiste parfaitement au frottement et à la percussion.

Sumac.

Cet arbrisseau, de six pieds de haut environ, croît dans le midi de la France. Son bois est compacte, d'un jaune assez vif, mêlé d'un vert pâle et assez agréable. L'aubier est blanc. Les ébénistes l'emploient beaucoup.

Tilleul.

Bois tendre très employé par les sculpteurs; mais mauvais pour la menuiserie, parce qu'il se broie bientôt sous le ciseau.

Tremble. Voyez *Peuplier.*

Yeuse. Voyez *Chêne.*

CHAPITRE IV.

DES BOIS EXOTIQUES.

Acajou.

On donne aux îles le nom de pommier d'acajou à un arbre dont le bois est blanc et qui est utile, quoiqu'il soit ordinairement tortueux, parce qu'on s'en sert pour faire des corniches et des cintres. On voit que cet arbre, que Linnée appelle *anacardium*, ne doit pas être confondu avec celui qui fournit l'acajou des ébénistes, et dont le vrai nom est *mahogon*. Voyez ce mot.

Agra (*bois de*). Voyez *Chine* (*bois de*).

Agaloche.

Ce bois est fort célèbre dans l'Orient à cause de l'odeur agréable qu'il répand quand il brûle. Il y en a diverses espèces, qu'on désigne par les noms de *bois d'aigle*, *bois d'aloès*, *bois de calambac*. Il paraît que ces différens noms n'indiquent pas des espèces différentes d'arbre, mais des morceaux du même végétal, plus ou moins foncés en couleur, plus ou moins odoriférans, suivant qu'ils sont pris dans telle ou telle partie de l'arbre, ou suivant que l'arbre lui-même était plus ou moins vieux. C'est un bois résineux, pesant, d'une saveur amère, très aromatique. Les parties les plus recherchées sont celles qui avoisinent les nœuds, parce qu'elles renferment plus de résine. Aux Indes, à la Chine et au Japon, on le vend au poids de l'or. On sent qu'un bois pareil ne peut être employé qu'à de très petits ouvrages. Cependant il en arrive du Brésil et du Mexique, dont le prix est moins élevé; tantôt il est d'un rouge brun marqué de lignes résineuses et noirâtres, tantôt il est d'un brun vert. Les morceaux en sont assez gros. La variété à laquelle on donne spécialement le nom de *bois d'aigle* est plus noire, plus compacte et assez semblable à l'ébène.

Aigle (bois d').

Variété de l'*agaloche*.

Aloès. Voyez *Agaloche*.

Amaranthe.

Bois d'un violet brun, qui vient de la Guyane. Il est assez dur et prend un beau poli, quoique ses pores ne soient pas très serrés. Comme sa couleur est sombre, on ne l'emploie avec succès que pour de petits ouvrages et dans la marqueterie. Avant de le vernir, il faut le laisser quelque tems à l'air afin qu'il prenne sa couleur.

Amboine (bois d').

Ce bois qui porte le nom de l'île qui le produit, a de nombreux rapports avec le courhari, le calliatour, etc.

Angica.

Les couleurs de ce beau bois sont vives et variées. Le fond jaune présente de belles nervures brunes, dont les tons chauds sont très agréables à l'œil. Un tel bois doit rejeter forcément les incrustations : cependant l'exposition de 1834, qui nous a révélé son mérite, nous l'a montré aussi gâté par ces malencontreux ornemens.

Amourette. Voyez *Chine* (*bois de la*).

Anis. Voyez *Badiane.*

Aspalath.

On peut en distinguer deux espèces. L'une, dont le bois est noir, et que les ébénistes confondent avec l'ébène, quoique ce ne soit pas le même bois ; l'autre, qui est d'un brun obscur, avec des veines longitudinales plus foncées, assez semblable à une espèce d'aloès, mais ne répandant aucune odeur.

Badiane.

Cet arbrisseau croît naturellement à la Chine. Son odeur lui a fait donner le nom de *bois d'anis*, et ses capsules, très connues dans la parfumerie, portent celui d'*anis étoilé*. Ce bois est dur, d'un gris quelquefois rougeâtre et propre à la marqueterle.

Balatas.

On donne ce nom à des arbres qui croissent en Amérique et surtout à Cayenne. Les espèces qu'on désigne sous le nom de *balatas rouge*, *balatas blanc*, peuvent être employées dans l'ébénisterie, et portent aussi le nom de bois de capucin.

Balsamier de la Jamaïque.

On l'appelle vulgairement *bois de rose de la Jamaïque*. Il a beaucoup de ressemblance pour l'odeur et la couleur, avec le vrai bois de rose ou de Rhodes.

Bambou.

Il y en a un grand nombre d'espèces, elles sont peu connues en Europe ; néanmoins je dois dire quelques mots des principales.

Le *Bambou telin* croît à Java et à Amboine ; fendu en plusieurs lattes, il fait des bancs, des cloisons, des feuilles de parquet. Entier, on s'en sert pour des montans d'échelle ; quand il est très gros, on l'emploie en guise de solives qui ont l'avantage d'être très légères. Mais, dans les incendies, l'air

que ces solives renferment, dilaté par la chaleur, les fait éclater avec explosion.

Le *Bambou ampel*, commun dans toute l'Inde, est très léger
et si dur qu'il peut pénétrer les bois mous et qu'on en fait des
couteaux avec lesquels on fend les autres bambous en clissage.
Les tiges du diamètre de cinq pouces servent à porter les palan-
quins. Les tissadors, qui recueillent le vin de palmier, en font
des ponts très légers avec lesquels ils passent d'un arbre à l'autre,
sans avoir besoin de descendre. Je crois que ce végétal serait
utile en France.

Le *Bambou bulu-zuy* abonde aux Moluques; son bois est si
dur qu'il fait étinceler les lames de couteau. Ses articulations
sont couvertes de gaines ridées comme la peau de chien de
mer, avec lesquelles on peut polir le fer et les os. Ce bambou
est excellent pour faire des cannes, des flûtes, des supports de
ligne.

Le *Bambou outick* est le plus utile pour les Européens. Ses
articulations, longues d'un pied et presque entièrement ligneuses, sont lisses, luisantes, d'un beau noir; on s'en sert
pour le placage et pour faire des tablettes d'écritoire.

Bignone ébène.

Cet arbre, de l'Amérique méridionale, produit l'ébène verte.
Ce bois dépouillé de son aubier grisâtre, qui est inutile, est
d'un vert olive, semé de veines plus claires. Il ressemble beaucoup au bois de grenadille, est excessivement dur, prend toutes
les formes qu'on veut lui donner et reçoit le poli le plus éclatant. Ses fibres sont remplies de résine qui forme une infinité
de points rangés en lignes parallèles aux couches concentriques.
Cette résine, qui est verte, brunit avec le tems, si on ne prévient pas cet effet par l'application d'un vernis.

Une autre espèce de bignone donne l'ébène jaune.

Bourra-courra.

Le bourra-courra, qu'on appelle aussi *bois de lettre*, vient
à la Guyane hollandaise, où il n'est pas très commun. Il est
d'un rouge cramoisi très vif, tacheté de mouches irrégulières et
noires, qui lui ont fait donner son nom vulgaire, parce qu'elles
ressemblent assez aux caractères d'un livre. L'arbre qui le
fournit à trente ou quarante pieds de haut. Le cœur est compacte, extrêmement dur, mais un peu sujet à rompre, il prend

le poli le plus brillant. L'aubier, qui est épais, jaune et mou‑
cheté de noir, est vendu, dans le commerce, comme une
espèce particulière de bois de lettre.

Brésillet ou Bois de Brésil.

Ce bois, qui sert surtout à la teinture, est foncé, très dur
et susceptible de devenir très brillant sous la ponce.

Calliatour.

Les teintes de ce bois ont de l'analogie avec celles du palissan‑
dre, mais elles sont mieux veinées et d'un aspect plus animé.

Campêche (bois de).

Il est fourni par un bel arbre qui s'élève à trente ou qua‑
rante pieds et croit abondamment sur les bords de la baie de
Campêche. Comme on l'emploie beaucoup dans la teinture, il
forme un objet de commerce précieux. L'aubier est d'un blanc
jaune. Le cœur, que l'on importe seul, est d'un rouge bril‑
lant et comme glacé de jaune. Il est un peu difficile à tailler
et à raboter, parce que ses fibres sont croisées en différens
sens; mais il prend un beau poli. On recherche beaucoup les
parties noueuses.

Cannellier.

Les vieux troncs de cet arbre fournissent des nœuds rési‑
neux, ayant l'odeur du bois de rose et qu'on peut employer
aussi dans l'ébénisterie. Voyez aussi le mot *Laurier.*

Cayenne (bois de).

Il y a, dit M. Mellet, deux sortes de bois de ce nom. L'un
est veiné de jaune et de rougeâtre, à grain fin et serré; l'autre
est d'un brun rouge, veiné et grisâtre sur les bords. Tous les
deux sont semés de petites cavités remplies d'une espèce de
gomme ou de résine qui s'évapore à l'air. Cette matière gom‑
meuse suit les fibres longitudinales du bois, et paraît à bois de‑
bout contenue dans une infinité de petits tuyaux, semés irré‑
gulièrement; ce qui n'empêche pas que ce bois ne se polisse
très bien.

Cèdre. Voyez *Genévrier de Virginie,* et au chapitre précédent.

Charme d'Amérique.

L'arbre que les botanistes nomment *charme-houblon* donne un bois dur, brun, très estimé, et qui porte au Canada, où. il croît, le nom de *bois d'or*.

Chine (*bois de la*).

On donne ce nom à plusieurs espèces de bois très diverses, qui sont en général d'un brun obscur, veiné et moucheté, très durs, faciles à polir, à pores peu visibles.

On distingue parmi toutes ces espèces le *bois d'Agra*, qui est très odorant; le *bois d'amourette*, qui offre aux yeux une multitude de nuances entremêlées depuis le rose jusqu'au rouge brun très foncé; le *bois de badiane* ou *d'anis* auquel j'ai consacré un article spécial.

Citron (*bois de*) Voyez l'article suivant.

Coco (*bois de*).

Ce bois, très commun aux Antilles et dans presque tous les pays chauds, est très dur, très serré, très compacte; dans quelques espèces, jaune d'abord, il devient comme les autres d'un brun sombre, sans veinage, auquel on peut donner un poli de glace. Quelques autres espèces ont une odeur agréable qui leur fait donner le nom de *bois de citron*.

Copaïba (*bois de*).

Ce bois est d'un rouge foncé parsemé de taches d'un rouge vif. Il est aussi dur que le chêne, et a l'odeur du Fernambouc.

Condori. Voyez l'article suivant.

Corail (*bois de*).

Il y en a deux espèces principales; celle qui provient du condori à graines rouges ou *adenanthera pavonia*; qui croît dans l'Inde, est très dure, d'un jaune obscur, et peut être confondue avec le santal rouge.

L'autre est produite par l'eritherine rouge, et nous vient des Antilles. Elle est d'une belle couleur de corail, tantôt uniforme, tantôt nuancée de veines d'un brun clair qui la rendent encore plus précieuse. Néanmoins, comme cette dernière variété est très poreuse, elle n'est parfaitement belle que de fil.

Quand on fend l'eritherine rouge, elle paraît jaune et ne rougit que par suite à son exposition à l'air.

Cormier des îles.

Il croît dans les mornes des Antilles et dans les forêts de la Louisiane, n'a pas d'aubier, prend un superbe poli, est plus foncé en couleur et mieux veiné que le cormier de France, auquel d'ailleurs il ressemble beaucoup.

Courbari.

A la dernière exposition, ce bois si remarquable a été avantageusement remarqué, surtout aux superbes pianos de M. Pleyel. Il a tous les caractères du calliatour, et se rapproche ainsi du palissandre.

Cyprès du Japon.

Ce bois mou qui croit aisément au Japon et à la Chine, prend facilement les empreintes qu'on veut lui donner. On en fait des boîtes et des petits coffres ; mais avant de l'employer, on l'enterre quelque tems, puis on le met macérer dans l'eau ; il prend alors une couleur bleuâtre.

Ébène.

On en distingue un grand nombre d'espèces. Les principales sont la noire qui provient du plaqueminier ébène, du mabolo et de l'ébénoxille ; la verte, qui est fournie par la bignone ébène; l'ébène de Crète, qui est une anthyllide; l'ébène des Alpes ou cytise, que nous avons fait connaître en parlant des indigènes; l'ébène de plumier, qui est un aspalath. Voyez les mots *Plaqueminier, Ébénoxille, Bignone ébène, Aspalath.*

Ébénoxille.

C'est un grand arbre qui croît à la Cochinchine, à la côte de Mozambique et aux Philippines. Il produit une espèce d'ébène, qu'on nomme *ébène de Portugal.* Son bois est d'un brun obscur; on y distingue facilement les fibres. Il est plus dur que l'ébène, mais moins noir.

Épi de blé.

On ne connaît pas l'origine de ce bois tout couvert de stries d'un noir rougeâtre entremêlé de raies couleur de chair beaucoup plus fines et de petits points ovales, aussi couleur de chair, éparpillés sur un fond brun.

Eritherine. Voyez *Bois de corail.*

Fer (*bois de*). Voyez *Sidérodendre.*

Feroles (*bois de*).

Il y en a trois espèces. L'une est d'un jaune clair; l'autre, d'un jaune plus foncé, mêlé de lignes plus claires et plus obscures; a troisième, d'un pourpre très vif avec de nombreuses veines brunes extrêmement fines. Ce bois qui nous vient de la Guyane et des Antilles, reçoit un beau poli, surtout quand il est rouge, et devient alors chatoyant comme le satin, ce qui lui a fait donner le nom de *bois satiné.* Ces reflets brillans, qui proviennent d'une contexture un peu analogue à celle de la nacre de perle, le font rechercher comme un des plus beaux bois exotiques.

Gaïac.

Ce grand arbre, de la famille des rutacés, croît abondamment aux Antilles, au Mexique, et surtout à Saint-Domingue, et donne un bois d'une dureté presque métallique. Il a peu d'aubier; son bois est dur, compacte, pesant, aromatique, extrêmement résineux. Il émousse les meilleurs outils, et c'est le bois qu'on peut employer avec le plus de succès pour les manches d'outils, les poulies de navires, les roulettes de lit. Quand l'arbre est vieux, le cœur est d'un brun foncé peu agréable; mais, dans sa jeunesse, il est tout entier d'une couleur plus claire mêlée de veines jaunes et verdâtres. Quelquefois même la couleur jaune domine. Dans ces derniers cas, il est recherché pour l'ébénisterie, et n'est pas trop difficile à polir; mais pour cette opération, il faut employer l'eau et non pas l'huile.

Genévrier de Virginie.

C'est un bel arbre à cime conique et pyramidale, à tronc droit, revêtu d'une écorce rougeâtre, qu'on appelle aussi *cèdre rouge de Virginie.* Il croît dans les sables les plus arides de l'Amérique méridionale. Dans ces contrées on le recherche pour la charpente, et il sert à la construction de divers ustensiles. Les pores sont remplis d'une résine amère qui empêche les vers de l'attaquer, et le rend précieux pour la menuiserie soignée. On en fait de très jolis secrétaires qu'on transporte dans les pays chauds, où ils sont très utiles pour conserver les papiers. En effet, l'odeur pénétrante et pourtant agréable de ce bois écarte les insectes si nombreux dans cette partie du monde, et qui, sans cela, les auraient bientôt dévorés.

Grenadille.

Ce bois est dur, se rabote bien, et reçoit le plus brillant éclat, mais se casse aisément; il est assez joliment moucheté. On prétend que les instrumens à vent faits avec ce bois sont les plus harmonieux.

Heister.

Le bois qui fournit cet arbre est nommé aussi *bois de perdrix*, parce qu'à la Martinique, où il croît, on appelle perdrix les tourterelles qui recherchent ses fruits avec avidité. C'est un bois d'un gris brun plus clair que le palissandre avec lequel on le confond quelquefois. Quand il est débité obliquement, outre les fibres longitudinales, on aperçoit une multitude de petits points et de veines noires tranversales, qui sèment la surface du bois, tantôt d'un pointillé délicat, tantôt d'une sorte de réseau très fin et très délié. Ce bois prend un poli de glace.

Jaune (*bois*). Voyez *Mûrier des teinturiers*.

Laurier.

Les îles de France et de Bourbon en produisent une espèce qu'on appelle *laurier cupulaire*, et qui est plus grande et plus forte que celle qu'on cultive dans nos climats. Son bois sert à faire des lambris, des planches, et toutes sortes de meubles en menuiserie. Lorsqu'on l'emploie, il exale une odeur forte et désagréable. Sa couleur a de l'analogie avec celle de notre noyer. Les habitans l'appellent *cannellier*, et son bois reçoit le nom de *bois de cannelle*.

Le *laurier rouge* de la Caroline mérite aussi notre attention. C'est un bois fort estimé en Amérique; on en fait de beaux meubles, et Catesby dit en avoir vu des morceaux choisis qui ressemblaient à du satin ondé.

Lettre (*bois de*) Voyez *Bourra-courra*.

Magnolier.

Le *magnolier acuminé* est un grand arbre d'un excellent usage pour beaucoup d'ouvrages. Il est très dur, d'un beau grain et de couleur orange. Il croît à la Pensylvanie et réussirait en France.

Mahogon.

Cet arbre, que les botanistes appellent *swietenia*, nous fournit l'acajou. Il est d'un beau port. Son écorce est cendrée et parsemée de points tuberculeux. Il croit dans les îles du golfe du Mexique, mais commence à devenir rare dans quelques unes.

Tout le monde connait ce bois, un des meilleurs qu'on puisse employer pour la charpente et la menuiserie. Il peut servir aux ouvrages les plus grossiers comme aux ouvrages les plus délicats. Les Espagnols qui ont un chantier de construction à la Havane où ce bois abonde, le préfèrent à tout autre pour a construction de leurs vaisseaux de guerre, parce qu'il est 'une grande durée, qu'il reçoit le boulet sans se fendre, et u'en mer les vers ne s'y mettent pas. Les Anglais, qui se le rocurent en grande quantité par leur commerce, le font servir ux usages les plus communs; et nous, nous le préférons à ous les autres bois pour le placage et les meubles de prix. On et ce bois dans le commerce en madriers d'environ dix ou ouze pieds de long, sur une largeur de quatre, et même daantage. L'acajou se vend d'autant plus cher qu'il provient l'un arbre plus vieux; parce qu'en avançant en âge, le bois de 'arbre devient plus compacte, d'une couleur plus foncée, mieux einé, et susceptible de recevoir un plus beau poli. Les nœuds t les accidens de ce bois augmentent son prix et le font rehercher. Il y en a une variété qu'on nomme *acajou moucheté*, ans laquelle ces accidens plus nombreux et entremêlés de ouches brunes ajoutent beaucoup à la beauté du bois. On echerche aussi beaucoup l'*acajou ronceux*, que l'on croirait ouvert d'herborisations; c'est celui qui provient de la culasse es arbres. Les racines sont aossi très belles; mais elles coûtent 'autant plus cher qu'elles donnent beaucoup de peine à arraher et qu'on en trouve rarement d'un gros volume. Il y en a ne dernière espèce, que l'on nomme *acajou bâtard*, dont la couleur est ordinairement peu foncée. L'*acajou chenillé* est moins rouge, moins veiné, et d'un ton plus chaud que l'acajou ordinaire.

L'acajou, qui d'abord est d'un jaune rougeâtre assez clair, brunit beaucoup en vieillissant, surtout quand il est exposé au soleil. C'est le poli qui fait ressortir ses veines jusque-là très peu apparentes; il en résulte qu'il est extrêmement difficile de le bien choisir quand il est en billes, et que les plus adroits peuvent se tromper. Il est rare cependant que l'acajou ne soit pas moucheté quand on remarque à la circonférence de la bille des espèces de trous de vers. La partie de l'arbre où commence la division des grosses branches, est celle qui fournit le bois le mieux roncé, quand on fend le morceau fourchu dans toute sa longueur, en suivant le milieu des deux branches (1).

Mancenillier.

Ce bois amécicain dure long-tems, a un beau grain, et prend bien le poli. Il est d'un gris cendré, mêlé de brun, avec des nuances de jaune. On l'emploie en Amérique à faire des meubles de prix, et surtout de très belles tables dont la surface est lisse et comme marbrée. Lorsqu'il est vert, l'arbre contient une sève extrêmement vénéneuse, dont les gouttelettes brûlent comme des charbons ardens. On est obligé pour l'abattre de se couvrir le visage d'une gaze et de prendre des gants. Comme cette sève conserve long-tems sa propriété délétère, je crois qu'il serait prudent de bannir ce bois de la menuiserie, ou du moins de ne s'en servir qu'après l'avoir fait long-tems bouillir dans l'eau.

Marbré (bois).

C'est une variété du bois de Féroles. Son cœur est nuancé de veines rouges sur un fond blanchâtre.

Mûrier des teinturiers.

Il croit en abondance dans les forêts de l'Amérique. C'est un grand et bel arbre dont le bois, d'un jaune brillant et doré, se polit bien; il est propre à la teinture, et porte aussi le nom de *bois jaune*.

---

(1) Les journaux anglais ont récemment annoncé que l'exploitation des bois d'acajou allait prendre un grand accroissement par les soins d'une compagnie qui y consacrait des fonds considérables et voulait y introduire toute la puissance et l'économie des arts mécaniques.

!*Noyer de la Guadeloupe*.

On en trouve beaucoup dans cette île et à la Jamaïque, où il est connu sous le nom de *fablier*. Il ne ressemble en rien, pour le veiné et la couleur, au noyer de France; il est dur, pesant, d'un jaune tendre, veiné d'un jaune plus foncé, et se polit bien.

Or (bois d'). Voyez *Charme*.

Palissandre.

Il vient principalement de l'île Sainte-Lucie, est très dur, d'un brun violet avec quelques veines plus claires, qui forment souvent de beaux contours, de larges dessins accidentels comme l'acajou. Cependant naguères il paraissait monotone, et peu susceptible de servir à de grands ouvrages, quoiqu'il nous arrive en fortes pièces. Mais depuis quelque tems il reprenait insensiblement faveur, et l'exposition de 1834, les élégans et riches travaux de MM. Chenavard, Bellangé, Durand, etc, l'ont tout-à-fait placé hors de ligne. Maintenant ce bois employé est plus cher que l'acajou, quoique bruts leur prix soit le même.

A raison de sa teinte brune, de ses nervures qui n'ont pas une couleur beaucoup plus foncée que le fond, le palissandre est très propre à recevoir les incrustations; à raison de sa contexture molle, il est aussi très convenable pour en faire. Il exhale une odeur agréable, analogue à celle du bois de Sainte-Lucie ou Mahaleb, avec lequel parfois on le confond à tort.

Perdrix (bois de). Voyez *Heister*.

Plaqueminier.

Le *Plaqueminier ébène* qui croit à Madagascar, nous fournit l'ébène, dont tout le monde connaît le noir brillant, le beau poli et la dureté. Plus l'arbre est vieux, plus il a de prix; mais ce bois est sujet à fendre.

Le *Plaqueminier dodécandre* croit à la Cochinchine. Quand il est très vieux, son bois, excessivement compacte et pesant, est d'un beau blanc nuancé de veines noires.

Rose ou de Rhodes (bois de).

On donne ce nom à plusieurs espèces de bois venus des Antilles et du Levant, et même de la Chine, d'une couleur rose

ou feuille-morte, veinés quelquefois de jaune, de rouge violet et comme marbrés. On les connaît aux Antilles sous le nom
de *liseron à bouquet, balsamier, licari ;* quand on les travaille,
ils ont une douce odeur de rose, pâlissent en vieillissant, si on
ne les vernit pas, et ne se laissent bien polir qu'à l'eau, parce
qu'ils sont résineux.

Santal.

On distingue le santal blanc, le santal rouge et le santal citrin. Les arbres qui les fournissent croissent aux Indes orientales.

Le *Santal citrin* est assez compacte, exhale une odeur aromatique, se fend aisément en petites planches. Sa couleur est
d'un roux pâle, tirant sur le citron, et son odeur est analogue
à celles du musc, du citron et de la rose réunies.

Le *Santal blanc* est d'une couleur blanche, tirant un peu sur
le jaune. Il est probable que, de ces deux espèces, la première
est le cœur, et la seconde l'aubier du *petrocarpus santalinus*.

A l'égard du *Santal rouge,* on ne connaît pas bien l'arbre
qui le produit, mais on présume que c'est une espèce de condori ; il est d'un rouge obscur, à fibres tantôt droites, tantôt
ondulées, imitant des vestiges de nœuds, et ne se distingue
guère du bois de Brésil que par sa saveur astringente.

Satiné (bois). Voyez Feroles.

Sidérodendre.

Il croît à la Martinique. C'est le plus dur de tous les bois.
Quand il est sec, les meilleures haches s'y brisent. On en fait
des meubles de prix et des ustensiles recherchés, en prenant la
précaution de le travailler vert ou de le tenir dans l'humidité
jusqu'au moment où on l'emploie. On l'appelle aussi *bois de fer.*

Swietenia. Voyez Mahogon.

Violet (bois).

Moins usitée qu'elle ne l'était autrefois, cette espèce de palissandre dont le nom indique la couleur, est marbrée de veines
plus claires et se polit bien.

DEUXIÈME SECTION.

INSTRUMENS ET OUTILS DU MENUISIER.

DANS presque tous les arts mécaniques on a besoin d'appareils particuliers, à l'aide desquels la matière première est fixée et maintenue d'une manière invariable et de telle sorte que les deux mains soient entièrement libres pour l'exécution des travaux. Mais il n'en est aucun dans lequel les instrumens de ce genre soient plus multipliés que dans la menuiserie. Indépendamment de ces outils elle en emploie beaucoup d'autres, qui servent à couper, creuser ou percer le bois, à unir ses surfaces, à lui donner diverses formes ou à tracer l'ouvrage.

Examinons et décrivons tous ces outils, tout en renvoyant à d'autres chapitres ceux qui ne servent que rarement et dans une seule opération. Faisons connaître avec étendue tous les outils nouveaux, toutes les améliorations que les anciens ont subies.

J'ai cru ne pouvoir donner trop de soin à cette importante partie de mon travail, et je ne saurais assez engager ceux pour qui j'écris, à mettre à profit les documens qu'il renferme. Un bon choix d'outils peut suffire à assurer l'existence d'un ouvrier. Récemment, un de nos savans les plus utiles à l'industrie, M. le baron Dupin, a prouvé, par le calcul, que si un ouvrier employait mille francs à se procurer d'excellens outils, dès la fin de la première année il en résulterait pour lui un surcroît de bénéfices suffisant pour le couvrir de l'intérêt de l'argent, entretenir les outils, et enfin qu'il y aurait encore un petit excédant, qui, mis de côté, formerait 6,000 francs au bout de vingt ans et 14,000 au bout de quarante-deux ans. De semblables calculs tiennent lieu de conseils.

CHAPITRE PREMIER.

1°. L'Établi.

C'est sans contredit, de tous les outils de menuiserie, celui dont l'usage est le plus fréquent. C'est sur l'établi que presque tous les travaux s'exécutent. Il sert, soit qu'on veuille raboter et polir une planche sur le plat, soit qu'on veuille la dresser et l'unir par les côtés, soit qu'on ait le projet de la scier transversalement ou de l'entailler.

On donne ce nom à une espèce de table ou banc large, pour l'ordinaire, de dix-huit à vingt-quatre pouces, long de six à huit pieds. Sa hauteur doit être d'environ trente pouces, elle doit varier suivant le plus ou le moins de grandeur de la taille de l'ouvrier et de manière qu'il puisse travailler commodément. L'instrument se compose de deux parties principales, la *table* proprement dite et les *pieds*. La table est formée d'ordinaire d'un plateau d'orme ou de frêne. L'orme étant le plus pesant et le plus commun des bois qu'on peut employer à cet usage, est par cette raison, préférable, puisqu'il est alors plus difficile d'ébranler l'établi. Le hêtre qui, comme l'orme et le frêne, a la propriété de ne pas se fendre, fait aussi des tables de ce genre excellentes. Les pieds sont ordinairement en chêne et très forts, au nombre de quatre ou six suivant la longueur de l'établi.

Comme il est essentiel d'unir les pieds à la table, de la manière la plus solide, on doit les assembler à enfourchement double. Ces pieds seront réunis par le bas et à quelques pouces de terre avec une traverse assemblée avec les pieds à tenons et mortaises. On peut, dans le bas de l'établi, pratiquer des tiroirs qui serviront à renfermer des outils; on peut le clore en partie tout autour avec des planches qui serviront encore à mieux lier les pieds entre eux.

La table, épaisse d'au moins trois pouces, est percée bien

perpendiculairement d'un certain nombre de trous circulaires.
Ils ont un pouce ou un pouce et demi dé diamètre, et sont
dispersés irrégulièrement sur la table. A trois pouces à peu
près du devant de la table et proche d'une de ses extrémités,
on creuse un autre trou carré ayant deux pouces de côté. Il
traverse la table de part en part comme les trous circulaires;
ses parois sont bien unies et taillées bien perpendiculairement.
Les trous ronds sont destinés à recevoir les valets; dans le trou
carré glisse à frottement une boite ou tige de bois carrée,
garnie à son extrémité supérieure d'un crochet dentelé. Lorsque le crochet est convenablement enfoncé dans la boite, il a
l'air d'une plaque de fer mince, triangulaire, fixée à angle droit
sur le sommet de la boite, afßeurant avec le dessus, débor-
dant un peu par le devant, de manière à présenter en saillie,
une rangée de dents aiguës, faisant face à l'extrémité de la
table opposée à celle dans laquelle la mortaise carrée a été
pratiquée. On peut, à coups de maillet, hausser ou baisser
cette boite : la hausser en frappant par dessons, la baisser en
frappant par dessus, de telle sorte que le crochet puisse à volonté être plus élevé que la table de plusieurs pouces, ou la
toucher tout-à-fait. C'est contre ce crochet que l'on fixe, d'un
coup de marteau, les planches que l'on se dispose à corroyer
ou polir. Les dents pénètrent dans l'épaisseur; le mouvement
de la varlope, l'espèce de choc qui en résulte les fait enfoncer
davantage, et aucune saillie ne la gêne dans son action, puisque le crochet, faisant le sommet de la boite, est toujours au-
dessous de la face supérieure de la planche. A force de hausser
et baisser la boîte, la mortaise dans laquelle elle glisse s'a-
grandit, le mouvement devient trop libre. Autrefois il n'y
avait d'autre remède que de refaire la boîte; maintenant on a
imaginé de la fixer à la place convenable avec une vis de pression. A cet effet, l'extrémité de la table est percée d'un trou
horizontal, parallèle à la longueur de l'établi, et pénétrant jusqu'à la boite; ce trou est taraudé. On y place une vis à tête
large et aplatie qui, suivant qu'on la tourne dans un sens ou
dans un autre, laisse glisser en sé retirant la boîte garnie du
crochet, ou, pénétrant à travers le trou pratiqué dans la paroi de la mortaise, assujettit cette boîte contre la paroi opposée. On sent que la vis doit être assez forte et coupée carrément à son extrémité.

La *fig.*1.*pl.* 1ʳᵉ représente l'établi avec la boîte à crochet A, et les trous circulaires dont nous devons maintenant expliquer l'usage.

Le crochet est suffisant pour assujettir la planche soumise à l'action de la varlope; mais si on voulait scier transversalement une planche, la raboter en travers, la creuser avec le ciseau où le bédane, on sent qu'on ne pourrait plus en attendre d'effet. Il ne peut servir que lorsque la direction donnée à l'instrument pousse la planche contre ses dents. Dans les autres cas on a recours au valet.

Il y en a diverses espèces. Le plus communément employé est un crochet en fer, dont la tige cylindrique a de dix-huit pouces à deux pieds de longueur, et un diamètre d'un pouce à un pouce et demi. La partie supérieure se recourbe et se termine en une pate large et mince (*fig.* 1. *d*), qui, lorsque la tige est dans une position perpendiculaire, se trouve presque complètement horizontale. L'inclinaison de la pate et son amincissement doivent être tels qu'elle ne puisse pincer le bois, quand on emploie le valet à cet usage, que par son extrémité. En frappant avec un marteau sur le valet qu'on se propose d'acheter, on s'assure par la nature du son, qu'il n'a aucun défaut. On doit rejeter tous ceux qui ne sont pas beaucoup plus forts au coude que partout ailleurs. C'est par-là surtout que souffre cet outil; et de ce renforcement dépend toute sa solidité.

Lorsque le valet est placé dans un des trous de l'établi, la tige y glisse commodément dans une position perpendiculaire; mais lorsque l'on place une planche entre la pate et l'établi, l'épaiseur de la planche la soulève, et, par conséquent, écarte la tige de sa situation perpendiculaire, pour lui donner une situation oblique. Alors elle glisse avec peine dans le trou et frotte, par sa partie supérieure, contre le rebord du trou, du côté éloigné de la planche, et, par sa partie inférieure, contre la partie inférieure du trou, du côté rapproché de la planche. Si l'on donne quelques coups de maillet sur la tête (*d*) du valet, la tige enfonce, mais comme la pate n'enfonce pas en même tems, l'obliquité augmente, la pression de la tige contre les parois du trou s'accroît, le frottement ne permet plus à la tige de couler. Elle est fixée d'une manière invariable, et, par la même raison, la pate, devenue immobile, fixe à son tour la planche B, en la pressant contre la table de l'établi; alors la planche peut être sciée, entaillée, frappée dans tous es sens et ne change plus de place. Le valet l'assujettit, ar la face supérieure, comme le crochet l'assujettissait en énétrant dans l'épaisseur. Mais on sent que l'élévation du alet, au-dessus de la surface, ne permettrait plus de la ra- oter commodément. Pour dégager la planche, il suffit encore e frapper le valet par dessous, à l'extrémité de la tige, ou de onner quelques coups à côté de la tête, de manière à détruire 'obliquité.

Ces coups de maillet occasionent presque toujours une em- reinte de la pate dans la planche; pour éviter cet inconvé- ient on emploie le valet à vis. La pate est taraudée et porte ne vis de pression (*fig.* 2.). Lorsqu'on l'enfonce, elle ren- ontre la planche, la presse; mais, en même tems, élève la ate par un mouvement uniforme et cause l'obliquité, et, par uite, la pression.

La partie de la vis qui touche le bois a peu de surface. Il eut donc en résulter encore une empreinte nuisible aux ou- rages délicats et soignés. On remédie tout-à-fait à ce mal à 'aide du valet à vis et à écrou, qui n'a d'autre défaut que 'être d'un usage un peu embarrassant. (Voyez *fig.* 3.) Il se compose 1° d'une vis à tête sphérique, percée d'un trou trans- versal dans lequel est passée une tige de métal, à l'aide de la- quelle on tourne la vis; 2° d'un double crochet se recourbant à droite et à ganche, et se terminant de chaque côté par un plateau large et épais (B, C); 3° d'un écrou (D) placé au-des- sous du crochet. On peut se dispenser de tarauder le trou du crochet dans lequel passe la vis et le faire assez grand pour qu'elle y coule librement. La tête de la vis suffit pour faire descendre le crochet. L'inspection de la figure fait déjà devi- ner l'usage de cet instrument. On ôte l'écrou; on passe la tige- de la vis dans le trou de l'établi ; on remet l'écrou de ma- nière à ce que la table de l'établi se trouve entre le crochet et l'écrou. On place la planche à fixer sous la pate du crochet et on tourne la vis. La pate descend, et par suite de ce mou- vement, l'ouvrage et la table de l'établi se trouvent serrés l'un contre l'autre entre l'écrou et le crochet. Mais si l'on ne prenait pas une légère précaution, une des pates des crochets portant sur l'ouvrage et se trouvant, par conséquent, plus éle- vée, le bois serait pressé, non par la partie large et aplatie de la pate, mais par l'angle le plus voisin de la vis, et il en ré- sulterait une empreinte. Il faut donc avoir grand soin de maintenir l'horizontalité, en plaçant sous l'autre paté un appui quelconque, égal en hauteur à la pièce de bois que l'on veut assujettir. Ce soin paraît minutieux; mais ce que je viens de dire en prouve la nécessité, et la fréquentation dés ateliers la fera encore mieux sentir. A ce premier inconvénient, il faut en ajouter un autre. Chaque fois qu'on veut changer le valet de place, il faut ôter l'écrou, soulever la vis, puis le crochet, remettre l'écrou, faire tourner long-tems la vis; de là, des pertes de tems préjudiciables. Je crois qu'il vaut beaucoup mieux s'en tenir à l'usage du valet ordinaire et du valet à vis de pression, sauf à mettre entre la pate et l'ouvrage, ou entre la vis de pression et l'ouvrage, un bout de planche bien dressé. On en a toujours de reste dans un atelier de menuiserie, et il n'en faut pas davantage pour préserver de tonte empreinte les bois à ménager.

Je vais néanmoins encore décrire une troisième espèce de valet, dit *valet à bascule*, qui a les avantages du valet à vis simple sans avoir ses inconvéniens. La pièce principale de ce valet est assez semblable à un valet ordinaire, ainsi qu'on peut s'en convaincre en jetant les yeux sur la *fig.* 3*. Mais la partie supérieure au lieu de se courber vers la terre, se relève, et au lieu d'être amincie en pate, finit par un enfourchement; dans cet enfourchement est fixée, à l'aide d'une goupille, qui lui permet de se mouvoir, comme un fléau de balance, une pièce semblable en tout à l'extrémité supérieure d'un valet ordinaire. La tête de cette pièce mobile est taraudée, et porte une vis à tête plate dont l'extrémité s'appuie sur la pièce que nous avons décrite la première. Quand on tourne la vis de façon à l'enfoncer dans le trou taraudé, il faut nécessairement que cette extrémité de la pièce mobile se soulève. Alors elle fait bascule, l'autre bout terminé en pate s'abaisse et presse graduellement la planche qu'on a mise au-dessous.

Les moyens de maintenir les bois sur l'établi ont tous quelque désavantage. Le crochet n'est bon que lorsque l'on pousse la varlope longitudinalement, en dirigeant sa course contre le crochet; et il est quelques bois qu'on est forcé de raboter en travers. Les valets occupent une partie de la face supérieure de la planche; et de ces deux instrumens, l'un servant à un usage, l'autre à l'autre, il arrive que si, après avoir raboté, on veut entailler on creuser le bois, il faut mettre le crochet, puis l'ôter si l'on veut raboter de nouveau. Il en résulte une perte de

ms désagréable. Pour éviter cela, on a imaginé, en Alle-
lagne, de serrer la planche à travailler entre deux crochets qui
assujettissent en pénétrant dans l'épaisseur à chaque extrémité.
es établis qui permettent cette manœuvre ont été introduits
epuis peu de tems en France, sous le nom d'*établis à l'alle-
:ande.*

Ces établis, au lieu de porter seulement des trous ronds à
lacer les valets, sont percés d'une ou plusieurs rangées d'ou-
:rtures carrées dans lesquelles ont peut placer des *mentonnets.*
e sont des tiges de fer carrées, recourbées en crochet au som-
iet. Quelquefois la partie recourbée est aussi grosse que la
ge; d'autres fois elle est plus mince, plus large et semblable au
·ochet de l'établi ordinaire; elle est aussi dentée dans ce se-
ind cas. C'est entre deux de ces crochets que la planche est
xée. Mais, pour que le bois soit bien assujetti par ce moyen,
est nécessaire que l'un des crochets puisse à volonté être
·rré contre la planche. On y parvient en plaçant un des mem-
innets dans une pièce de bois mobile, placée à l'extrémité de
établi, se déplaçant d'une certaine quantité par un mouvement
arallèle à la longueur de l'établi, et désignée par le nom de
oite de rappel.

L'usage de cette boîte de rappel étant encore peu connu dans
s provinces, je crois devoir donner, sur sa construction, des
'tails assez étendus pour que chaque ménuisier puisse l'exé-
ter lui-même.

On commence par faire à la table de l'établi une entaille
nt la longueur est égale au quart de la longueur totale de la
le ou un peu moins, et dont la largeur est du tiers de la
rgeur de la table (voyez *fig.* 4). On voit déjà qu'il faut que
s pieds ne soient pas de ce côté tout-à-fait à l'extrémité de
tabli, sauf à soutenir cette extrémité par un cinquième pied
acé au-delà de l'entaille. Cette précaution est indispensable.
n cloue ou l'on assujettit avec des vis, sous la table, une
averse A B, forte et bien dressée, saillante, en avant de l'é-
bli, de manière à être de niveau avec le bord P. Une autre
averse G D, fixée en G. sous l'établi, vient en D s'assembler
queue d'aronde avec la traverse AB. Cette seconde traverse
t moins élevée que la première d'un demi ponce. Sur le côté
de la table on fait une entaille longitudinale assez profonde,
lis on refouille sous ses parois et l'on y creuse une rainure
ns laquelle une planche puisse commodément glisser à cou-

lisse. On peut, si l'on veut, se dispenser de faire cette rainure et se contenter de bien unir les bords de cette entaille destinés à soutenir la boîte de rappel qui doit glisser, aller et venir, portée par ces bords et par les deux traverses.

La partie principale de la boîte (voyez *fig.* 5) est la tête z, formée d'un morceau de bois dur dont les bouts doivent être parallèles à la longueur de l'établi; par conséquent, cette tête se présente à bois de bout contre la paroi G, lorsqu'on l'a mise en place. Elle est percée dans sa partie supérieure d'un trou carré dans lequel on place le mentonnet x. Si l'on veut on fait la tête plus longue, on y perce plusieurs trous, et l'on raccourcit la vis de rappel; mais cette méthode est moins bonne, la tête est moins solide et le mouvement de la boîte est plus borné. Par-dessous, cette espèce de cube en bois est entaillé carrément (voyez *fig.* 6, la coupe de la tête ; Q l'entaille). C'est dans cette rainure que se loge la traverse CD (*fig.* 4), destinée à diriger en droite ligne le mouvement de la boîte. Le reste de l'extérieur de la boite est formé de cinq fortes planches. Celle qui est à l'extrémité plus courte que la tête z (voyez *fig.* 5), est percée en k d'un trou destiné à passer la vis li. Elle doit même être formée de deux pièces que l'on assemble à rainure et languette, après que la vis a été convenablement placée. La planche de dessous s'assemble au-dessus de la rainure conduc-trice creusée dans la tête. Mais la planche de derrière (*fig.* 7), qui doit toucher la paroi F (*fig.* 4) de l'établi, mérite une attention spéciale. Elle est percée d'une longue ouverture, comme le représente la figure 7, et ses bords sont taillés en languette destinée à courir dans la rainure creusée sur les bords de l'entaille F (*fig.* 4). Si on n'a pas fait cette entaille, il suffit de bien dresser les bords inférieur et supérieur de cette planche; moins haute, dans ce cas, que celle de devant, taillée de manière à pénétrer juste et à coulisse dans l'entaille F, elle s'unit solidement avec la tête, et la figure 6 représente cet assemblage; Q est la tête, b la planche de derrière avec sa double languette. Toutes les planches qui forment la boîte doivent être en bois dur, bien assemblées en feuillures; il est bon de consolider le tout avec quelques vis placées de distance en distance.

Venons à la manière de faire mouvoir la boite. On se sert pour cela de la vis de rappel li. Cette vis, fixée en l dans la tête z (*fig.* 5), de manière néanmoins à pouvoir tourner,

passe ensuite dans un écrou m, dont la queue, passant à travers la fente longitudinale de la planche de derrière, va s'enfoncer en V (*fig.* 4) dans l'établi, où elle est maintenue à l'aide
de deux boulons qui la traversent (voyéz *fig.* 8). Cet écrou,
glissant librement dans la fente de derrière de la boîte, ne fait
pas corps avec elle ; mais la vis est en quelque sorte unie à la
boîte par un collet ou gorge circulaire qu'elle porte en V
(*fig.* 5), et dans laquelle s'engagent deux clavettes de fer,
inhérentes l'une à la planche inférieure, l'autre à la planche
supérieure de la boîte. La tête i de la vis, percée d'un trou
transversal, sort en k, comme le représente la figure.

Si, maintenant, on place la boîte sur la traverse CD (*fig.* 4),
de manière à ce que l'entaille de la tête soit à cheval sur cette
traverse, si l'on fait glisser les languettes de la planche de
derrière dans les rainures de l'entaille F, si la queue de
l'écrou, enfoncée en V, est solidement rivée avec ses deux
boulons, on verra facilement comment se meut la machine.

Quand, à l'aide d'une tige de fer placée dans le trou de la
tête de la vis, on la fait tourner, cette vis, prise dans un
écrou, est forcée d'avancer ou de reculer ; et comme d'une part
elle tient à la tête z, tandis que, de l'autre côté, elle est maintenue en V par deux clavettes, elle entraînera la boîte avec elle en
avant ou en arrière; la queue de l'écrou ne gênera pas la marche
de la boîte, puisque la planche de derrière est fendue longitudinalement. La saillie de p (*fig.* 9) de la tête arrêtée par
l'exhaussement de la traverse AB (*fig.* 4), au-dessus de la traverse CD, ne permettra plus à la boîte de quitter sa place,
après qu'on aura fixé ces traverses, qui ne doivent être défi-
nitivement consolidées qu'après qu'on a mis la boîte là où elle
doit être, et boulonné la queue de l'écrou. On sent que le
dessus de la boîte doit être de niveau avec le dessus de l'é-
tabli.

Maintenant, avec cet appareil, veut-on fixer une pièce de
bois? Rien ne sera plus facile. Soit la planche $c\,c$ (*fig.* 9);
placez un mentonnet dans un des trous de la table de l'établi;
placez l'autre mentonnet dans la boîte, mettez la planche entre
es deux mentonnets, tournez la vis, bientôt le mentonnet
mobile aura, en s'avançant, pressé la planche contre le mentonnet de l'établi. Si la planche était plus longue, on placerait
le mentonnet dans un trou plus éloigné de la boîte; mais ces
trous ne doivent pas être séparés entre eux par un intervalle

plus grand que celui que peut parcourir la boîte, afin que son mouvement puisse compenser l'écartement de ces trous.

Cette manière de fixer les bois sur l'établi est solide, invariable. On peut les assujettir ou en long ou en travers, travailler dans tous les sens et dans toutes les positions. Enfin, quand on se sert de mentonnets dont le crochet est aplati et denté, la face supérieure de la pièce de bois et deux des faces latérales sont entièrement libres. En outre, la boite peut servir de presse dans un grand nombre de cas, et assujettir les pièces que l'on veut refendre ou tailler, en les fixant, à l'aide de la vis de pression contre la paroi G. de l'établi (*fig.* 4).

Nous allons donner une manière plus simple et plus claire de construire cette presse, qui est d'une importance tellement majeure, qu'il est impossible de laisser subsister aucune obscurité sur ce qui concerne sa construction. Nous en emprunterons la description au *Journal des ateliers*, mars 1829, page 51; en laissant parler le rédacteur.

» *Presse à l'allemande d'après un procédé perfectionné.*

» Les presses allemandes sont une amélioration généralement sentie : elles facilitent considérablement le travail : c'est ce qui nous a déterminés à donner trois modes différens de construction de cet appareil dans notre *Art de Menuisier*. Nous ne connaissions pas alors celui dont nous allons faire mention..... La presse allemande, telle qu'on la fait communément, a un grave inconvénient, c'est d'être sujette assez souvent, par suite du travail des bois, à se disjoindre d'avec la table de l'établi : la poussière s'introduit dans la boite par l'écartement, et le travail de la presse est promptement entravé. Suivant la nouvelle manière de faire, cette disjonction n'est plus à craindre; on n'a plus de châssis conducteur à construire, et l'on n'a plus besoin d'entailler le dessous de la table de l'établi.

» Ainsi qu'on peut le voir par la figure 1, planche 6, la vis de cette presse n'offre rien de particulier : seulement le tourillon *a* est garni en cuivre; quant à la boîte (*fig.* 2) elle n'offre également aucune particularité ; construite solidement en hêtre ou en chêne, un de ses côtés, celui qui touche au champ de l'établi, n'est point recouvert ; les deux morceaux qui forment les deux bouts sont très épais. Le bout *a* est percé au centre d'un trou livrant passage au collet de la vis. Dans un encastrement *b*, pratiqué sur son champ intérieur, il reçoit la clé d'arrêt vue

de face , (*fig*. 3) , qui , en entrant dans la rainure circulaire *b*
(*fig*. 1) forme le rappel.

L'autre bout *c* est percé au centre du côté de l'intérieur de
la boîte, d'un trou dans lequel s'engage le tourillon *a* (*fig*. 1).
Sur son champ intérieur se trouvent en saillie deux tenons *d*
destinés à glisser à pression sentie dans les coulisses *dd* (*fig*. 4).
C'est dans ce bout *c* que s'emplante le mentonnet en fer vu de
face et en profil (*fig*. 8).

» La *fig*. 4 représente la partie postérieure de la quartelle
ou table de l'établi, échancrée à l'endroit occupé par la boite
(*fig*. 2) on voit en *a* les trous dans lesquels se place le mentonnet faisant face à celui planté dans la partie *c* de la boîte ,
et devant agir concurremment avec lui : on voit en *b* et en
perspective la pièce de derrière vue à part , fig. 5, et telle qu'elle
se présente lorsqu'on regarde l'établi par son bout postérieur.

» On voit en *e* de cette même fig. 5 , une mortaise percée
au travers de la table, dans laquelle s'engage à pression sentie
la queue de l'écrou représenté à part (*fig*. 6); en *f* est l'encastrure de l'écrou du boulon de devant *f* (*fig*. 5); en *g* la
feuillure (*fig*. 4) dans laquelle se place le contre-écrou vu à
part (*fig*. 7).

» Le premier écrou (*fig*. 6) est maintenu en place, 1° par
la pression qu'il éprouve dans la mortaise *e*; 2° par le boulon
h, passé dans la queue de cet écrou et vissé dans l'écrou *i*. Ce
boulon, dont la tête est noyée, est apparent sur le côté de l'é-
tabli opposé à celui offert par la fig. 4 : c'est à l'aide de ce boulon qu'on fait avancer ou reculer l'écrou fig. 6.

» Quand au second écrou (*fig*. 7) il se meut également en
avant et en arrière, au moyen de la pression qu'il éprouve de
la part de la pièce de derrière (*fig*. 5), laquelle pression est
réglée par l'effort des boulons *f k*, passant par les coulisses
f k (*fig*. 7). L'encoche *m* pratiquée en dessous de la queue
de cet écrou et apparente en dessous de l'établi, sert à donner
prise au coin à l'aide duquel on recule l'écrou en le chassant
à coup de marteau. Lorsqu'il est en place on le maintient
par la pression des boulons *f k*.

» La pièce de derrière (*fig*. 5) est elle-même un peu mobile
d'avant en arrière et *vice versa*, les trous dans lesquels passent
les boulons *f k* étant ovalisés à cet effet.

» Pour percer la mortaise *e* et placer convenablement la
feuillure *g* (*fig*. 4) il convient de placer d'abord la vis de rap-

pel (*fig.* 1) dans les écrous (*fig.* 6 et 7) et de faire le tracé; ces écrous étant présentés horizontalement au champ de la table de l'établi.

» Expliquons maintenant comment ces diverses pièces opèrent le perfectionnement de l'ensemble. Si, par suite du retrait produit par la dessiccation, le champ de l'établi (*fig.* 4) vient à reculer, le côté correspondant de la boite (*fig.* 2) cesse de joindre. Si ce retrait a eu lieu également sur toute la longueur, on se contente alors de tirer les écrous en arrière, savoir : celui fig. 6 , en serrant le boulon *h*, et celui fig. 7 , en desserrant les boulons *fk* et les resserrant lorsqu'il est repoussé. On repousse par le même moyen la pièce de derrière (*fig.* 5). Si ce retrait n'est que partiel, on redresse et on fait la même opération pour le rapprochement de la boîte. Il en est aussi de même lorsque c'est du côté de la boite que le retrait a lieu. On la redresse au rabot si le retrait est partiel; s'il est général, on recule les écrous, et la boîte joint contre l'établi.

» Cette manière de faire la presse allemande est simple et commode ; elle le cède aux autres manières sous le rapport du grand écartement et de la résistance contre les fortes pressions ; mais elle offre un avantage précieux qui ne se rencontre pas ailleurs : celui qui résulte de sa parfaite et constante adhésion contre le champ de l'établi. »

Ces procédés pour fixer le bois sur l'établi ne suffisent pas encore pour tous les ouvrages qu'on a à exécuter. Très souvent on a besoin de poser la planche que l'on travaille, non pas à plat, mais *de champ*, c'est-à-dire sur la tranche, sur le côté. On n'y parviendrait pas par les moyens que nous avons décrits. Si on se servait des valets, la planche n'étant pas soutenue latéralement, finirait par vaciller et tomber à plat.

Dans ce cas, on applique la planche contre les côtés de l'établi, de telle sorte que son plat en touche les pieds latéralement. Voici le moyen de la soutenir dans cette position.

Au côté de la table de l'établi on adapte une traverse solidement fixée, taillée obliquement à l'extrémité et placée de telle sorte que son biseau (sa partie oblique) forme un angle rentrant avec le bord de la table (voyez *fig.* 1. C). Les pieds sont percés de plusieurs trous D. On place dans un de ces trous une cheville de bois ou un valet plus court que les valets ordinaires, et que l'on désigne par le nom de valet de pied. On place un valet dans un des trous de l'autre pied, et sur ces deux valets on pose la planche, on la pousse de manière à ce que son extrémité s'engage dans l'angle formé par la traverse C. Cette pièce de bois l'empêche de glisser le long de la table; les valets, que l'on assujettit avec un coup de maillet, l'empêchent de tomber en avant, et l'on peut commodément travailler la tranche, y faire des moulures ou les polir, pourvu que le rabot ou le *guillaume* soient dirigés contre l'angle ou crochet formé par la traverse de bois.

On remarque sans peine, dès la première vue, combien cet appareil est incomplet et insuffisant; aussi est-il dès à présent assez généralement abandonné. On le remplace avec beaucoup d'avantage par une presse adaptée au pied de l'établi (voyez *fig.* 10). La pièce principale, nommée *mors*, a la forme d'une grande mâchoire d'étau placée verticalement le long du pied. Aux deux tiers de sa hauteur à peu près est un trou dans lequel passe librement une vis qui tourne horizontalement dans un trou taraudé, percé dans le pied de l'établi vis-à-vis le trou du mors. Lorsqu'on tourne la vis à l'aide de la tringle mobile qui traverse sa tête, cette vis avance dans le trou du pied, et comme sa tête est trop grosse pour passer à travers le trou du mors, elle serre cette pièce de bois contre l'établi; le bas du mors est assemblé avec une traverse carrée qui glisse dans une mortaise de même forme, creusée au bas du pied. L'ouvrage qu'on place entre la presse et l'établi, soutenu à une extrémité par la vis, et à l'autre par un valet ordinaire, est maintenu par-devant par la presse.

Souvent on se dispense d'employer le valet de pied en adaptant au-devant du pied de derrière un tasseau placé à la hauteur du dessus de la vis de la presse, et sur lequel on fait porter le bout de la planche opposé à celui que maintient la presse.

Telle est la presse généralement en usage; mais des ébénistes intelligens ont inventé et adopté une presse horizontale qui rend les mêmes services que la presse verticale, et permet en outre de pincer un morceau de bois ou un panneau de la hauteur de l'établi.

L'extrémité de l'établi garni de cette presse est représenté *fig.* 10*. Elle consiste, comme on voit, en une traverse horizontale de dix-huit pouces de long, aussi épaisse que l'établi, contre le bord duquel on peut la serrer à l'aide d'une forte vis en bois dur; la tête de cette vis est percée d'un trou propre à recevoir un levier, à l'aide duquel on peut serrer autant qu'on veut. Cette vis est placée près d'une des extrémités de la presse; l'autre extrémité, qui répond au bout de l'établi, porte une traverse en bois dur qui s'enfonce dans l'épaisseur de la table à mesure que la presse s'en rapproche. Cette traverse ou conducteur a pour but de maintenir la presse dans une position parallèle au bord de l'établi, et d'empêcher qu'elle ne s'en rapproche plus par un bout que par l'autre, ce qui arriverait infailliblement quand on serre avec force une pièce un peu grosse, et ce qui aurait l'inconvénient grave de briser les filets de la vis. Pour faire l'espèce d'étui dans lequel le conducteur glisse à frottement doux ; on creuse dans l'extrémité de l'établi une coulisse de la grandeur convenable , et on la recouvre avec une pièce de bois e, que l'on fixe avec des vis à bois ou de fortes pointes.

Ordinairement on s'en tient là ; mais le conducteur n'est pas toujours suffisant pour maintenir la presse bien parallèle quand elle supporte un grand effort. Quand on veut n'avoir rien à désirer, il faut y ajouter la vis c, que l'on fixe solidement à la presse, et qui glisse librement et sans tourner dans un trou cylindrique creusé dans l'établi; elle est en fer, à pas très incliné, et porte un écrou d qui tourne très librement. Quand l'ouvrage est déjà serré, on applique, en le faisant tourner rapidement, l'écrou contre l'établi; alors on peut serrer tant que l'on veut, rien ne dérangera le parallélisme de la presse, maintenu à la fois par la vis et par le conducteur. Cette vis, que l'on fait quelquefois en bois, est moins forte que la première dont nous avons parlé. Quand on ne veut pas qu'elle fonctionne, ou quand on veut fermer tout-à-fait la presse, on fait remonter l'écrou dans une encastrure pratiquée à la naissance de la vis. Il va sans dire qu'il faut donner à la table de l'établi une épaisseur assez grande pour qu'elle ne soit pas trop affaiblie par toutes ces ouvertures ; et il est facile de voir que cette excellente presse s'associe à merveille aux établis les mieux perfectionnés.

Peu de mots compléteront ce qu'il nous reste à dire sur l'établi. Sur le côté opposé à la presse on enfonce à mortaise deux tasseaux espacés d'environ un pied et demi, et saillans de huit à dix lignes; sur ces tasseaux on cloue une planche étroite et longue d'un pied et demi. Par cela seul qu'elle est clouée sur les tasseaux, elle est séparée de quelques lignes de

'établi. Cet appareil, nommé *ratelier*, sert à placer divers ou-
ils, dont la partie étroite passe à travers l'intervalle, tandis
ue la partie large les arrête et les tient suspendus. On place
rdinairement ainsi les outils à manche, tels que ciseaux,
ermoirs, etc. Les tasseaux et le râtelier doivent être de ni-
eau avec le dessus de l'établi.

A côté de ce râtelier, et toujours sur le côté de l'établi, on
xe un autre tasseau, mais celui-ci doit être plus bas que le
essns de l'établi de deux pouces environ. Il est percé d'une
ortaise, et sert à recevoir l'équerre lorsqu'on n'en fait pas
sage.

M. Erhenberg, fabricant d'outils, rue de Charonne, n° 24,
exposé en 1827 un établi modifié en plusieurs points impor-
ans et qui doit être préféré à tout autre par l'amateur qui fait
e la menuiserie un amusement. Nous allons décrire en peu
e mots ces perfectionnemens.

Cet établi est mobile et se démonte aisément. Les pieds de
haque extrémité sont unis ensemble par deux courtes tra-
erses inférieures et supérieures assemblées à tenon et chevil-
'es. Quand la table de l'établi est en place, elle repose sur
es traverses supérieures auxquelles on l'unit avec de longues
is à bois; ou bien plus simplement on fait entrer les traverses
ans de rainures creusées sur la table. Lorsque les pieds des
xtrémités sont accouplés, ainsi que nous venons de le dire,
n unit l'un à l'autre ces deux couples de pieds par un moyen
acile. Le bas de chaque pied est percé d'une mortaise. Dans
es mortaises on fait passer deux longues traverses qui com-
lètent le carre long avec celles qui sont à demeure. On fixe
nomentanément en place ces traverses longues au moyen de
lés d'arrêt. Pour cela l'extrémité de ces traverses taillée en
enons, se prolonge au-delà du pied dans lequel elle entre; et
ette extrémité saillante est percée d'une mortaise perpendi-
ulaire dans laquelle on enfonce, à coup de marteau, la clé
u coin de bois. Toutes ces pièces peuvent donc être facile-
nent montées et démontées.

Cet établi porte une presse horizontale semblable à celle
jue nous venons de décrire. Il est aussi muni d'une presse d'é-
abli à l'allemande. La seule modification un peu importante
ju'il lui ait fait subir consiste dans la manière dont la vis de
appel est fixée à la boîte. La vis né porte pas un renflement
reusé d'une gorge dans lequel entrent deux clavettes; mais

elle est creusée d'une rainure circulaire ou collet dans la partie qui passe au milieu de la petite planche qui forme l'extrémité de la boite opposée à la tête. Cette rainure reçoit une clé d'arrêt formée de deux longues clavettes réunies en une seule pièce à leur extrémité supérieure, de manière à faire par le bas une espèce de fourche ou de fer à cheval dont l'écartement embrasse exactement la vis à l'endroit où elle est amincie par une rainure. Cette clé d'arrêt passe à travers une mortaise pratiquée verticalement dans la boite au-dessus de la rainure dans laquelle se logent ses deux branches. On l'enfonce entièrement dans la mortaise; mais alors la partie inférieure dépasse par-dessous. Comme la partie supérieure est taillée en mentonnet, on peut lui en faire remplir les fonctions; pour cela il suffit de faire rentrer la partie inférieure pour que le haut fasse saillie au-dessus de la boite. Les mentonnets ont leur crochet taillé en mâchoire d'écrou, ce qui leur donne beaucoup de solidité. Le côté opposé au crochet est muni d'un ressort qui leur permet de se soutenir seuls dans le trou de l'établi à diverses hauteurs, résultat qui provient de la pression exercée par le ressort contre la paroi de l'écrou. Et comme le mentonnet est percé dans sa partie supérieure, d'un trou taraudé dans lequel on peut placer à volonté une vis finissant en pointe, chaque mentonnet peut faire les fonctions d'une poupée de tour. Deux de ces mentonnets opposés l'un à l'autre remplissent à merveille les fonctions de la machine à plaquer les colonnes. Enfin, pour compléter, on a placé sur le derrière une longue presse horizontale, régnant d'un bout de l'établi à l'autre, formée d'une longue et forte traverse percée à chaque extrémité d'un trou dans lequel tournent librement deux grosses vis à tête percée transversalement. Ces vis, qui tournent ensuite chacune dans un trou taraudé, percé horizontalement dans l'épaisseur de la table, servent à rapprocher et serrer à volonté la traverse contre le bord de l'établi. Cette presse est infiniment commode quand on veut travailler de champ quelque longue pièce, ou la plaquer. Elle peut aussi recevoir les poupées d'un tour quand la traverse est convenablement écartée du bord de la table.

2° *Établi perfectionné.*

M. Fraissinet, de Montpellier, avait, le 11 mars 1818, pris un brevet d'invention pour un nouveau procédé de construction d'un nouveau banc de menuisier avec ses accessoires, (tome xv, page 248, n° 1411, de la collection des brevets expirés.)

Explication des figures qui représentent ce banc dans son ensemble, et diverses parties accessoires.

Fig. 30. *pl.* 7 , élévation de face de cet établi.

Fig. 31, coupe transversale.

Fig. 32, plan.

a, pieds et traverses de l'établi.

b, deux pièces de bois formant un aile de chaque côté du banc ; chacune de ces pièces est percée de trois mortaises ou coulisses verticales que l'on voit ponctuées en *e*, *fig.* 30.

d, six boulons entrant dans les coulisses *e*, et se vissant dans la tête du banc : ils servent à fixer les pièces *b* à la hauteur convenable contre les côtés de l'établi.

e, *fig.* 31, 32, quatre vis servant à presser l'une contre l'autre les pièces de bois que l'on veut corroyer ou dresser.

f, deux pièces servant de support à la varlope; elles ont de chaque côté, et à leur partie supérieure un rebord qui coule dans une coulisse *i* pratiquée dans l'épaisseur des ailes *b*.

g, ouverture réservée dans la largeur du banc pour la marche des crochets *h*.

k, quatre boulons passant sous les supports de la varlope, et servant à rapprocher les crochets et à les serrer contre les pièces de bois à corroyer. Comme dans certains cas ces boulons seraient trop courts, on se servira pour parer à cet inconvénient, de petites planches préparées à cet effet qui s'ajustent et qui glissent dans des coulisses pratiquées intérieurement dans les longues traverses supérieures de l'établi : ces crochets sont fixés par des vis portant écrou en dessous du banc.

m, *fig.* 32, servant à assembler aux extrémités les ailes *b*.

n, deux emboitures à coulisse, assemblées aux deux bouts du banc.

l, pièces de bois ou cales laissant des deux côtés un espace pour que le fer de la varlope puisse mordre sur toutes les pièces à corroyer et pour empêcher la vis *e* d'appuyer sur les pièces de bois soumises au travail.

Les supports et les crochets marchant à volonté, peuvent alors se placer à des distances convenables qui dépendent des pièces qu'on veut corroyer, et la varlope qui se meut sur ces supports et que l'on voit de profil, *fig.* 40, doit avoir une longueur suffisante pour ne pas heurter par ses deux bouts contre lesdits supports. Cette varlope se pousse avec autant de facilité que celle dont on se sert habituellement, et lorsqu'elle cesse d'enlever des copeaux, toute la surface sur laquelle on opère se trouve terminée. Cela fait, on retourne les pièces et on recommence la même opération. Les supports f montent et descendent à volonté avec les ailes b, pour s'ajuster suivant l'épaisseur des pièces de bois sur lesquelles le travail se fait.

Pour faire usage de ce banc et en tirer tous les avantages qu'il est susceptible de procurer, on le charge de la quantité de bois qu'il peut contenir placé sur un ou deux rangs, selon la longueur des pièces; après les avoir préalablement débitées à la scie, tant en longueur que largeur, et lorsqu'on les a assujetties par le moyen des crochets fixés sur ce banc, on opère avec la plus grande facilité et on met toutes les pièces à l'équerre, face par face, sans qu'il soit nécessaire de marquer aucune pièce au trusquin, ni de faire usage d'équerre. Par cette méthode une personne quelconque pourra être chargée du travail et faire dans un même tems autant de besogne que quatre bons ouvriers qui se serviraient des outils ordinaires.

L'appareil que l'on voit de côté et en plan, *fig*. 38 et 39, est établi pour monter des cadres de tableaux, estampes, etc.; il est formé d'un plancher a, destiné à recevoir les pièces de bois déjà préparées à onglet, et d'une traverse diagonale b qui est fixée à ses extrémités par deux vis c; cette même traverse porte, dans son milieu, une troisième vis d servant à assujétir la pièce.

Fig. 41 et 47, élévation et plan d'un mécanisme propre à former une quantité de tenons à la fois et d'un seul trait; on le charge d'autant de pièces de bois qu'il en peut contenir et qu'on assujétit par quatre vis à poignée b, vissées dans la traverse supérieure e, les bouts appuyent sur une pièce de bois d. On commence le travail par tracer un trait à l'équerre sur le bout des pièces de bois auxquelles on veut pratiquer des tenons; on passe le rabot représenté sur deux faces, *fig*. 45 et 46, pour dresser le bois de bout jusqu'à ce qu'on soit arrivé au trait qu'on a tracé. On fait ensuite les arrasemens avec la scie montée en forme de bouvet, que l'on voit sur deux faces *fig*. 51 et 52, à la profondeur et à la distance convenables; il serait même à propos d'avoir un second bouvet de même forme pour faire une seconde incision au même degré de profondeur au milieu du bois à enlever, pour former la face entière des tenons, attendu que ces deux empreintes donneraient beaucoup de facilité pour enlever le reste avec le guillaume. On tourne ensuite le mécanisme pour achever les tenons de la même manière, du même bout ; et l'on agit de même pour l'autre extrémité de la pièce de bois, si elle doit porter un tenon.

Fig. 33, 34, élévation et coupe horizontale d'un mécanisme propre à former les onglets ; ce mécanisme et celui qui est représenté *fig.* 38 et 39, s'assujétissent sur un banc quelconque à l'aide d'un ou de deux valets.

' *Fig.* 50, racloir, dont la forme peut être celle d'un rabot rond, d'une varlope, d'une mouchette ou d'une moulure quelconque : il dresse et polit le bois sans laisser d'inégalités.

Fig. 35, 36, 37, vue, sur trois faces, d'un outil au moyen duquel on fait avec célérité aux extrémités des bois coupés d'onglet, des mortaises sans risque de fendre le bois, pour peu qu'il reste d'épaisseur en dehors de ces mortaises.

Fig. 42, plan d'un châssis épais propre à faire des coffres, et autres objets formant onglet à chacun des quatre angles. Huit vis *a*, dont on ne voit que quatre dans la figure, parce que les autres sont placés directement au-dessous de celles-ci dans l'épaisseur des côtés du châssis, servent à rapprocher les côtés *b*, *c* de la boite qu'on veut former ; des deux autres côtés *d*, *e* sont appliquées contre deux des côtés du châssis. Dans chaque angle, il y a de petits crampons en fil de fer qui se grippent dans l'épaisseur des bois, à l'endroit des onglets.

Fig. 48, racloir en forme de rabot à deux manches, pour arrondir et adoucir les pièces de bois.

Fig. 49, autre racloir dont la coupe est la même que celui en usage, et qu'on peut monter indifféremment à un ou deux fers pour dégrossir les pièces qu'on veut arrondir.

Fig. 43 et 44, élévation et coupe verticale d'une machine destinée au même usage que celle représentée *fig.* 33 et 34. »

3° *Les Presses.*

Il y en a plusieurs espèces ; dans toutes une ou plusieurs vis forment les pièces principales. Leur principale destination est d'assujétir l'ouvrage lorsqu'on veut le débiter ou le coller.

La *presse horizontale* est ainsi nommée à cause de la direction de son mouvement et de la position dans laquelle on la place sur l'établi. Elle se compose de deux pièces de bois, dont les quatre faces sont bien dressées, percées chacune et à égale

distance de chaque extrémité, de trous taraudés destinés à recevoir des vis à tête percée (*fig.* 11.) Dans les trous des têtes
de vis on fait passer des boulons de fer à l'aide desquels on
tourne successivement chaque vis d'une égale quantité. Ce
mouvement forcé les traverses de bois à se rapprocher ou à
s'écarter, et par conséquent aussi à serrer plus ou moins l'ouvrage placé entre les deux traverses. Cette presse se couche sur
l'établi, où il est facile de la fixer à l'aide du valet.

. Le mouvement de *la presse verticale* (*fig.* 12) est tout différent. Elle se compose 1° d'une traverse de bois placée horizontalement, et dans laquelle sont assemblées et fixées avec
solidité deux vis s'élevant bien parallèlement entre elles, et
verticalement par rapport à la traverse ; 2° de ces deux vis ;
3° d'une deuxième traverse de bois, percée de deux trous,
dont le diamètre est plus grand que le diamètre des vis, de
manière à donner à celles-ci un libre passage ; 4° de deux
écrous ou osselets taraudés qu'on lait tourner autour des vis,
soit avec des oreilles, soit à l'aide d'une clé. Si ces écrous sont
placés près de l'extrémité la plus élevée de la vis, il deviendra
facile de hausser jusqu'à eux la traverse supérieure, de placer
l'ouvrage entre les deux traverses, et d'assujettir celle de dessus contre l'ouvrage en la pressant avec les osselets qu'on fait
tourner à cet effet. Cette presse maintient l'ouvrage dans une
position horizontale, et on la fixe sur l'établi avec le valet, ce
qui devient facile, puisque la traverse inférieure est plus longue
que la traverse supérieure. On l'emploie souvent à maintenir
le placage ; mais plus souvent on a recours, dans ce but, au
châssis d'ébéniste.

C'est encore une espèce de presse plus compliquée, mais
d'un usage plus sûr et plus commode que la précédente. Imaginez un châssis solide et quadrangulaire, formé de quatre
pièces de bois solidement assemblées (*fig.* 13). C'est de la manière dont est fait cet assemblage que dépend la bonté de la
machine. Les vis tendent toujours, par leur effort, à séparer
la traverse inférieure de la traverse supérieure ; il faut donc
que ces traverses soient solidement assujetties dans les montans.
Pour cela on les assemble ordinairement à tenon et à mortaise ;
mais peut-être vaudrait-il mieux tailler en fourche la traverse,
et faire pénétrer dans l'enfourchement le montant entaillé à
cet effet sur les côtés. La supériorité de cet assemblage paraît
incontestable, puisque, par ce moyen, on réserve plus de

force aux traverses qui fatiguent bien davantage. La face interne des montans est creusée d'une rigole ou rainure, commençant au-dessous de la traverse supérieure, et allant jusqu'au dessous de la traverse inférieure. Entre ces deux traverses se meut librement une traverse mobile, terminée à
chaque bout par une languette ou tenon qui glisse dans la rainure des montans et empêche la traverse mobile de sortir des
châssis. La traverse supérieure est percée perpendiculairement
de plusieurs trous également espacés et taraudés, c'est-à-dire
dans les parois desquels on a creusé un pas de vis. Dans ces
trous se meuvent des vis à tête percée, et dont le filet saillant
pénètre dans la partie creuse de la vis dont le trou est intérieurement revêtu. Leur extrémité porte contre la traverse
mobile, et la presse de toute leur force contre la traverse inférieure. La traverse supérieure n'est là que pour guider la vis
et lui servir de point d'appui.

On peut multiplier les vis à volonté, de manière à augmenter aussi à volonté la force de la presse ; on peut en faire de
diverses grandeurs, dont les montans sont plus ou moins espacés, de manière à permettre l'introduction entre les deux
traverses, d'ouvrages plus ou moins étendus. Enfin il est possible d'employer plusieurs de ces presses à la fois. Si, par
exemple, on voulait coller du placage sur un panneau très
long et maintenir solidement la feuille mince de bois précieux,
tandis que la colle sèche, on pourrait faire passer le tout à
travers trois ou plusieurs châssis ; et en faisant faire le même
nombre de tours à chaque vis, dont nous supposons les filets
également inclinés, presser l'ouvrage d'une manière égale aux
extrémités et au milieu.

Les *presses à main* doivent être, comme l'indique leur nom,
plus commodes à manier. Elles sont formées par un châssis
rectangulaire, dont l'un des montans est une vis à tête-percée
qui glisse et se meut dans un trou taraudé à l'extrémité de la
traverse supérieure, et dont le bout presse l'ouvrage contre
la traverse inférieure. Pour que les trois pièces *fixes* soient solides, il est indispensable de les assembler à tenon et à mortaise, ou, si l'on aime mieux, à enfourchement double ; il y
a encore suffisamment de solidité, même dans ce dernier cas.
De simples chevilles s'opposent seules, il est vrai, à ce que les
traverses, que l'on nomme aussi les branches de la presse,
sortent de l'enfourchement creusé dans le montant ou la pièce

fixe, verticale et parallèle à la vis. Mais comme la vis est située à l'extrémité de la branche, son mouvement tend moins à faire sortir verticalement la branche hors de l'enfourchement qu'à soulever une de ses extrémités, et à lui faire décrire une portion de cercle autour des chevilles, qui alors serviraient de pivot. Mais l'extrémité de la branche taillée en forme de double tenon, appuyant à plat sur le fond de l'entaille creusée dans le montant, produit l'effet d'un levier, et s'oppose à cet effet tant que les chevilles ne cassent pas. L'effort qu'ont à supporter les chevilles n'est même pas aussi grand qu'on pencherait à le croire, parce que l'arrasement, c'est-à-dire l'excédant d'épaisseur de la branche sur le tenon, s'appliquant exactement contre la face latérale du montant, forme encore un levier qui trouve à son extrémité supérieure un point de résistance efficace dans cette face latérale. Souvent la tête de la vis, au lieu d'être percée, est octogone ou exagone (à 6 ou 8 pans) ce qui permet de la faire tourner à la main, sans recourir à un boulon.

Souvent on fait ces presses en fer. Alors elles sont plus petites, et le montant ne forme qu'une seule pièce avec les deux branches. Dans ce cas, la tête de la vis est ordinairement à oreilles.

L'usage de ces deux presses est le même; il sert à assujettir les petites pièces que l'on veut coller ensemble, ou à fixer les grandes pièces par les bords. Rien n'empêche de les multiplier, et d'en employer plusieurs en même tems; mais, quand on s'en sert, comme le bout de la vis porte immédiatement sur l'ouvrage, et que la pression a lieu sur un espace de peu d'étendue, on a à craindre des empreintes qui détérioreraient des ouvrages délicats. Il faut alors placer entre la vis et la pièce de bois qu'on travaille, un intermédiaire plus ou moins flexible et d'une forme appropriée à la circonstance.

4° *La servante.*

Il arrive souvent, lorsqu'on travaille de grandes pièces, qu'elles ne peuvent pas porter entièrement sur l'établi. Si elles le dépassent de beaucoup, si elles sont minces et susceptibles de se courber par leur propre poids, il devient nécessaire de leur donner un point d'appui. C'est à quoi l'on parvient à l'aide de la *servante*, instrument construit pour fournir un support transportable, et dont la hauteur varie à volonté (*fig.* 14).

Sur un pied massif ou à quatre branches, et pour lequel la pesanteur est un mérite, puisqu'elle augmente la solidité, s'élève verticalement une pièce de bois plus large qu'épaisse. Sa hauteur doit surpasser au moins d'un tiers celle de l'établi. Sur l'un de ses côtés elle est garnie de dents ou taillée en crémaillère. Ce travail est facile. Pour l'exécuter, on divise en parties égales, le côté de la traverse. On la couche sur l'établi, et à chaque division on scie jusqu'à la profondeur d'un pouce ou dix-huit lignes, de manière que le trait de scie soit bien vertical. Cela fait, on place la scie à la surface sur la première division, et lui donnant une position oblique, on la fait aller et venir de façon que, coupant depuis l'extrémité supérieure de la première division jusqu'à l'extrémité inférieure de la seconde, elle enlève par ce mouvement en diagonale, une pièce de bois triangulaire. On répète la même opération à toutes les divisions. C'est le long de ce montant que se meut le support ; ce sont les dents qui doivent le retenir à la hauteur qu'on désire. A cet effet la partie plane des dents est tournée vers le haut. Le support glisse le long du côté uni du montant opposé à la crémaillère. Il porte une bride en fer retenue par une goupille qui lui sert de pivot, autour duquel elle peut décrire des portions de cercle. Lorsque cette bride est dans une position horizontale, et croise la traverse à angle droit, elle est plus grande que les dents de la crémaillère, et leur livre un libre passage ; mais si on laisse le support livré à lui-même, son poids fait prendre à la bride une position oblique; son ouverture n'est plus suffisante, et l'extrémité de la bride est arrêtée par les dents. La pesanteur de la pièce que l'on pose sur le support contribue à le fixer d'une manière plus invariable. Si on le trouve trop bas, on le soulève et on fait passer la bride par-dessus une dent plus élevée ; il faudrait faire l'inverse si on voulait le baisser. Pour compléter tout ce qu'il y a à dire sur cet instrument commode et souvent indispensable, il me suffira d'ajouter que les dents ne doivent pas être trop espacées, afin qu'il y ait plus de variation dans les différens degrés de hauteur du support, et que l'une d'elles doit être placée de sorte qu'on puisse mettre le support de niveau avec le dessus de l'établi.

5° *Les Sergens.*

Les instrumens que j'ai déjà décrits comme propres à maintenir l'une contre l'autre deux ou plusieurs pièces de bois que l'on veut coller ensemble, ne peuvent être employés que pour embrasser l'épaisseur des pièces, lors, par exemple, que l'on veut unir deux planches par leur surface la plus large, ou joindre à une planche une très mince feuille de bois précieux. Mais on n'a plus la même commodité lorsqu'il faut coller deux planches par la tranche. Quelle serait alors la presse assez large pour embrasser la largeur des deux planches à la fois? Pour les placer d'ailleurs sous la presse, il faudrait les poser debout sur leur côté le plus mince, les mettre de champ, et la base étant extrêmement étroite, elles ne pourraient que bien difficilement se maintenir dans cette position. Pour peu que cette base ne fût pas parfaitement dressée, parfaitement plane, la pression de la vis suffirait seule pour tout déranger. Il a donc fallù chercher d'autres instrumens. Tels sont les *sergens*. Il y en a de plusieurs sortes; je n'en décrirai que deux, parce qu'ils peuvent suffire à tous les cas, qu'ils sont simples, commodes, et ne diffèrent des autres que par le défaut de quelques accessoires plus gênans qu'utiles.

Le plus ancien et le plus simple, le seul qui fût connu du tems de Roubo, dont le volumineux ouvrage sur la menuiserie ne sert plus guère qu'à constater les immenses progrès que cet art ou ce métier (comme on voudra l'appeler) a faits depuis cinquante ans, se construit toujours en fer. C'est une tige carrée dont la longueur varie depuis dix-huit pouces jusqu'à six ou huit pieds. A son extrémité, elle est recourbée de manière à former un crochet (voyez *fig.* 15). Cette portion du sergent, que l'on désigne sous le nom de mentonnet, a trois ou quatre pouces de courbure pour les petits sergens, et six pouces pour les plus grands. Un autre mentonnet mobile A glisse le long de la tige du sergent. C'est une autre petite tige de fer, longue de trois à six pouces, courbée presque à angle droit à une des extrémités, percée à l'autre d'une douille carrée d'un diamètre intérieur un peu plus grand que la tige du sergent. La petite surface plane que l'on ménage à l'extrémité inférieure de chaque mentonnet, est rayée en différens sens, afin de ne pas glisser sur le bois. Voici maintenant la manière de se servir de cet instrument. Supposez que l'on ait à serrer et maintenir deux planches collées par la tranche. Après les avoir posées sur l'établi, ou sur deux tréteaux, on applique le mentonnet fixe contre l'un des côtés, l'une des tranches de l'assemblage ; on fait glisser l'autre mentonnet jusqu'à ce que la portion recourbée vienne aussi s'appuyer contre l'autre tranche de l'assemblage. On donne alors quelques coups de marteau sur la douille du mentonnet mobile, que l'on nomme aussi la pate du sergent, pour le rapprocher du mentonnet fixe. Alors la pate prend une position oblique, parce qu'elle peut avancer par le haut, tandis que les planches l'empêchent d'avancer par le bas. La vive arête interne dans la douille s'abaisse du côté du mentonnet immobile, presse la face supérieure de la tige du sergent, et comme cette face n'est pas polie, le frottement de cette partie anguleuse de la douille sur cette surface rugueuse suffit pour maintenir en place la pate, et par conséquent les deux planches que cette pate rapproche par sa partie inférieure. Cet effet de frottement est analogue à celui qui empêche la tige du valet de courir dans le trou de l'établi, après qu'on a placé sous sa pate une pièce de bois qui lui fait prendre une position inclinée. Mais, si la théorie de ces deux genres de pression est la même, les inconvéniens sont semblables dans l'un et l'autre cas. Il faut donner des coups de marteau sur la douille du mentonnet mobile comme sur la tête du valet. De là des secousses, des chocs irréguliers; de là des empreintes nuisibles à la perfection de l'ouvrage.

Tout cela n'a pas lieu avec la seconde espèce de sergent dont la manœuvre, en revanche, est moins rapide. On le construit souvent en bois, et le menuisier aura l'avantage de pouvoir le faire lui-même. Il se compose d'une pièce de bois, longue d'environ cinq pieds, moyen terme, large de trois ou quatre pouces, épaisse de deux. D'un côté sa tranche est taillée en crémaillère comme le montant d'une servante. Les dents de cette crémaillère soutiennent, à l'aide d'une bride en métal, un support absolument semblable à celui de ce dernier instrument, mais dans des dimensions différentes; il est plus large et beaucoup plus épais; c'est le mentonnet mobile de cette espèce de sergent, et cela suffit pour connaître quelles doivent être ses proportions. A l'extrémité de cette tige vers laquelle sont tournés le dessus du support et, par conséquent, la surface horizontale des dents, s'assemble à angle droit, à tenon et à mortaise, une traverse de bois dont l'épaisseur et la largeur sont égales à l'épaisseur et à la largeur de la tige, dont la longueur est égale à la saillie du support. Cette traverse forme un mentonnet fixe, ce qui la distingue surtout du mentonnet fixe de l'autre sergent: ce qui constitue presque tout l'avantage de celui-ci, c'est que presque à son extrémité, il porte un trou taraudé dans lequel tourne une vis dont la tête à huit pans est aisément mise en mouvement avec la main. Cette vis se meut parallèlement à la crémaillère. On comprend facilement l'usage de cette machine. Placée dans une position horizontale, elle serre les planches contre son support par la pression qu'exerce sa vis. Ce mouvement de la vis, doux et uniforme, risque moins de meurtrir la tranche des planches à coller; son seul inconvénient est que les limites en sont assez bornées, et que l'intervalle entre les mentonnets, entre le support et le bout de la vis seraient peu variables; mais la mobilité du support compense amplement ce désavantage. Cette machine n'est qu'une modification de la *presse à main ;* elle en diffère uniquement parce que la vis en est proportionnellement bien plus courte, et parce que la tige en est plus grande et d'une longueur variable. Quand on s'en sert on place une cale entre la planche et la vis.

Le sergent à vis et à crémaillère s'exécute aussi très bien en fer; il est même plus solide. Alors le mentonnet porte-vis est d'une seule pièce avec la tige, et bien moins susceptible de se casser.

6° *Banc du menuisier en chaises.*

Rien de plus simple que cet appareil, commode dans bien des circonstances. Qu'on s'imagine un banc de quatre pieds de longueur tout au plus, plus élevé d'environ trois pouces à une extrémité qu'à l'autre. Sa hauteur doit être telle qu'on puisse commodément s'y asseoir à cheval. A son extrémité la plus basse est adaptée une planche en bois dur, de même largeur que le banc, avec lequel elle forme un angle presque droit en s'élevant au-dessus de sa surface d'environ un pied. Elle doit être perpendiculaire au sol, et c'est pour cela que, le banc étant incliné, l'angle qu'elle forme avec sa surface n'est pas tout-à-fait droit. L'ouvrier s'assied à cheval sur le banc, la poitrine tournée vis-à-vis cette planche. Il a sur sa poitrine un plastron ou pièce de bois légèrement courbée et fixée avec une courroie. Le morceau de bois qu'il veut travailler, appuyé d'un côté sur ce morceau de bois, porte par l'autre bout contre la planche; mais pour que ce point d'appui soit solide et que le morceau de bois ne glisse pas, on a taillé dans la planche une ouverture carrée revêtue intérieurement de fer, pour que les bords ne soient pas trop vite usés par le frottement. Au-dessus de cette entaille et à quelques lignes seulement du bord supérieur de la planche, on cloue quelquefois une petite traverse d'un demi-pouce de saillie et sur laquelle on appuie aussi quelquefois l'ouvrage. Cet instrument est commode lorsqu'on veut travailler une pièce de bois avec le couteau à deux mains ou la râpe.

7° *Les Étaux.*

Un outil qui, saisissant l'ouvrage par un très petit nombre de points, permet de travailler tous les autres et de lui faire prendre toutes les positions les plus différentes, est assurément très utile. Tel est l'étau que, dans ces derniers tems, on a singulièrement perfectionné.

Parmi les espèces anciennement connues, il n'y en a que deux qui puissent être de quelque utilité au menuisier, ce sont l'étau à pied et l'étan d'horloger.

Comme l'*étau à pied* se trouve chez tous les marchands d'outils, même en province, je crois inutile de le décrire; j'aime mieux indiquer les caractères auxquels on reconnaît qu'un de ces instrumens est de bonne qualité.

Les mâchoires de l'étau doivent être fortes, s'ouvrir aisément et beaucoup. Elles doivent joindre bien exactement; pour qu'elles saisissent fortement l'objet qu'on leur présente, il est nécessaire qu'elles soient intérieurement taillées comme une lime et convenablement trempées. Le degré d'inclinaison des pas carrés de la vis n'est pas indifférent. Si ces pas sont très inclinés, leur marche sera plus rapide, les mâchoires se serreront plus vite; il faudra moins de tours de manivelle pour les rapprocher; mais elles supporteront un moins grand effort. Si le pas est moins incliné, le contraire arrivera, l'opération sera plus longue, mais la pression sera plus sûre : l'étau ne sera pas exposé à lâcher prise et à s'ouvrir, ce qui aurait lieu dans le cas précédent, si l'on ne prenait pas la précaution de serrer de tems en tems. Il faut que la vis soit bien cylindrique, que les parlies creuses ou écuelles soient justes, aussi larges que les parties saillantes ou filets. On préfère celles dont la tête a été forée à froid. La vis doit remplir exactement la capacité de la boîte ou écrou dans laquelle elle s'engage. On trouve de ces boîtes dont le filet de vis a été brasé, d'autres qui ont été faites en coupant le filet avec un crochet. Les premières sont bien inférieures; mais souvent on n'en trouve pas d'autres.

Étau d'horloger. Ses deux parties principales sont les deux mâchoires A, C (*fig.* 16). Elles doivent être fortes et trapues. Ordinairement on les fait en fonte, la partie supérieure est en acier fondu. On ajuste avec des vis cette partie recourbée à la partie inférieure. Les deux mâchoires, unies ensemble en D avec un fort boulon, se meuvent à charnière et peuvent, par conséquent, s'écarter et se rapprocher à volonté. La branche AB porte un trou taraudé; celle CD est percée d'un autre trou plus grand, à travers lequel glisse librement une forte vis, qui va s'engager ensuite dans le trou taraudé de la première mâchoire comme dans un écrou. La tête de la vis est percée d'un trou dans lequel passe une tige de fer destinée à la faire mouvoir. On sent que le mouvement de cette vis peut serrer les deux mâchoires avec une force extrême. Au point de leur jonction est un ressort soudé à l'une, poussant l'autre avec élasticité et tendant, par conséquent, à les faire ouvrir dès que le mouvement de la vis le permet. La branche AB porte une saillie armée par dessous de trois pointes aiguës, chargée par-dessus d'un tas en acier propre à servir d'enclume au besoin. Au bas est une autre saillie cylindrique taraudée, que l'on désigne sous le nom de *talon*. Elle doit être très forte ainsi que la première. Dans son écrou est une vis, sur le bout de laquelle on a fixé à demeure un chapiteau circulaire armé de trois pointes. Cette vis armée de pointes et les pointes de la saillie supérieure nommée la *pate* servent à saisir solidement une épaisse planche d'orme ou d'olivier, que l'on assujettit à son tour avec le valet, de telle sorte que l'étau semble faire momentanément partie de l'établi.

Étau du comte de Murinais. Un étau d'horloger est d'un usage fort restreint, à cause du peu d'écartement de ses mâchoires. On a souvent besoin de saisir de grosses pièces de bois dur, une loupe d'aulne ou d'érable pour les débiter, on aura besoin de saisir d'autres pièces dans le sens de la longueur; avec cet outil, c'est une chose impossible. Les étaux à pied ordinaires présentent une assez grande ouverture de mâchoire; mais alors ils ne serrent que par la partie inférieure de la mâchoire, et la pression est peu solide. Vainement on a essayé, pour corriger ce défaut, de donner à ces mâchoires une inclinaison telle que l'étau fermé, en serrant un objet de peu

le volume, ne pince que par la partie supérieure. Cette in-
linaison ne fait sentir ses heureux effets que jusqu'à un cer-
ain degré d'écartement. On a cherché d'autres moyens; on a
éussi, mais tous ces procédés étaient dispendieux et peu du-
ables. Le comte de Murinais a été plus heureux; il a inventé
in étau qui semble réunir toutes les conditions désirables. Je
ais en donner la description d'après le *Bulletin universel des
'ciences*, de M. le baron Férussac (section mécanique, année
824). Je voudrais qu'elle pût servir à naturaliser cet utile
nstrument dans les ateliers de menuiserie. Seul cet étau peut
emplacer presque toutes les presses; il est bien plus solide et
a manœuvre en est plus facile, puisque l'on n'a jamais qu'une
eule vis à faire mouvoir.

La *fig.* 17 fait connaître cet ingénieux outil. Les deux
1âchoires qui le composent ne sont pas unies à charnière. La
1âchoire D est unie solidement à deux barres horizontales,
une taraudée, l'autre simplement arrondie. Toutes les deux
lissent librement et sans trop forcer, dans les trous P et C
ratiqués dans la mâchoire E. Ces deux mâchoires sont en-
ore réunies par une forte vis à filet carré destinée à opérer la
ression, qui, par conséquent peut bien entrer librement dans
e trou de la mâchoire D, mais qui doit, en revanche, trouver
n écrou dans le trou taraudé de la mâchoire E. C'est par le
rolongement de cette même mâchoire que l'étau est fixé, soit
ur l'établi, soit sur une forte planche de bois dur.

Voici maintenant la manière de s'en servir. Quand l'écar-
ment qu'on veut donner aux mâchoires a eu lieu au moyen
u desserrement de la vis à pas carrés, les deux tiges paral-
les A et B ont glissé librement dans les trous C et P et ont
1aintenu le parallélisme entre les deux mâchoires, dont l'écar-
ment n'a d'autre limite que la longueur de ces deux traverses.
orsqu'on veut serrer un objet quelconque, après l'avoir placé
ntre les deux mâchoires, on fait tourner rapidement l'écrou
, dont la marche doit être très libre, jusqu'à ce qu'il vienne
appliquer en H contre le montant E. On peut alors serrer
mt qu'on voudra. Vainement la puissance de la vis tend à
approcher par le haut et par le bas les mâchoires, elles sont
rrêtées en haut par l'objet soumis à leur action, en bas par
écrou G qui partage la moitié de l'effort de pression. Avec
et étau on n'a pas de détérioration à redouter par suite du
orcement des traverses inférieures; car ces traverses repré-

sentent une force équivalente à celle d'une barre unique dont l'épaisseur totale serait égale à l'espace compris entre la partie supérieure de la barre A et la partie inférieure de la barre C, force qu'on peut augmenter à volonté en donnant plus ou moins d'écartement à ces barres.

Les manufacturiers qu'on a chargés d'exécuter le procédé de M. de Murinais, dont il leur a généreusement abandonné la découverte, ont pensé faire une amélioration à l'étau, en faisant le barreau B carré, au lieu de le faire rond, comme le voulait l'inventeur. Ils ont en cela fait une faute; car ils ont créé une difficulté de fabrication sans ajouter à la solidité. Une barre ronde glissant dans un trou rond, est facile à faire; il n'en est pas de même lorsqu'il s'agit d'ajuster exactement une tige carrée dans une mortaise carrée.

Il vaudrait mieux en revenir à l'idée première de l'auteur. Il serait aussi plus économique d'exécuter l'étau en fonte douce. Les deux mâchoires proprement dites I sont seules en acier. On les fixe après l'étau, à l'aide de deux vis dont la tête s'enfonce dans leur épaisseur. Cette méthode a cet avantage que, lorsque la dent des mâchoires s'est usée, on peut détacher ces rondelles d'acier, soit pour en remettre de neuves, soit pour détremper les anciennes, les retailler, les tremper une seconde fois et les fixer de nouveau en place.

Je finirai les détails que j'ai cru devoir donner sur cet instrument peu connu, en conseillant, comme le collaborateur de M. Férussac, de placer un support sous le montant D, afin de prévenir avec plus de sûreté le gauchissage de la vis et des barres horizontales. Cet écrivain voudrait que le support fût fixé à demeure, ou, pour mieux dire, que le montant D fût prolongé jusqu'à terre. Il y aurait à cette disposition autant d'inconvénient que d'avantage. On ne pourrait se servir de l'étau que dans un endroit déterminé de l'atelier. Comme la précaution dont nous parlons ne peut être utile que dans les cas où l'on veut soumettre l'objet pris entre les mâchoires à une forte percussion verticale, je crois qu'il vaut mieux se borner à placer, dans ce cas, un support mobile sous le montant. Un poteau en bois remplirait très bien ce but.

9° L'âne (Voyez *fig.* 18.)

L'âne est une espèce d'étau d'un usage très commode quand on veut chantourner des planches minces. Il est tout simplement formé d'un montant de bois très liant et très élastique, que l'on a entaillé verticalement en forme de fourche. Le montant de cette fourche forme les mâchoires de l'étau, et ces mâchoires sont élastiques.

Cet étau est solidement fixé sur un banc dont la traverse horizontale est percée et supporte un montant vertical, un peu moins élevé que l'écrou. Un levier recourbé, fixé par un bout à ce montant, va s'appuyer sur l'autre au sommet d'une des mâchoires; une corde attachée à ce levier peut être tirée à volonté à l'aide d'une pédale : quand l'ouvrier, qui se place à cheval sur le banc, presse la pédale et tire la corde, le levier pousse la mâchoire qu'il touche et la rapproche de l'autre; l'étau alors est fermé. Quand la pression de la pédale cesse, il se rouvre par son élasticité.

CHAPITRE II.

DU TOUR ET DE SES ACCESSOIRES CONSIDÉRÉS DANS LEURS RAPPORTS AVEC L'ART DU MENUISIER.

LE tour est aussi un instrument destiné à fixer et maintenir le bois. Tout le monde sait que, par cette machine, la pièce de bois à travailler est prise entre deux pointes de métal comme entre deux pivots, et mise en rotation, à l'aide d'une pédale. Cet ingénieux instrument, d'abord très simple et que quelques personnes ont compliqué jusqu'à l'extravagance, a donné naissance à un art tout entier. Il est par conséquent, bien clair que je ne dirai pas ici tout ce qu'a besoin de savoir le tourneur, et je dois, à cet égard, me borner à renvoyer au *Manuel du Tourneur*. Mais, comme il y a des rapports fréquens entre ces deux métiers; comme le menuisier serait à chaque instant embarrassé s'il ne savait façonner un cylindre, tourner un pied de table, une colonne, la pomme d'un bois de lit; comme tout cela peut s'exécuter avec des instrumens extrêmement simples, je crois utile d'en dire quelques mots.

1° *Établi du tourneur.*

Il est ordinairement entièrement semblable à l'établi du menuisier, dont il ne diffère que par une fente ou mortaise lon-

gitudinale percée à six pouces du devant de l'établi, large de
quinze à dix-huit lignes, et se prolongeant jusqu'à sept ou
huit pouces des extrémités. Mais je suis loin d'engager le menuisier à se faire ainsi tout exprès un pareil instrument, dont
le premier inconvénient serait de prendre dans l'atelier une
place précieuse. J'aime mieux lui indiquer les moyens de cón-
vertir à volonté son établi ordinaire en établi de tourneur.

Il suffit, pour cela, d'ajouter à la table de l'établi une membrure ou traverse d'orme ou de hêtre, en laissant entre elles
un écartement convenable. Cette traverse doit être aussi longue
que l'établi, d'une pareille épaisseur et large d'environ six
pouces: On creuse une mortaise de dix-huit lignes de large et
dix ou douze lignes de haut à chaque bout de l'un des grands
côtés de la table de l'établi et dans son épaisseur. On présente
la traverse à la table : on marque les points qui correspondent
aux mortaises, et précisément à la même place dans l'épaisseur de cette traverse. On creuse deux autres mortaises de
pareille dimension ; on prend alors une pièce de bois deux fois
plus longue qu'il n'y a de distance du bout de la mortaise au
bout de la table de l'établi ; il convient même qu'elle ait de
plus dix-huit lignes de longueur ; sa largeur doit être de quinze
à dix-huit lignes. Dans le milieu de cette pièce de bois on
crense de part en part une fente ou mortaise dont les dimensions sont absolument semblables à celles des mortaises déjà
pratiquées aux deux bouts de la traverse et de la table. Dans
cette mortaise on enfonce une pièce de bois, de largeur et
d'épaisseur convenables, faisant de chaque côté une saillie
égale en longueur à la profondeur des mortaises de la traverse
et de l'établi. Il en résulte une croix dont les deux bras, plus
minces, sont de véritables tenons. On construit une seconde
croix, semblable à celle-ci ; puis on enfonce un des tenons de
la première dans une des mortaises de l'établi, l'antre tenon
dans la mortaise correspondante de la traverse. On place de
même l'autre croix à l'autre extrémité. Les bras les plus épais
règlent l'écartement de la table de la traverse, et l'établi du
menuisier est changé en établi de tourneur. Toutes ces pièces
paraissent n'en faire qu'une seule quand l'assemblage est bien
fait ; mais pour plus de solidité, il convient de traverser à chaque
bout la table de l'établi et les tenons par de fortes vis, dont
la tête peut être noyée dans l'épaisseur de la table. On en fait
autant à chaque extrémité de la traverse. Il va sans dire que

la tête de la vis doit être fraisée, c'est-à-dire creusée longitudinalement d'une fente dans laquelle on place un mauvais
ciseau, quand on veut la tourner. Rien n'est plus facile que
de rendre l'établi à sa destination primitive; il suffit d'ôter les
vis et de donner quelques coups de maillet dans une direction
convenable pour séparer les mortaises des tenons et, par con-.
séquent, la traverse de la table.

2° *Les Poupées.*

Les poupées forment la partie essentielle du tour. On donne
ce nom aux deux pièces de bois placées dans la fente de l'é-
tabli, qui, à l'aide des pointes d'acier dont elles sont armées,
portent l'ouvrage comme sur un pivot, et permettent de lui
imprimer un mouvement de rotation. L'établi ne sert, en quelque sorte qu'à les supporter.

Il y a plusieurs espèces de poupées, ou du moins il y a plusieurs manières de fixer la poupée sur l'établi; mais toutes
consistent dans un pilier en bois de forme carrée, de hauteurs et grosseurs variables, terminé dans la partie inférieure
par un tenon qui doit glisser librement dans la fente de l'établi. Cette partie sert à guider la poupée dans la fente. Comme,
en s'élargissant, la poupée présente, de chaque côté, une surface qui forme un angle droit avec les surfaces latérales du
tenon, et s'applique exactement sur le dessus de l'établi, cet
élargissement maintient la poupée dans une position bien perpendiculaire, et ne lui permet pas de trop s'enfoncer dans la
fente. Un tenon ordinaire, placé dans une mortaise quinze ou
vingt fois trop longue, donnera une idée nette de cet appareil.

Les faces des deux poupées qui sont opposées l'une à l'autre,
sont armées chacune, au milieu de leur extrémité supérieure,
d'une pointe d'acier. Ces deux pointes forment un angle droit
avec la poupée; elles sont, par conséquent, dans une situation
horizontale, tournées l'une vers l'autre et dans une position
telle que la ligne qui les unirait se trouve répondre précisément au milieu de la fente de l'établi. On est assuré que ce résultat est atteint quand les poupées ayant été rapprochées autant que posible, l'extrémité des pointes se rencontre exactement et sans se croiser.

Maintenant, tout l'usage de ces pièces doit être facile à
concevoir. On comprend comment les poupées s'écartant à volonté l'une de l'autre, des pièces de bois de diverses longueurs

peuvent être prises et suspendues par les pointes; mais, après avoir exécuté cette manœuvre, il est nécessaire de fixer solidement les poupées à la place convenable, sans quoi le mouvement de rotation qu'on imprimera plus tard à l'ouvrage les écarterait l'une de l'autre et mettrait tout en désordre.

Pour les assujettir ainsi il existe deux moyens principaux, qui ont fait distinguer les poupées en *poupées à clé* et *poupées à vis.*

Les premières sont les plus anciennes, les plus usitées et néanmoins les plus incommodes; leur queue ou tenon se prolonge de cinq ou six pouces au-dessous de la table de l'établi. Cette queue est percée d'outre en outre d'une mortaise qui croise à angles droits la fente longitudinale de l'établi et qui, par conséquent, est creusée dans les parois de la queue, qui glissent le long des grandes parois de la fente. Cette mortaise, qui commence à deux lignes environ au-dessus de la face inférieure de l'établi, descend deux pouces plus bas et n'a pas plus de huit lignes de largeur. On place dans cette mortaise la clé, espèce de règle en bois dur, épaisse de sept lignes au plus, large, à une de ses extrémités, d'un pouce et demi, et de deux pouces et demi ou trois pouces à l'autre bout. Elle entre d'abord sans effort dans la queue de la poupée et se place transversalement à la fente de l'établi; mais bientôt elle occupe toute la partie de la mortaise qui descend au-dessous de l'établi. On donne sur la tête de la clé quelques coups de masse de fer; elle tend alors à occuper plus de place encore dans la mortaise; comme le dessous de l'établi ne lui permet pas de s'élever, elle tire à elle la poupée avec toute la force d'un coin; mais comme celle-ci ne peut descendre au-dessous de certaines limites, à cause de son élargissement supérieur, il en résulte une double pression. L'établi est serré entre l'élargissement supérieur de la poupée et la clé, qui équivaut à un élargissement inférieur; par conséquent, la poupée ne peut plus glisser ni à droite ni à gauche. Si on veut la changer de place, il est facile de lui donner toute sa mobilité; il suffit de faire sortir la clé en tout ou en partie, en donnant quelques coups sur son extrémité la plus étroite. Il est important de faire la clé assez mince pour qu'elle ne puisse jamais remplir toute la capacité de la mortaise. Elle ne doit, en aucun cas, presser par les côtés, car elle ferait éclater la queue du premier coup; et, pour produire tout son effet, c'est assez qu'elle presse par le haut et par le bas. La manœuvre de cette espèce de poupée est simple; mais elle présente un grand in_convénient; la queue ou tenon forme au-dessous de la table une saillie assez forte qui, pendant le travail, peut aisément blesser le genou de l'ouvrier. C'est pour cela surtout qu'il faut préférer les poupées à vis, dont la manœuvre est encore plus facile.

La queue ou tenon de celles-ci est beaucoup moins longue; quand la poupée est en place dans la fente de l'établi, loin de former au-dessous une saillie, le tenon doit, au contraire, être dépassé d'une ou deux lignes par la surface inférieure de la table. Il faut, par conséquent, qu'il ait pour cela une lon_gueur moindre d'une ou deux lignes que l'épaisseur de l'établi. A l'extrémité de ce tenon, au milieu de sa surface inférieure et bien perpendiculairement à cette surface, on plante une forte vis qui forme alors comme le prolongement du tenon. Au lieu d'avoir une tête, cette vis se termine à l'une de ses extrémités par une pointe aiguë que l'on enfonce dans le bois. Cette partie doit être taillée carrément, et la poupée sert de tête à la vis, dont le pas doit être fort et peu rapide. Lors_que la poupée est en place, la vis descend d'un pouce environ au-dessous de la table de l'établi. On fait alors passer cette partie saillante de la vis par le trou d'une semelle ou pièce de fer en forme de carré long, plus alongée que la fente de l'éta_bli n'est large, et percée d'un trou dans lequel la vis entre libre_ment et sans frotter. On place cette semelle de telle sorte qu'elle croise à angles droits la fente de l'établi, comme le fait la clé des anciennes poupées, et de suite on fait passer autour de la vis un écrou en fer armé de deux fortes oreilles. Cet écrou suit en tournant le filet de la vis, rencontre la semelle, la pousse devant lui, finit par l'appliquer avec force contre le dessous de la table, et exerce ainsi une puissante pression inférieure analogue à celle de la clé. Veut-on lâcher, afin que la poupée puisse glisser, on tourne un peu l'écrou en sens inverse; la semelle descend, le mouvement redevient libre. On voit com_bien cette opération est facile, puisqu'il ne s'agit jamais que de faire faire un tour ou deux à l'écrou. Il n'est pas même né_cessaire de le séparer entièrement de la vis, lorsqu'on veut sortir la poupée de la fente de l'établi. En effet, si on a fait la semelle suffisamment étroite, au lieu de faire croiser sa lon-

gueur avec l'établi ; on la retourne de manière quelle soit pa_
rallèle à la fente, et alors elle passe aisément à travers,

Quelque simple que soit cette opération, répétée trop souvent elle est fatigante, et l'on a fini par trouver un moyen facile de la rendre moins fréquente : il suffit pour cela de rendre
une des pointes mobiles.

Les deux poupées, avons-nous dit, sont, à leur extrémité,
armées chacune d'une pointe latérale. Celle de la poupée de
gauche est fixée à demeure et d'une manière invariable. Il n'en
est pas de même de celle de la poupée de droite. Cette poupée,
à son extrémité supérieure, et à la hauteur de la pointe de
gauche, est percée d'outre en outre d'un trou taraudé, dirigé
parallèlement à la fente de l'établi, et comme doit l'être la
pointe elle-même. Dans ce trou se rient une forte vis en fer
terminée à droite de la poupée par une tête forée, à gauche par
une pointe acérée qui forme la pointe de cette poupée. Cette
vis doit avoir une longueur triple de l'épaisseur de la poupée.
Alors on est libre de faire avancer ou reculer la vis à l'aide
d'une tige de fer placée dans sa tête, et ce mouvement dispense
souvent de changer la poupée de place, surtout lorsque le
mouvement du tour a un peu approfondi la cavité creusée
par la pointe dans l'ouvrage, et qu'il ne faut qu'un très faible
rapprochement des poupées. Ce système n'a qu'un seul inconvénient : le mouvement imprimé à l'ouvrage se communique à
la pointe ; il agite et secoue la vis en divers sens et finit par
user et détériorer le filet du trou taraudé. Mais le remède est
simple- et facile. On prend une peau d'anguille fraichement
écorchée, on en coupe un morceau là ou le corps était à peu
près de la grosseur de la vis ; on passe la vis dans cette espèce
de fourreau, puis on la fait pénétrer en tournant dans le trou
taraudé. La peau d'anguille suit tous les contours du pas de vis ;
adhère, en se séchant, aux parois du trou dont elle devient
inséparable, et compense son élargissement.

Comme il est bien avantageux que les pointes soient en
acier de bonne qualité, on a imaginé de faire des pointes
mobiles qui s'enclavent à tenon carré, ou se vissent dans les
grosses vis du tour à pointe. Par ce moyen on n'a pas à craindre
que la soudure altère les qualités de l'acier. On peut changer
aisément les pointes lorsque la nature de l'ouvrage exige qu'elles
soient plus ou moins aiguës ; enfin il est plus aisé de les aiguiser

lorsqu'un long service les a émoussées; mais si l'acier est bon, cela arrive bien rarement.

3°. *Le support.*

On donne ce nom à un accessoire du tour, destiné à soutenir et à guider l'outil à la hauteur de la pièce de bois que l'on veut entamer. Il y en a un grand nombre d'espèces plus ou moins ingénieuses, plus ou moins commodes; la nature de cet ouvrage ne me permet de décrire que la plus simple. Pour les autres je renvoie au *Manuel du Tourneur.*

Celui dont nous nous occupons est plus spécialement connu sous le nom de *barre d'appui;* c'est une barre de bon bois de chêne ou de hêtre, d'une longueur au moins égale à celle de la fente de l'établi, large de deux pouces, épaisse d'un demi-pouce, et dont les vives arêtes de devant ont été abattues de telle façon qu'elle ait la forme d'un demi cylindre. Cette barre doit être placée en avant de la poupée, de manière qu'on puisse l'approcher ou l'éloigner à volonté; il faut encore qu'elle soit fixée de manière à permettre de séparer plus ou moins les deux poupées; c'est à quoi l'on parvient par le moyen suivant : on perce de part en part chaque poupée, d'une mortaise ayant un pouce et demi de hauteur sur un demi-pouce de largeur; le haut de cette mortaise horizontale doit être placé juste deux pouces deux lignes au-dessous de l'extrémité des pointes, dont elle croise la direction. Dans chacune de ces mortaises glisse, sans pouvoir ballotter, un liteau de fer d'environ un pied de longueur, remplissant exactement leur capacité; on peut l'enfoncer dans la mortaise ou l'en retirer à volonté. Sur l'extrémité antérieure de ce liteau s'élèvent perpendiculairement deux autres petits liteaux hauts de deux pouces, séparés de six lignes, formant une fourchette ou un double crochet, soudé à angles droits avec le liteau horizontal. Le liteau de l'autre poupée porte un appareil semblable: la pièce antérieure de chaque fourchette est taraudée et munie d'une vis de pression : c'est dans chacune de ces fourchettes qu'est placée l'extrémité de chaque barre d'appui. Lorsque la vis de pression n'est pas fermée, elle peut glisser librement entre les deux pièces de fer verticales, et par conséquent n'empêche pas d'écarter ou de rapprocher les poupées; mais à l'aide de deux vis de pression on peut momentanément la fixer : on peut aussi l'éloigner plus ou

moins des pointes en tirant à soi ou en enfonçant les deux
liteaux qui traversent les poupées. Pour assujettir ces liteaux
dans différentes positions, on se sert encore d'une vis de
pression; à cet effet, la face droite de la poupée de droite,
et la face gauche de la poupée de gauche, sont percées chacune
d'un trou taraudé qui pénètre jusqu'à la mortaise, dans laquelle sont logés les liteaux : c'est dans ces trous qu'on place
les vis de pression. Comme on tourne quelquefois des pièces
d'un très faible diamètre, et qu'il peut être commode que la
barre d'appui ne soit pas séparée de l'ouvrage par un intervalle aussi grand que la moitié de l'épaisseur de la poupée,
on peut faire à celle-ci, au-dessus de la mortaise et en face du
double crochet, une entaille de deux pouces de hauteur, qui
permette au liteau d'enfoncer davantage, et à la barre de
pénétrer dans l'épaisseur de la poupée. Grâce à cette construction, la barre d'appui peut être mue d'avant en arrière comme
de droite à gauche, et réciproquement. Si, indépendamment
de ces deux mouvemens, on voulait la hausser et la baisser
à volonté, cela deviendrait facile à l'aide d'une addition bien
simple, mais qui n'a encore été décrite nulle part. On creuse
un peu plus bas la mortaise destinée à recevoir le liteau mobile ; le double crochet est à proportion plus alongé; les deux
montans qui le forment passent à travers une plaque de fer
épaisse de trois lignes, placée horizontalement et percée à
chaque extrémité d'un trou carré qui lui permet de glisser
verticalement et sans vaciller, le long de ces montans; la
partie du liteau mobile comprise entre eux est percée d'un
trou taraudé destiné à recevoir une vis, dont la pointe vient
s'appuyer contre la plaque de fer mobile. Or, comme l'extrémité de la barre d'appui repose sur cette plaque de fer, comme
cette plaque de fer repose sur la vis, il est évident qu'en tournant cette vis, on élevera ou abaissera à volonté la plaque
de fer, et par conséquent aussi l'extrémité de la barre d'appui
qu'elle supporte : on pourra en faire autant à l'autre bout par
le même mécanisme; mais ce mouvement ne peut être utile
que dans un bien petit nombre de cas.

4° La Perche, l'Arc et la pédale.

Après avoir indiqué rapidement les moyens qui servent à
suspendre l'ouvrage que l'on veut mettre en rotation, indiquons
les appareils qui servent à lui communiquer ce mouvement.

On enroule autour de l'ouvrage une corde un peu serrée, qui est tirée tantôt de haut en bas, tantôt de bas en haut; tour-à-tour elle monte et descend, et comme le frottement ne lui permet pas de glisser sans une grande difficulté, comme l'ouvrage est librement suspendu sur deux pivots, au lieu de glisser, elle le fait tourner. Voyons quels sont les procédés employés pour tirer la corde de bas en haut, pour la faire monter.

Le plus simple de tous est la *perche*. C'est ordinairement une perche de bois d'érable ou quelquefois de frêne, de six à sept pieds de long, aplatie dans toute son étendue, de manière à avoir deux faces principales plus épaisses à un bout qu'à l'autre; elle doit former un ressort médiocrement flexible: cette perche est suspendue au plancher. Son extrémité mince, celle à laquelle on attache la corde, se présente un peu en avant de la fente de l'établi; l'autre extrémité est percée d'un trou dans lequel on passe librement un clou à grosse tête et à tige arrondie, que l'on enfonce dans une des poutres du plancher; c'est lui qui sert à fixer la perche; il fait en même tems l'office d'un pivot. La perche repose, à moitié de sa longueur, sur une traverse arrondie longue de trois pieds, et suspendue par des crochets en fer à six pouces au-dessous du plancher. Ce mode de suspension de la perche permet de la faire mouvoir tantôt à droite, tantôt à gauche; la corde fixée à son extrémité est relevée avec force par son élasticité, lorsqu'on l'a tirée de haut en bas; et comme la perche est mobile, on peut changer au besoin la direction de l'ouvrage.

L'*arc* est un ressort du même genre, mais qui a sur la perche le grand avantage d'occuper moins de place; sous ce rapport il est bien préférable, surtout dans les cas qui nous occupent spécialement.

Il se compose ordinairement de cinq ou six lames d'acier *trempées très doux* et très minces; la lame supérieure a quatre pieds, les autres diminuent graduellement de longueur. On peut aussi le faire de trois ou quatre lames de sapin ou de noyer mises sur le plat; mais toutes alors sont de la même longueur, seulement elles diminuent d'épaisseur vers les extrémités. Enfin, quelquefois il est simplement formé d'un seul morceau de frêne bien sain et sans gerçure, aminci vers les deux bouts; lorsque l'arc est en bois, il doit avoir deux pieds de longueur de plus que l'arc d'acier.

Quelle que soit la matière employée, il est tendu avec une corde de manière à ce qu'il forme ressort. Sur cette corde est enfilée une petite poulie, dans la gorge de laquelle on attache solidement la corde destinée à communiquer le mouvement à l'ouvrage; l'arc est suspendu à une traverse fixée au plancher, et le long de laquelle on peut le faire courir à volonté.

Si l'on veut un ressort encore plus simple et une suspension plus commode, on peut faire une colonne mobile qui se place au haut de l'établi, de la même manière qu'une poupée; à son extrémité supérieure on enfonce, par le gros bout, une forte lame de fleuret dont la pointe a été courbée en crochet pour retenir la corde. Afin de profiter de tout le développement du ressort, il faut enfoncer la soie ou partie forte de la lame, de telle sorte qu'elle se trouve moins élevée que la pointe, qui décrira alors un arc de près de deux pieds : c'est une perche en miniature qu'on peut placer ou ôter à volonté.

La *pédale* sert à tirer la corde en bas, à la faire descendre ; elle est composée de trois pièces de bois dur, assemblées en forme d'A, dont l'un des jambages serait alongé au sommet d'un tiers de sa longueur ; le bas des deux jambages est arrondi, tous deux posent à terre ; mais le prolongement de l'un d'eux est soulevé par la corde, dont l'extrémité inférieure est enroulée tout autour. Dans cette situation, si l'on pose le pied sur la pédale, dont le sommet est ainsi élevé d'un pied environ, il sera facile de l'abaisser en pressant ; mais on ne pourra le faire sans tirer la corde, sans tendre par conséquent l'arc ou la perche, dont l'élasticité relevera la pédale dès qu'on cessera de presser. En appuyant et en soulevant ainsi le pied tour-à-tour, on communique rapidement à la corde un mouvement de va et vient rectiligne ; et comme cette corde passant dans la fente de l'établi, fait plusieurs tours autour de la pièce de bois suspendue entre les pointes, elle lui communique un mouvement circulaire alternatif, qu'on peut rendre très rapide.

CHAPITRE III.

DES INSTRUMENS A DÉBITER LE BOIS.

On entend par débiter le bois, lui donner les dimensions convenables à l'ouvrage qu'on se propose d'entreprendre. S'il s'agissait de commencer par débiter un tronc d'arbre, nous devrions placer au nombre des instrumens à décrire dans ce chapitre, la *hache*, que tout le monde connait, espèce de marteau tranchant destiné à faire servir la puissance du choc à la division de la matière; le *coin*, plus simple encore, qui, placé dans une fente étroite, y est enfoncé à l'aide d'un pesant marteau de bois, l'agrandit graduellement et divise les fibres dans le sens de la longueur : je devrais enfin parler de l'art du scieur de long , qui divise un tronc d'arbre en membrures, en plateaux ou en planches, et dont tout le talent consiste à suivre exactement avec une scie assez semblable à la scie à refendre, dont nous parlerons plus bas , une suite de lignes parallèles tracées sur la pièce de bois, préalablement assujettie sur une espèce de chevalet. La description de cet art borné ne serait pas ici à sa place, elle forme plutôt un accessoire du *Manuel du Charpentier ;* car le menuisier ne se charge jamais de ce travail, et achète le bois dont il a besoin lorsqu'il a été réduit à l'état de *bois d'échantillon*, c'est-à-dire réduit aux dimensions les plus ordinaires et transformé en planches, en tables, en membrures ou en chevrons. Il ne lui faut donc, pour débiter son bois, qu'un petit nombre d'outils ; les principaux sont la *scie à refendre*, la *scie à débiter*, la *scie à chantourner*, la *scie à l'allemande*, les diverses scies à la main, etc. Nous ne parlerons, dans ce chapitre, ni de la *scie à tenon*, ni de la *scie à arraser*, dont la description sera plus convenable ailleurs, puisqu'à proprement parler elles ne servent pas à débiter le bois.

1° *La Scie à refendre.*

Comme je viens de le dire, cette scie ressemble beaucoup à celle du scieur de long. Imaginez un châssis en bois dur, formé de quatre pièces de bois assemblées carrément, de telle sorte que les extrémités des deux traverses entrent à tenon par chaque bout dans des mortaises creusées aux extrémités des deux montans ; ce châssis a environ deux pieds de large sur trois pieds ou trois pieds et demi de haut (voyez *fig.* 19). La traverse inférieure et la traverse supérieure portent chacune une boîte. On donne ce nom à une pièce de bois carrée percée d'outre en outre d'une mortaise, dans laquelle passe la traverse ; à son extrémité, tournée vers l'intérieur du châssis , chacune de ces boîtes a une fente ou rainure formée avec un simple trait de scie donné transversalement à la mortaise. Dans chacune de ces deux rainures est fixée, avec une goupille, la lame, placée par conséquent de telle sorte, que le plat soit tourné du côté des montans, et que la denture se présentant en avant, soit à une égale distance de l'un et de l'autre. Une des premières conditions de toute monture de scie, c'est qu'on puisse tendre et détendre la lame à volonté : voici comment cette condition est remplie dans celle qui nous occupe. La mortaise de la boîte supérieure n'a que la largeur nécessaire pour donner passage à la traverse; mais elle est plus longue que cette traverse n'est large, et, soit en haut, soit en bas, il reste un interstice entre la traverse et les parois inférieure et supérieure de la mortaise. Autrefois on plaçait un coin dans l'interstice supérieur; quand on enfonçait le coin, un des côtés étant appuyé sur la traverse, l'autre élevait forcément la boîte et tendait la lame; l'inverse avait lieu dans le cas contraire. Récemment on a imaginé de percer d'un trou taraudé l'extrémité supérieure de la boite; ce trou vient aboutir dans la mortaise, dont il fait pour ainsi dire, la continuation, puisqu'il est dirigé dans le mème sens que la lame de la scie. Dans ce trou est une vis de pression à tête plate; le bout de la vis appuie sur la traverse; par conséquent, lorsqu'on la tourne de manière à l'enfoncer dans la mortaise, elle produit un effet semblable à celui du coin, en soulevant la boite, mais elle n'a pas, comme lui, l'inconvénient de se déranger, et son service est plus sûr.

La lame de cette scie, est comme toutes les autres, un ruban d'acier trempé, mince et élastique, dont l'un des bords est taillé avec une lime de manière à présenter une rangée de dents. Ce sont autant de petits coins bien aigus qui, recevant une impulsion vive, pénètrent entre les fibres du bois, les coupent ou les déchirent. Les dents de la scie à refendre sont inclinées, de sorte que l'outil ne mord qu'en descendant. Cette scie sert à couper le bois dans le sens de sa longueur.

2° Scie à débiter.

La forme de cette scie (*fig.* 20) est tout-à-fait différente. Deux traverses, longues chacune d'environ dix-huit pouces sont réunies par un montant qui pénètre à tenon au milieu de chacune d'elles. On a soin de laisser les deux mortaises un peu longues; l'excédant d'épaisseur du montant sur les tenons qui le terminent, doit être aussi assez considérable pour fournir un point d'appui solide aux traverses ; l'un des bouts de chaque traverse porte une rainure dans laquelle les extrémités de la lame de la scie sont fixées par des goupilles. Cette fois la lame est dans une situation tout-à-fait opposée à celle de la scie à refendre. Le plat, au lieu de croiser les traverses, est dans la même direction, et la denture forme la ligne extrême d'un des côtés de la scie. Les deux traverses sont donc unies au centre par un montant à l'une des extrémités de la lame ; leur autre extrémité est unie par une double corde retenue dans une entaille faite au bout de chaque traverse. Cette corde a un but spécial à atteindre ; elle sert à tendre la lame. Pour cela, entre les deux doubles, on introduit un long morceau de bois, ou garrot ; on lui fait faire plusieurs tours ; la torsion qui en résulte raccourcit la corde ; il faut donc que les extrémités des traverses qui la supportent se rapprochent ; et dès-lors il est nécesaire que les deux autres extrémités s'éloignent, ce qui tend forcément la lame. Il y a plusieurs manières d'arrêter le garrot : tantôt on le fait assez long pour que le montant ne le laisse pas passer, et, dans ce cas, quand on veut le faire tourner on lui donne une position oblique ; tantôt on creuse dans la tranche du montant une mortaise qui reçoit à volonté la pointe de ce morceau de bois. Lorsqu'on emploie une scie de ce genre à débiter le bois vert, les dents doivent être très longues, très aiguës, et suffisamment espacées. Au contraire, les scies à débiter les bois secs et durs doivent avoir les dents plus fines ; la qualité de l'acier doit être meilleure ; et même quand on veut agir sur les bois les plus compactes, on a besoin de scies dont la monture soit entièrement en fer, la denture encore plus fine, et dont la lame aille en s'amincissant du côté opposé à la denture.

Comme la lame des scies à refendre est tendue par la torsion d'une corde ; et comme toutes les cordes sont plus ou moins hygrométriques, c'est-à-dire sujettes à s'alonger ou à se raccourcir suivant que l'air est plus ou moins humide, il faut avoir bien soin, toutes les fois que l'on met de côté la scie pour ne plus s'en servir de quelque tems, de lâcher le garrot et détendre la corde. Sans cela, si l'humidité venait à gonfler la corde et à la rendre par conséquent plus courte, la monture se briserait à l'improviste, ou tout au moins deviendrait gauche et courbée.

3o Scie allemande (fig. 21).

Elle ressemble beaucoup à la scie à débiter; sa lame est montée de même sur deux traverses séparées par un montant qui s'assemble avec elles à tenon et mortaise. De même encore on tend la lame avec une double corde et un garrot dont la pointe est reçue dans une mortaise latérale du montant. Ces points de ressemblance constatés, examinons les différences. D'abord la denture est plus fine que la denture ordinaire des scies à refendre; ensuite (et c'est là la modification la plus importante) la rainure de l'extrémité des traverses dans laquelle la lame de la scie à débiter est fixée avec une goupille, est remplacée dans la scie allemande par un trou cylindrique parallèle à la longueur du montant, perpendiculaire à la longueur de la traverse, et percé très près de son extrémité. Dans ce trou passe un boulon en fer terminé du côté de l'intérieur de la monture par une mâchoire ou double lame de fer, dans laquelle la lame de la scie est prise et fixée par une ou plusieurs goupilles, et du côté extérieur par une poignée en bois à l'aide de laquelle on peut tourner et retourner la lame à volonté.

L'autre traverse est armée de même. Il résulte de cette disposition que le plat de la lame peut tantôt être mis dans une situation telle qu'il soit opposé à la tranche du montant, tantôt dans une position semblable à celle du plat du montant, tantôt dans une position intermédiaire. Pour faire cette opération il faut tourner les poignées l'une après l'autre et préalablement détordre la corde d'un ou deux tours. De cette mobilité de la lame résultent de grands avantages. On peut, avec la scie allemande détacher du bord ou de la tranche d'une planche une pièce très mince, ce qu'on n'exécuterait pas avec la scie à refendre si la planche était très large. La scie allemande donne seule le moyen de découper des parties courbes ayant un grand rayon. Enfin, quand on met sa lame dans la même position que celle de la scie à débiter, elle sert aux mêmes usages. Il est évident que les boulons qui guident la lame doivent tourner à frottement un peu dur dans les trous des traverses. Il faut avoir bien soin que les deux poignées soient tournées précisément au même degré, sans cela la lame, au lieu d'être droite, serait tordue, et il deviendrait presque impossible de la diriger.

Un auteur moderne conseille avec raison de ne pas amincir l'extrémité du montant pour le faire entrer dans les traverses; il aime mieux qu'on tienne le montant plus fort que de coutume, et qu'à ses deux extrémités on le taille en fourchettes destinées à recevoir les traverses.

Le même auteur engage beaucoup à n'employer qu'une seule goupille pour unir aux poignées en bois les chaperons ou lames de fer formant les mâchoires entre lesquelles la lame de scie est arrêtée; cela est bien plus facile et aussi solide quand on a soin de faire la goupille assez forte. La lame doit toujours être unie à la mâchoire par une bonne vis.

4° Scie à tourner ou chantourner.

Plus petite que la précédente, à lame plus étroite, elle lui ressemble d'ailleurs parfaitement et est spécialement destinée à suivre tous les contours, toutes les courbures des bois qu'on ne débite pas en droite ligne.

5° Scie à double lame (fig. 22).

Il est commode d'avoir sur la même monture deux lames de scie dont la denture soit différente. C'est le moyen d'avoir en même tems dans la main deux instrumens divers. Il semblait difficile d'atteindre ce résultat et de se réserver la faculté de tendre à volonté les deux lames; voici comment on y est parvenu : une des lames est fixée dans des rainures à l'une des extrémités des traverses, comme dans la scie à débiter ordinaire; l'autre extrémité, au lieu de porter une entaille propre à recevoir une corde, est percée d'un trou comme dans la scie à chantourner. Dans le trou de chacune des traverses on place une longue vis terminée à l'intérieur de la monture par une mâchoire dans laquelle est fixée une lame plus courte que le montant; l'autre extrémité de la vis est garnie d'un écrou à oreilles, de telle sorte que la traverse soit placée entre l'écrou et la mâchoire. En serrant l'écrou on force la traverse à se rapprocher de la mâchoire et par conséquent de la traverse opposée; donc les autres extrémités des traverses doivent s'écarter et tendre une des lames , tandis que l'action des écrous tend l'autre. Pour que ce mouvement puisse s'opérer il faut qu'il y ait assez de distance entre la mâchoire et l'écrou, sans cela il ne resterait pas suffisamment d'espace pour le jeu des traverses. Par ce procédé on a un moyen de tension plus sûr que

la corde, indépendant des vicissitudes atmosphériques, et
l'on réunit sur la même monture la scie à débiter et la scie à
tourner.

6° Scies à main.

Quelque variées que soient les scies précédentes, elles ne
peuvent pas suffire encore à tous les besoins du menuisier. Il
lui arrive souvent d'avoir à faire dans une planche une ouverture carrée ou circulaire ; il lui serait très commode alors de
se servir de la scie ; mais comment avec la scie ordinaire entamer le milieu d'une planche ? cela serait impossible. Il faut
se servir de la scie à main, appelée *passe-partout*. C'est une
lame d'acier ayant la forme d'une lame d'épée plate, dentelée
sur un de ses côtés, finissant en pointe et augmentant de largeur depuis l'extrémité jusqu'à la partie la plus voisine du cylindre du bois dans lequel elle est emmanchée. Lorsque, avec
cette scie, on veut scier une planche sans toucher au bord, on
fait, à l'endroit où l'on veut commencer, un trou suffisant pour
donner place à la pointe de la scie ; on la met en mouvement,
Son action alonge l'ouverture, la lame pénètre plus profondément ; le mouvement devient plus facile ; et, comme on n'est
pas gêné par un châssis, il est aisé de faire suivre à l'outil
toutes les directions tracées sur la planche. Il y a des scies de
ce genre de diverses dimensions ; quelques-unes sont plus
larges que les lames des scies ordinaires, et toutes sont plus
fortes et plus épaisses, ce qui devient indispensable puisque
rien ne les soutient.

Il y a d'autres espèces de scies à mains (*fig* 23), remarquables par la finesse de leur denture et la facilité avec laquelle
on peut, soit tendre leur lame, soit les manier. Un manche
en bois, de forme à peu près cylindrique, renferme une tige de
fer terminée en mâchoire, dans laquelle est fixée une très
mince lame de scie. Cette tige de fer, sa scie qu'elle supporte
forment en quelque façon le prolongement de l'axe du cylindre.
Le bout du manche, où s'engage la scie, est serré par une
forte virole en acier, en fer ou en cuivre, de laquelle part un
arc métallique dont l'autre extrémité va joindre le bout libre
de la scie. Ce bout de la scie opposé au manche, est pris dans
une mâchoire terminée par une vis, ayant une portée carrée
qui passe sans frottement dans un trou pratiqué au bout de
l'arc métallique. Un écrou à oreilles permet de rapprocher à

volonté l'extrémité de l'arc métallique de la mâchoire. Quand on fait cette manœuvre, cet arc est recourbé davantage, son élasticité augmente puisqu'il est plus fortement tendu, et par la même raison il accroît la tension de la lame qui lui tient lieu de corde. Cette scie, dont la lame est mince est très droite, dont les dents sont très fines, est employée avec avantage à scier les bois durs.

7° Scie d'horloger (fig 24).

Le menuisier qui travaille souvent sur des bois de ce genre fait bien de se munir de cette scie, qui n'est qu'une variété commode et économique de la précédente. Les mâchoires, au lieu de contenir la lame d'une manière invariable, peuvent la lâcher à volonté. On ne les réunit pas avec des goupilles, mais avec des vis qui permettent de les serrer et desserrer quand on veut. De là ce premier avantage que l'on peut renou-veler la lame de scie chaque fois que cela devient nécessaire; que pour faire cet échange on n'a pas besoin de recourir à un ouvrier; enfin qu'on peut employer avec la même monture des lames à dentures différentes, et que l'on varie suivant l'ou-vrage à exécuter. Mais on a voulu en outre que la même mon-ture servît à utiliser même les fragmens de lame brisée, et on y est parvenu en rendant variable la longueur de l'arc élas-tique. Pour cela on a composé cet arc de deux parties : l'une qui fait corps avec la virole, s'élève perpendiculairement au manche et à la lame; elle se termine par un anneau dans le-quel doit glisser l'autre portion de l'arc, cet anneau est percé au sommet, d'un trou taraudé dans lequel est une vis de pres-sion. La seconde partie de l'arc, qu'on appelle *coulant*, est destinée à former ressort. C'est un cylindre d'acier dont l'extré-mité élastique se recourbe est s'unit à la mâchoire mobile avec laquelle il fait corps. La partie cylindrique glisse dans l'anneau dont nous venons de parler; on l'arrête où l'on veut avec la vis de pression, et cela suffit pour donner le moyen d'alonger ou de rapetisser l'arc. Donner la tension à la lame est une chose facile avec ce système. Lorsqu'elle a été placée entre les deux mâchoires, à l'aide des vis qui la serrent, ou pousse la queue u coulant de manière à alonger l'arc le plus possible. Comme l lame s'oppose à cet alongement, la partie flexible du coulant lie davantage, et si alors on fixe le tout à l'aide de la vis de ression, la portion courbée du coulant étant toujours détermi-

née à s'étendre, tendra la lame par son élasticité. De cette manière on emploiera jusqu'au dernier fragment de lame de scie.
Cette monture économique n'est pas chère, on la trouve pour
trente ou quarante sous chez les marchands quincailliers de
Paris; pour le quart de ce prix on a une douzaine de petites
lames d'acier, toutes taillées, dont les morceaux peuvent encore servir. Voilà bien des raisons pour désirer que cet utile
instrument se propage dans les provinces où il est encore presque inconnu.

8° Scies à chevilles et à placage.

C'est tout bonnement une lame de fer et d'acier emmanchée,
plate, recourbée, et dont les deux côtés sont garnis de dents
qui n'ont pas d'inclinaison. Il en résulte que la lame peut s'appliquer exactement sur toute espèce de pièces de bois chevillées,
et couper *près à près* la partie de la cheville qui dépasse. Lorsqu'au lieu de se servir de ce moyen ou d'employer un ciseau,
on se contente de renverser d'un coup de marteau la partie
des chevilles qui reste en dehors après qu'on les a préalablement enfoncées, il arrive souvent que la cheville rompt au
dessous du nu de l'ouvrage, ce qui produit les cavités difformes
désignées par les ouvriers sous le nom de *têtes de mort.*

On appelle spécialement *scie à placage* celle dont la poignée
est droite et relevée, et *scie à chevilles* celle dont la poignée
est recourbée en avant. Ordinairement les dents de ces scies
sont droites ; mais quelquefois la dent du milieu seule est droite
et les autres sont toutes inclinées vers cette dent, c'est-à-dire
moitié de droite à gauche, moitié de gauche à droite.

9° Scie circulaire.

Je ne me propose point de parler de ces grandes scies mises
en action par de puissans moteurs, et qui débitent avec tant
de promptitude les plus grosses pièces de bois, elles ne font
point partie du domaine de la menuiserie, et c'est au mécanicien à en expliquer la construction. Ce n'est pas ici non plus
le lieu de faire connaître les scies mécaniques qui divisent les
bois précieux en feuilles si minces et si égales ; il est plus convenable de renvoyer le peu que nous avons à en dire à la partie de cet ouvrage consacrée spécialement aux travaux de
l'ébéniste. Mais j'ai remarqué que dans nombre de cas le menuisier a besoin d'un grande quantité de petites planchettes

taillées avec régularité; que leur construction lui faisait perdre beaucoup de tems, et j'ai pensé qu'on me saurait gré de lui faire connaître et de contribuer à introduire dans les ateliers une espèce de scie mécanique infiniment simple, connue seulement de quelques tabletiers et quelques tourneurs sous le nom de *mandrin porte-scie*. Elle se compose d'une lame de cinq à six pouces de rayon, montée sur un axe. Cet axe est établi sur un bidet au moyen de deux montans qui reçoivent ses extrémités taillés en tourillon. A l'une de ces extrémités on adapte une manivelle, et tandis que par le moyen de cette manivelle la scie est mise en mouvement par un ouvrier, un autre ouvrier présente à la scie la pièce que l'on veut refendre. J'entrerai dans de plus grands détails sur la construction du *mandrin porte-scie*, afin que chaque ouvrier puisse l'exécuter lui-même, ou le faire exécuter sous ses yeux, même dans les parties de la France où l'on aurait de la peine à se procurer la scie circulaire, et qui en est la pièce essentielle. C'est elle que j'enseignerai d'abord à faire.

On se procure la partie large d'une faux, ou tout autre morceau d'acier aplati pouvant donner la circonférence de cinq ou six pouces; on le bat et on le dresse à froid, sur une enclume bien unie, de manière à ne lui laisser qu'un quart de ligne d'épaisseur environ. Cela fait, on trace sur la plaque un cercle le plus grand possible, et on en marque le centre en faisant un peu pénétrer d'un coup de marteau un poinçon d'acier là où était la pointe du compas; là on perce un trou bien circulaire de huit ou dix lignes de diamètre, puis on perce un autre trou de trois lignes de diamètre, à quatre lignes de distance du premier; ou bien on fait avec la lime, à partir du trou central, une fente large de deux lignes et longue de cinq ou six; cette espèce de roue terminée, il faut lui construire un essieu propre à la maintenir dans une position bien perpendiculaire, et à lui communiquer un mouvement circulaire très rapide.

Cet essieu est formé de deux pièces; la première se compose de trois parties, savoir : 1° un tenon cylindrique entrant juste dans le trou central de la roue d'acier ; ce tenon porte un filet de vis assez fin et à pas peu incliné; 2° une embâse ou renflement pareillement cylindrique, ayant environ un pouce de longueur sur deux pouces de diamètre. Cette embâse, coupée à angles droits du côté du tenon, doit être de ce côté légèrement concave, afin que la roue d'acier puisse coller bien exac-

tement sur ses bords, lorsqu'on les presse contre cette surface;
3° d'un autre tenon cylindrique servant d'axe, à proprement
parler, mais n'ayant pas de pas de vis. Cette pièce présente
par conséquent un gros cylindre d'un pouce de long, placé
entre deux autres cylindres de moindre diamètre, dont l'un,
armé d'une vis, a six lignes de longueur, tandis que la longueur du cylindre uni est invariable.

La seconde pièce de l'essieu ne diffère de la première que
par l'absence de la vis cylindrique : elle se compose de même
de deux cylindres de différente grosseur, mais dont chacun a
les mêmes dimensions que le cylindre correspondant de l'autre
partie, dans cette seconde pièce, le cylindre qui sert d'embâse
est percé à son centre, d'un trou taraudé dans lequel s'ajuste
exactement le tenon cylindrique et à vis de la première pièce.
Il en résulte que, si on fait passer le tenon dans le trou central de la roue d'acier, si ensuite ou visse ce tenon dans le trou
taraudé, la roue sera prise entre les deux embâses, et maintenue dans une position perpendiculaire à l'axe; mais pour
qu'elle ne puisse glisser en tournant entre ces deux pièces, on
percera sur l'une des embâses un trou parallèle au tenon,
aussi éloigné de ce tenon que le petit trou latéral de la roue
est éloigné du trou central; ce petit trou de l'embâse recevra
de force une cheville en fer qui pénétrera pareillement dans le
petit trou de la roue, mais sans trop dépasser sa surface, sans
quoi les deux embâses ne s'appliqueraient pas exactement
contre le plateau d'acier.

Cela fait, on place l'instrument sur un tour, et avec un bon
burin, on met la plaque au rond, en enlevant tout ce qui dépasse le cercle qu'on a déjà tracé; avec la pointe du même
burin, on tracera un cercle à une petite distance de la circonférence; ce cercle servira de guide pour limer les dents; par
conséquent, il doit être plus ou moins éloigné du bord, suivant qu'on voudra qu'elles soient plus ou moins longues; une
ligne présente un moyen terme convenable; ensuite tailler les
dents avec une lime tiers-points, elles doivent être un peu inclinées et avoir d'ailleurs la forme ordinaire; chacune d'elles
formera un petit biseau pointu et tranchant, et toutes doivent
être faites de même et avoir la même direction. Cette opération
exige beaucoup de précaution et d'adresse pour ne pas altérer
la forme circulaire de la scie; cette forme est une condition
indispensable pour l'effet de l'instrument : on s'assure qu'on a

atteint ce but en présentant un morceau de bois à la scie, pendant qu'elle tourne, de manière à ce qu'il la touche à peine;
on voit alors si toutes les dents le frappent de la même manière,
et portent sur lui de la même quantité; si quelques-unes sont
plus longues, il faut savoir les distinguer des autres; on substitue, au morceau de bois d'épreuve, une tige de fer qu'on approche insensiblement et à peine; les dents les plus longues sont
les premières qui le rencontrent; la dureté du fer y laisse une
légère empreinte, à l'aide de laquelle on les reconnaît; alors on
les lime et on les met à la mesure convenable. En multipliant
ces épreuves, on parvient à obtenir une régularité parfaite;
mais on sent qu'après avoir raccourci quelques dents par la
pointe, il est nécessaire de les alonger par la base, en creusant un peu plus profondément l'intervalle qui les sépare des
autres. On se dispense de toute la peine que cause cette opération; quand on peut se procurer une scie circulaire toute
taillée, il ne s'agit plus alors que de la monter sur son axe.

On place ordinairement cet instrument entre les deux pointes d'un tour, et on lui imprime un rapide mouvement de rotation continue, à l'aide d'une roue à laquelle il communique
par une corde sans fin; lorsqu'il tourne, on approche la planche à scier, et l'on peut présumer combien doit être rapide et
régulière l'action de cette machine: elle est telle, qu'en dix
secondes on peut faire un trait de dix-huit pouces sur une
planche de trois lignes d'épaisseur.

Mais ce n'est pas ainsi que je proposerai d'employer la scie
mécanique dans les ateliers de menuiserie. On n'a pas toujours un tour à sa disposition, et quand on en possède un, on
lui communique ordinairement le mouvement à l'aide d'une
pédale, de telle sorte, que le mouvement de rotation, au lieu
d'être *circulaire continu*, comme il le faudrait pour le service
de la scie, est *circulaire alternatif.* Pour y suppléer, nous
avons un moyen bien simple. Dans tout atelier de menuiserie
passablement monté, on trouve une meule qui sert à affûter les
outils. Nous en donnerons plus loin la description; pour le
moment, il me suffit de dire que cette meule est animée d'un
mouvement *circulaire continu* qu'on lui communique à l'aide
d'une pédale. Or, quelques-unes de ces pédales, au lieu de
faire mouvoir directement la meule, font tourner d'abord une
très grande roue, qui, à l'aide d'une corde sans fin, communique son mouvement à une petite poulie placée au bout de

l'axe de la meule; il en résulte que la poulie, et ensuite la meule, font plusieurs tours lorsque la roue motrice n'en fait qu'un seul, ce qui rend la rotation infiniment rapide. C'est une meule ainsi montée qu'il faut avoir; sa pédale servira à deux fins. En effet, nous pourrons à volonté substituer le *mandrin porte-scie* à la meule; il suffira de faire l'essieu de l'un aussi long que l'essien de l'autre, de leur donner le même diamètre, de les terminer tous deux du même côté par une poulie semblable; dans cette hypothèse, si nous calculons que chaque mouvement du pied fait faire un tour à la grande roue; si, par suite de la disproportion entre le diamètre de cette roue et le diamètre de la poulie, une révolution de la première fait faire cinq tours à l'autre; si enfin la circonférence de la scie présente cent cinquante dents, chaque mouvement du pied fera éprouver à la pièce de bois soumise à l'action de l'instrument, huit cents coups d'un biseau acéré.

Cela suffit pour faire connaître la puissance de cet outil, dont les effets surprennent toujours ceux qui le voient pour la première fois, et qui n'avait encore été décrit dans aucun ouvrage sur l'art du menuisier. On peut débiter de cette façon des planches de deux pouces d'épaisseur; mais nous ne conseillons pas de l'employer à cet usage, il nécessiterait une trop gande force. Lorsqu'on a à travailler sur une planche trop longue, on peut, après l'avoir fendue par un bout, la retourner, présenter l'autre extrémité à l'instrument et augmenter ainsi sa portée du double; on peut la rendre plus grande même en présentant la planche obliquement à l'axe et de manière à ce qu'elle forme une tangente avec la circonférence. Mais dans ce cas, comme la scie agit obliquement à la surface de la planche, elle entame en même tems une plus grande épaisseur, ce qui rend une plus grande force nécessaire.

En finissant, je dois dire que l'arc et les embâses du *mandrin porte-scie* sont ordinairement en buis; mais cette méthode n'est utile qu'autant que l'ouvrier ne sait tourner que le bois et veut le faire lui-même. Dans le cas contraire, et surtout quand il veut substituer ce *mandrin* à la meule à aiguiser, il vaut infiniment mieux faire l'axe en fer. Je conseillerais alors un mode de construction plus simple que celui que j'ai indiqué, d'après les *mandrins porte-scie* actuellement en usage. Il serait plus commode de faire l'axe d'une seule pièce et d'un diamètre égal partout. Au milieu, et sur une longueur d'envi-

ron un pouce, il serait fileté; et après avoir placé la scie circulaire au milieu de ce filet, ou l'assujettirait de droite et de
gauche avec des écroux. Pour se ménager plus de facilité dans
le cas où l'on voudrait serrer ou lâcher les écroux, ils devraient avoir des oreilles, à moins qu'on n'aimât mieux, et
avec raison, se servir d'une clé. L'un des écroux pourrait
être fixé sur l'axe par une goupille ou une forte soudure; ce
serait alors une véritable embâse, semblable à celle que porte
l'axe du plateau d'une machine électrique. L'un des écroux
doit avoir toujours sur sa face qui s'applique contre la scie,
une petite goupille saillante, destinée à entrer dans le trou
latéral de la scie circulaire et à l'empêcher de tourner dans les
écroux.

10° *Scie mécanique et circulaire perfectionnée.*

« N° 1258, 30 Mars 1822. Brevet d'invention et de perfectionnement de cinq ans, pour des moyens mécaniques employés par la scie circulaire ou sans fin, qui sont propres à découper le bois ou toute autre matière dans les formes et figures
rectilignes et à l'aide desquelles on confectionnera notamment
les parquets à compartimens et les mosaïques, du Sr *Klispis*,
à Paris.

Ces moyens consistent à découper une planche en plusieurs
parties qui aient toutes exactement la même figure rectiligne
quelconque, et à former sur ces morceaux de bois des rainures
et des languettes en même tems qu'on les découpe dans la forme
convenable, soit pour former les divers compartimens d'un
parquet, soit pour tout autre ouvrage, comme dessus de tablettes, guéridons, panneaux, plinthes, pilastres, portes etc.

Les opérations qui ont pour objet de disposer ces morceaux
de bois pour être ajustés, s'exécutent sur différens établis portant divers arrangemens de scies circulaires, qui toutes, sont
mises à la fois en mouvement par un seul et même moteur
quelconque.

*Explication des figures qui représentent les différens établis
dont on vient de parler.*

Planche 8, fig. 13 et 14. Elévation et plan d'un établi sur
lequel sont montées deux scies circulaires A B.

La scie circulaire A est destinée à débiter le bois en planche
de l'épaisseur et de la largeur qu'on désire.

C plateau en bois posé à plat sur le bâtis B; il porte une longue pièce de bois E qui sert de conducteur ou de guide et que l'on peut approcher ou éloigner à volonté. Des trous F sont pratiqués à cet effet sur le plateau : ces trous reçoivent deux boulons G, qui entrent chacun dans une petite coulisse I pratiquée en travers de la pièce de bois E. Les boulons G sont munis chacun d'un écrou à oreilles servant à fixer le guide E sur le plateau C; par cette disposition, la distance entre la scie A et le conducteur E se détermine à volonté suivant l'épaisseur du bois que l'on veut couper.

Le morceau de bois que l'on soumet à l'action de la scie A est appliqué par l'ouvrier contre le conducteur E et pressé par lui sur les dents de la scie.

La scie B sert à couper suivant les angles déterminés, au moyen d'un outil, les bois qui ont été préparés par la scie A.

L'outil qui sert à couper ces morceaux de bois sous différens angles s'appelle *couloir* : il est représenté en plan, fig. 15, en élévation latérale fig. 16, et verticalement par le bout, fig. 17; il est formé d'une planche de laiton *a* portant plusieurs traverses *b c d e f*, qui forment différens angles avec les bords de cette planche. Cette planche de cuivre a au-dessous une languette *g*, qui s'ajuste dans la rainure *h* pratiquée sur le plateau C, fig. 13 et 14.

k, fig. 15 et 17, fente dans laquelle entre la scie B des fig. 13 et 14.

i, fig. 15 et 16, quatre petites pièces de bois se fixant à la distance que l'on veut du passge de la scie, et qui, servant d'appui en même tems que les traverses *b c d e f*, aux planches que l'on découpe, règlent la longueur qu'on veut donner à tous les morceaux : cette longueur est déterminée par les vis de rappel *l l*.

m, longue traverse fixée par des vis *n* sur les traverses *b c d e f*; elle porte en outre quatre vis de pression *o* dont les bouts inférieurs appuient sur les pièces de bois *i*.

Les angles formés par les traverses *b c d e* avec la fente *k* permettent de découper des morceaux propres à former des carrés, des triangles, des losanges etc., à l'aide desquels on peut composer des figures carrées, pentagonales, hexagonales, octogonales et autres.

11° *Description d'un autre outil ou couloir du genre précé-*
dent destiné à couper de grandes pointes d'étoiles.

Ce second outil qui est représenté en plan fig. 18', en élévation latérale fig. 19, et par le bout fig. 20, est comme le premier, formé d'une planche de laiton *a*, sur laquelle sont ajus-
tées trois traverses *b c d*, dont les deux premières sont posées
sur la largeur, et la troisième sur la longueur. Une fente *e* est
également pratiquée dans la planche pour le passage de la scie
et cette planche a aussi une languette *g* en dessous pour entrer
dans la rainure *h* des fig. 13 et 14.

f i, fig. 18, deux planches destinées à servir d'appuis aux
morceaux de bois *k* que l'on veut découper.

On se sert de cet outil en appliquant une planche bien corroyée sur la scie contre le côté de la planchette *f* et contre celui de la planchette *i*, dans la position ponctuée : on abat de
cette manière au moyen de la scie un angle *l m n*, fig. 18, égal
à la moitié de l'angle que l'on veut obtenir. Dans cette position les deux planchettes qui servent d'appui présentent un
angle droit *l m o*. On retourne la planche à laquelle on vient
d'enlever une pointe : on applique le côté *n p* contre la planchette *f*, et le côté inférieur contre le côté de la planchette *i*
que l'on dérange à cet effet. Alors le point *n* se trouve porté
en *m* et le point *m* en *q* : on obtient de cette manière autant
de morceaux *q m n*, fig. 18, 21, que peut en donner la planche
que l'on débite, en la retournant chaque fois sans avoir besoin
de déranger les planchettes *f* et *i*.

On voit comment, à l'aide des deux outils que l'on vient de
décrire, on peut obtenir tous les compartimens d'un parquet ou
de tout autre ouvrage de goût : en employant les bois de toutes
les couleurs on arrivera à former des dessins variés.

Mais les bois découpés par les seuls procédés que l'on vient
d'exposer donnent des parties qui ne peuvent être réunies qu'à
la colle ou bien avec des languettes rapportées.

12° *Moyens de pratiquer des languettes et des rainures dans*
le bois en même tems qu'on le coupe.

« Ces moyens consistent à découper suivant diverses dimensions et selon toutes les formes polygonales les plus en
usage, des planches de laiton qu'on appelle *calibres*.

» Sur l'une des faces de l'un de ces calibres représenté sur deux faces opposées et de profil, fig. 22, et à la même distance à chacun de ses côtés, sont pratiquées deux rainures parallèles entr'elles et au côté duquel elles correspondent.

Ce calibre est utilisé sur l'établi représenté en élévation et en plan, fig. 24 et 25, sur lequel sont montés, sur deux plateaux $c\,d$, deux scies circulaires $a\,b$, destinées à faire chacune une opération différente. Le plateau c de la scie a est fixe; l'autre plateau d qui est mobile se place au moyen des vis e à la hauteur nécessaire pour que la scie qui le traverse le dépasse plus ou moins selon l'objet qu'on se propose de couper.

$f\,g$ deux languettes fixées sur l'un et l'autre plateau ; elles conservent entre elles et la scie une distance égale à celle qui existe entre les deux rainures du calibre, et le côté auquel elles sont parallèles, de sorte que le calibre étant posé à cheval sur les deux languettes, affleure lorsqu'on le pousse, la scie sans en recevoir l'action.

Cela posé, si l'on conçoit un morceau de bois h', vu en dessous et de profil, fig. 26', appliqué du côté qu'on appelle parement sur la face du calibre triangulaire i de la fig. 22, laquelle est garnie de trois petites pointes pour retenir la pièce h pendant qu'on fera glisser ce calibre près de la scie a, fig 24 et 25, ce qui en dépassera sera abattu. On pourra découper entièrement ce morceau de bois, en apportant, chacune à leur tour, les rainures de chaque côté du calibre sur les languettes fg de la scie a; on obtiendra, de cette manière, une figure parfaitement égale au calibre.

Mais comme il s'agit de former des rainures et des languettes tout en donnant au morceau de bois la forme du calibre sur lequel il est appliqué, on ne coupera pas tous les côtés afin d'en conserver un ou plusieurs (suivant la manière dont les différens compartimens devront être ajustés), pour y former des languettes, tandis que les côtés coupés suivant le calibre seront destinés à avoir des rainures : cette double disposition se remarque en plan et de profil, fig. 27.

Les choses ainsi disposées, on porte le calibre sur les languettes conductrices $f\,g$ du plateau d, ayant préalablement élevé ce plateau à une hauteur telle que la scie ne dépasse que de la quantité nécessaire pour déterminer l'épaisseur de l'arrasement de la languette.

Lorsqu'on passe le calibre à la scie b, fig. 25, en soumettant à son action le côté k, fig. 27 du morceau de bois placé sur ce calibre, lequel côté n'a pas été coupé par la scie a, il reçoit de la scie b sur l'nne de ses faces un trait de scie l, fig. 28, qui forme la profondeur de l'arrasement.

Pour faire l'arrasement sur l'autre face, on détache le morceau de bois du calibre, et on le porte sur une machine qui, au moyen de quatre opérations, achève les languettes et creuse les rainures.

Cette machine est représentée de face fig. 29, et en plan fig. 3o, en coupe horizontale fig. 31, en élévation de chaque bout, fig. 32 et 33.

La première des quatre opérations qui s'effectuent sur cette machine consistant à obtenir l'arrasement pour languette sur l'autre face du morceau de bois que l'on vient de détacher du calibre, se fait au moyen de la scie circulaire a, fig. 29, 3o, 31, 32.

La deuxième opération ayant pour objet de déterminer la longueur de la languette, se fait avec la scie b, fig. 29, 3o, 31 et 33.

La troisième opération par laquelle on abat les joues des languettes se pratique à l'aide des deux scies $c\ d$.

Enfin, la quatrième et dernière opération, consistant à pratiquer les rainures, se fait sur ces deux scies $e\ f$.

Toutes ces différentes scies sont montées sur un même axe horizontal g.

h, fig. 3o, 31, 32, châssis ayant intérieurement deux rainures dans lesquelles glissent deux languettes pratiquées sur les côtés d'une tablette i, placée sur la scie a. Sur cette tablette et au-dessous de la scie a est ajustée une languette de fer k, qui est de même épaisseur que la scie. La tablette i peut être élevée et abaissée au moyen des vis de rappel m, fig. 29, 3o; et elle est poussée à droite et à gauche par deux autres vis de rappel pareilles à celles que l'on voit en l, fig. 29, et par une troisième vis n, fig. 29, 3o, 33, qui la presse en même tems sur le bâtis de la machine, pour la fixer dans la position qu'on lui a donnée.

Les choses étant ainsi disposées, et la languette k étant supposée exactement placée dans le plan vertical de la scie a, comme l'indique la fig. 29, alors on pose sur la tablette à coulisse i le morceau de bois qu'on a détaché du calibre, de manière que le trait de scie qu'on a déjà fait sur l'établi, fig.

24,, 25, reçoive la languette de fer k, *fig.* 29, 30 : on appuie
sur ce morceau de bois, avec le levier o qui est, à cet effet,
muni d'une vis à tête, ou d'une broche p, *fig.* 32; on pousse
la tablette t sur la scie, et l'on obtient de cette manière sur
le morceau de bois un second arrasement qui correspond parfaitement au premier qui a été fait sur l'établi, fig. 24. Ce morceau de bois, alors disposé comme on le voit en plan et de profil, fig. 34, est soumis à l'action de la scie b, fig. 29, 30, 31,
33, qui détermine la largeur de la languette. A cet effet, sur
une tablette q, fig. 29, 30 et 33, est ajusté un guide r de
métal, qu'on approche ou qu'on éloigne de la scie, à l'aide de
deux vis s, fig. 29, 30, qui tiennent au bâtis. Le morceau de
bois sur lequel on se propose de former la languette, étant
posé à plat sur la tablette q, de manière que le guide r soit engagé dans l'un des deux arrasemens, on pousse ce morceau de
bois sur la scie, qui abat tout ce que la languette a de trop en
largeur, et qui rend le morceau de bois, comme le représente
de face et de profil la fig 35.

La languette ainsi disposée, il ne reste plus pour l'achever
entièrement, qu'à en abattre les deux joues; c'est l'ouvrage des
deux scies $c\ d$; fig. 29, 30. Voici l'explication des dispositions
qui facilitent cette opération.

Quatre montans $t\ t'$ fixés sur le bâtis portant deux plateaux
angulaires $u\ u'$, ayant chacun sur le côté deux entailles verticales pour recevoir les montans $t\ t'$; ces plateaux peuvent glisser de haut en bas le long de leurs montans; leur élévation se
règle par des vis de rappel $v\ v'$, fig. 29, de manière à ne laisser passer au-dessus de ces plateaux que la quantité nécessaire
des scies $c\ d$.

Les plateaux $u\ u'$ sont retenus sur les montans $t\ t'$ par des
boulons munis d'écroux à oreilles $x\ x'$.

$y\ y'$, deux pièces de bois posées sur les plateaux $u\ u'$, pour
servir de guides; ces guides sont retenus sur leurs plateaux res-
pectifs par des vis logées dans des coulisses, et portant au-dessous des écroux à oreilles $z\ z'$ pour les manœuvrer à volonté.

$a'\ a^2$, vis avec têtes à oreilles, servant à rapprocher ou à
éloigner les guides $y\ y'$ des scies $c\ d$. La distance entre le guide
y et la scie c se détermine suivant l'épaisseur de la joue de la
languette et celle entre le guide y' et la scie d est égale à l'é-
paisseur de ladite joue, plus à celle de la languette; de sorte
que, en appliquant le parement du morceau de bois que l'on

veut languetter contre le guide *y*, et poussant ce morceau de bois sur la scie, on enlève une joue de la languette, c'est-à-dire qu'on obtient le profil, fig. 36 ; plaçant ensuite le même parement de ce morceau de bois contre le guide *y'*, et poussant sur la scie, on abat la seconde joue de la languette, ce qui donne le profil, fig 37, où l'on voit la languette entièrement terminée.

Il ne reste plus, pour compléter le travail, qu'à faire la rainure. Cette opération s'exécute, comme nous l'avons déjà dit, au moyen des scie *e* qui sont un peu plus épaisses que les scies *c d*. Ces scies, qui dépassent leurs plateaux d'une quantité égale à la profondeur que l'on veut donner aux rainures, sont embrassées et environnées par des plateaux triangulaires *b' b²* et des guides *c c²*, disposés absolument de la même manière que les plateaux *u u'* et les guides *y y'* la rainure se fait en deux fois : on applique d'abord le parement du morceau de bois contre le guide *c²*, et la scie *f* fait une rainure étroite *d'*, fig. 38, de la profondeur déterminée par la quantité que chacune des scies *e f* dépasse au dessus des plateaux *b' b²*, quantité qui doit être la même pour chacune de ces scies. On soumet ensuite le même morceau de bois à l'action de la scie *e*, en appliquant le même parement contre le guide *c*. Cette seconde scie forme une seconde petite rainure qui, confondue avec la première, faite par la scie *f*, donne la rainure *e*, fig. 39, que l'on a voulu pratiquer et qui doit recevoir les languettes, obtenues par la méthode décrite plus haut.

Moyen de découper de petits morceaux de bois de diverses figures.

Ce moyen consiste en un établi représenté en plan et en élévation, fig. 40 et 41, pl. id. sur lequel on découpe un morceau de bois, tel que celui que l'on voit sur son épaisseur et à plat, fig. 42, 43, en triangles, en carrés, en losanges, d'une dimension aussi petite que possible pour faire de la mosaïque.

Sur cet établi est montée une scie circulaire *a* qui traverse un plateau *b* dont on règle la hauteur, au moyen des vis *c*; ce plateau porte une règle de champ ou languette *d* que l'on peut approcher plus ou moins de la scie, en faisant usage des moyens déjà décrits plus haut pour obtenir un effet semblable.

Lorsqu'on a préparé le morceau de bois, fig. 41, 42, 43,

·de manière que deux de'ces côtés *e f*, *f g* forment entr'eux un angle droit ou l'angle d'un polygone régulier, on le passe sur la scie en se guidant sur la languette *d*, fig. 40, 41, et on obtient un trait de scie *h*, fig. 42 et 43, parallèle au côté *fg*, suivant lequel on s'est guidé en l'appuyant contre la languette en même tems qu'on a poussé sur la scie.

Il faut avoir soin de commencer à fendre ainsi son bois en travers du fil. Le premier·trait de scie étant donné, on place le morceau de bois de manière que la languette *d* entre dans la fente *h*; on pousse alors ce bois sur la scie, et on obtient une seconde fente, qui, à son tour, va se placer sur la languette *d* pour former une troisième fente, ainsı de suite pour toute autre fente qu'on veut former.

En appliquant à son tour le côté *e f* du morceau de bois, fig. 42, 43, contre la languette *d*, fig. 40, 41, et opérant comme on vient de le faire pour le côté *fg*, on obtiendra sur toute la surface du morceau de bois des carrés semblables à ceux de la fig. 44. Si les deux côtés *e f*, *f g* forment entr'eux un angle droit et d'autres figures; si ces mêmes lignes comprennent cntr'elles un tout autre angle : ces diverses figures découpées seront propres à former différens dessins.

Pour détacher tous les petits morceaux de bois tracés par les différens trait de scie, on porte le morceau de bois où ils se trouvent sur l'établi, fig. 13 et 14; on l'appuie contre le guide C, et la scie A abat tous ces petits morceaux. (*Collection des brevets d'invention tome XIV, pages* 31 *et suivantes. Planches* 4—5—6).

Description d'une ·petite machine propre à couper les bois et les métaux , employée en Angleterre.

« On se sert, dans les ateliers de construction de Londres, d'une espèce de tour , sur l'arbre duquel est montée une fraise ou scie sans fin, destinée à couper, sur toute la longueur et épaisseur', les pièces de bois et de métal qui entrent dans la composition des machines ou mécanismes.

Cette machine simple et ingénieuse, construite par M. Galloway, habile mécanicien , opère avec une célérité et une précision remarquables. L'emploi de la fraise n'offre sans doute aucune idée nouvelle; mais le principal mérite de ce tour consiste à pouvoir régler à·volonté la vitesse des mouvemens, ainsi que l'épaisseur, la largeur et l'angle, d'après lesquels la pièce doit être coupée.

Comme la machine dont il s'agit n'est encore employée en France que par M. Calla et dans la fabrique de M. Dolfus, à Mulhausen, nous avons cru devoir la faire dessiner et graver, dans l'espoir qu'elle pourra être promptement introduite dans nos ateliers, ses avantages sur les moyens employés jusqu'à présent pour le même objet étant incontestables. Le mécanisme en sera aisément compris à la simple inspection des figures.

Explication des figures, 1. — 14; *pl.* 5, 2ᵉ Série.

Les mêmes lettres indiquent les mêmes objets dans toutes les figures.

Figures 9 et 10, vue de l'ensemble de la machine, montée et prête à fonctionner.

Fig. 9, élévation latérale du côté de la fraise.

Fig. 10, la machine vue par devant et du côté où se place l'ouvrier. On peut la faire mouvoir soit au moyen d'une pédale, comme les tours ordinaires, soit par tout autre moteur.

Fig. 1, 2, 3, 4, 6, 7, 8, 11, 12, 13, 14, détail des pièces qui composent la machine.

Fig. 5, vue en dessus de la table sur laquelle on place les pièces destinées à être coupées.

Fig. 11, coupe de cette même table.

Fig. 14, l'axe portant les pignons qui font agir les crémaillères, vu séparément.

Fig. 12, l'une des crémaillères, vue en élévation et de face.

Fig. 13, la même, vue de profil.

Fig. 3 et 3 *bis*, l'une des coulisses, vue en dessous et en coupe.

Fig. 6 et 7, vis de pression qui règle l'écartement des coulisses.

Fig. 4 et 8, plan et élévation du guide oblique et de l'écron à tige qui le fait mouvoir.

Fig. 1, la fraise montée sur son arbre, vue en coupe.

Fig. 2, la même, vue en élévation et séparée.

A, scie circulaire ou fraise en tôle d'acier, qui doit être parfaitement dressée.

B, arbre en fer sur lequel la fraise est solidement montée.

C, poupées à pointes entre lesquelles tourne l'arbre B.

D, montant du bâtis.

E, sommier du bâtis sur lequel sont établies les poupées.

F, arbre coudé tournant entre les pointes des deux vis GG, fixés dans le montant DD du bâtis.

H, grande poulie en bois à trois gorges de rechange. Elle est fixée au moyen de vis à bois sur une roue en fonte de fer I, montée sur l'arbre F, et faisant fonction du volant.

J, petite poulie en bois montée sur l'arbre B, et qui reçoit le mouvement de la poulie H, au moyen d'une corde sans fin K.

L, pédale sur laquelle l'ouvrier agit avec le pied pour faire mouvoir la machine.

M, axe de cette pédale oscillant entre les vis à pointes NN, taraudées dans le bâtis.

O O, bras qui supportent la pédale.

P, traverse qui transmet, au moyen de la bielle Q, le mouvement de la pédale à l'arbre coudé F.

R, table en fer fondu dressée, sur laquelle on fait couler le bois ou le métal à scier.

S S, cadres en fonte de fer qui apportent la table R. Ces deux cadres glissent verticalement entre les coulisses de cuivre TT, fixées sur le sommier E du bâtis, et dont l'écartement est réglé par des vis de pression U U.

V V, crémaillères en cuivre, fixées sur les cadres S S.

X, axe tournant dans des coussinets adaptés sur le sommier E, et muni de deux pignons n n qui engrènent dans les crémaillères V V.

Y, guide parallèle en fer fondu. Ce guide étant susceptible de s'éloigner et de se rapprocher de la scie A, son parallélisme avec cette scie est conservé par les deux petits bras Z Z qui se meuvent autour des centres a a. La distance du guide à la scie est réglée par le boulon b qui coule dans une rainure courbe c.

d, guide oblique en cuivre posé sur le petit coulisseau e. Il est construit de manière à former avec le coulisseau différens angles, dont la valeur peut se déterminer au moyen d'une division graduée, tracée sur le même coulisseau. L'écrou à tige h fixe le guide dans la position que l'on lui a donnée. Le coulisseau coule horizontalement entre la table R. dont le champ est rendu angulaire à cet effet, et la coulisse f fixée sur les cadres SS, au niveau de la table. Le parallélisme de la coulisse avec la table est réglé par les vis de pression g g.

Pour faire usage de cette machine, on fixe d'abord le guide parallèle Y à une distance voulue de la scie, en se guidant sur une échelle graduée K, gravée sur la table. On pose le pied sur la pédale, et on lui imprime le mouvement comme à un tour à pédale ordinaire, puis on place sur la table R la pièce de bois ou de métal destinée a être coupée ; on la pousse contre les dents de la scie, en l'appuyant dans l'angle que forme le guide et la table. En opérant de cette manière, on ne peut faire dans le bois qu'un trait de scie parallèle au bord, qu'on appuie contre le guide; mais si on veut scier dans une autre direction, on appuie la pièce contre le guide oblique d, et on fait tourner celui-ci sur son centre, au moyen de la vis à tige h, jusqu'à ce que la ligne suivant laquelle on veut scier se trouve dans le plan de la scie; alors on donne le mouvement à la pédale, et on pousse tout à la fois le guide et le bois.

La hauteur de la table R, par rapport à la scie, peut encore varier sur l'épaisseur de la pièce à scier. Un carré l, pratiqué au haut bout de l'axe X, reçoit une manivelle : en tournant cette manivelle à droite ou à gauche, on élève ou on abaisse les crémaillères V V, et par conséquent la table R à laquelle elles sont liées. Les vis m servent à serrer les cadres S S et à les fixer à la hauteur qu'on leur a donnée. *Bulletin de la Société d'encouragement*, année 1823, page 219.

Une scie semblable au fond, mais différente par les formes, a été importée d'Angleterre par M. de Pontejos. On en trouve la description dans l'*Industriel.* Cette scie est employée dans plusieurs grands ateliers, notamment dans ceux de M. Pape, célèbre facteur de pianos à Paris : les ouvriers en sont fort satisfaits.

13° *Le Hacheron.*

Dans quelques provinces, dit M. Désormaux, on emploie pour dégrossir le bois des hachettes ou hacherous dont je regrette que l'usage ne soit pas plus répandu. Cet instrument, comme on voudra le nommer, doit être en petit ce que la doloire du tonnelier est en grand. Les hacherons doivent avoir la table (on nomme ainsi la planche dont ils sont garnis) à gauche, et le biseau par conséquent à droite. Le manche doit se recourber en s'éloignant de la table, de manière qu'en plaçant une planche d'une certaine largeur, les doigts de l'ouvrier ne se froissent point contre le bois.

CHAPITRE IV.

DES INSTRUMENS A CORROYER LE BOIS.

On entend par corroyer, l'action d'aplanir et de dresser les pièces de bois, tant sur la surface que sur la tranche; de leur donner la largeur et l'épaisseur nécessaires; enfin, dans les parties cintrées, de donner la courbure ou l'inclinaison qui convient à l'ouvrage. Cette opération est indispensable, puisque la scie du scieur de long donne les planches raboteuses, d'épaisseur ou de largeur inégales dans différens points. D'elle dépend en grande partie le fini de l'ouvrage, et le poli le plus soigné ne pourrait y suppléer, car le polissage n'enlève que les petites inégalités et non les grandes, il est tout-à-fait insuffisant dès qu'il s'agit de donner aux diverses surfaces le parallélisme nécessaire. Indépendamment des outils à tracer et à mesurer dont nous parlerons plus tard, on se sert pour corroyer les bois, de divers instrumens spéciaux; ce sont : *la varlope, la demi-varlope* ou *riflard, la varlope à onglets, les rabots, le guillaume, le feuilleret.*

La théorie de tous ces instrumens se réduit à ceci : adapter un outil tranchant ou ciseau à une surface parfaitement plane qui le guide dans sa marche et le force à couper tout ce qui n'est pas dans la ligne horizontale. Cette théorie bien simple, rendra facile l'intelligence de tout ce qui va suivre. Je dois néanmoins faire observer dès à présent que la surface régulatrice de l'instrument devant, pour qu'il produise son effet, s'appliquer exactement sur la pièce de bois que l'on travaille, si au lieu d'une surface plane on veut obtenir une surface courbe, il faut que la surface régulatrice soit courbée elle-même. Il y a plus, elle doit être convexe si l'on veut obtenir une surface concave, afin de permettre au fer de pénétrer dans le bois; elle doit être concave si on veut obtenir une surface convexe, puisqu'alors elle empêche le fer de mordre autant aux centre qu'aux extrémités, ce dont on a précisément besoin. Ces outils et quelques autres sont désignés sous le nom générique d'*outils à fut.*

1° Les Varlopes.

La varlope ordinaire (fig. 25.) est composée d'un fût, d'un fer et d'un coin.

Le fût a comme l'indique la figure, à peu près la forme que les géomètres désignent par le nom de *parallélipipède rectangle;* c'est une pièce de bois très dur et bien dressée, dont les quatre faces les plus longues, ayant la forme d'un carré long, sont bien perpendiculaires l'une à l'autre. Ce fût a communément vingt-sept pouces de long, deux pouces et demi ou trois pouces d'épaisseur, et quatre pouces moins un quart ou quatre pouces dans sa plus grande hauteur. Cette hauteur en effet diminue d'environ neuf lignes à chaque extrémité. Cela ne provient pas de la surface inférieure, qui doit toujours être parfaitement plane, mais de la surface supérieure qui est légèrement courbée et s'abaisse aux deux bouts. A quelques pouces de son extrémité postérieure on adapte, à tenon et à mortaise, une espèce de poignée ou d'anneau qui sert à pousser l'instrument; on fixe un bouton près de l'extrémité antérieure. Au milieu de l'épaisseur du fût, et à peu près à égale distance des deux bouts, on creuse un trou nommé *lumière* A, qui forme une des parties principales de l'outil, celle peut-être d'où dépend le plus sa bonté. C'est là que doit être placé le fer dont elle règle l'inclinaison; le coin sert à l'y fixer. Ce trou est évasé, assez grand par le haut, et finit au-dessous de la varlope par ne plus être qu'une fente transversale à la longueur de l'outil, longue d'environ deux pouces et large seulement d'une demi-ligne, afin que le copeau que le fer détache et qui tend à se tourner en spirale ne puisse plus sortir de la lumière dès qu'il y est engagé. Le fer est appuyé contre la paroi du derrière de la lumière, celle qui est la plus rapprochée de la poignée. On lui donne une inclinaison d'environ 45 degrés c'est-à-dire une inclinaison égale à celle d'une ligne oblique qui partant de la jonction d'une ligne horizontale et d'une ligne verticale, s'écarterait autant de l'une que de l'autre. La paroi opposée de la lumière est bien moins inclinée; l'intérieur de la lumière est muni de deux épaulemens ou saillies contre lesquels le coin vient s'appuyer.

Le fer a environ deux pouces de large et sept ou huit pouces de long au moins. Il est plat et composé d'une lame d'acier et d'une lame de fer qu'on soude ensemble par leur surface et

qu'on trempe ensuite. On l'aiguise en usant la lame de fer de
telle sorte que son épaisseur forme un biseau ou plan incliné,
lorsque le fer est dans une position perpendiculaire; mais lorsque ce fer est placé dans la varlope, et par conséquent penché
en arrière de 45 degrés, ce plan incliné devient horizontal et
forme, pour ainsi dire, la continuation de la surface inférieure
de la varlope. On doit en conclure que ce biseau doit former
avec la surface de la lame d'acier, un angle qui a pareillement
45 degrés; mais presque toujours il est plus aigu, et souvent
il n'a que 25 degrés. Il est nécessaire d'aiguiser le fer bien
carrément et de telle sorte que la ligne tranchante soit aussi
horizontale que le dessous de la varlope. Néanmoins les angles
sont légèrement et insensiblement arrondis. S'ils conservaient
leur vivacité, les bois soumis à l'action de la varlope, seraient
souvent sillonnés en long par les angles.

Le coin qui sert à tenir le fer est évidé par le milieu : il faut
qu'il serre un peu plus par le bas que par le haut, et qu'il
joigne bien des deux côtés. A Paris, depuis assez long-tems,
on n'évide plus le coin, qui est plat sur ses deux faces, et
moins épais. On enfonce le coin avec un marteau, on le desserre en frappant quelques coups sur l'extrémité de la varlope;
cela suffit pour l'ébranler ; mais quelques personnes aiment
mieux pratiquer une entaille sur la face antérieure du coin,
et s'en servir pour le retirer avec le manche d'un marteau. Il
est essentiel de serrer convenablement le coin de telle sorte
qu'il assujettisse bien solidement le fer sur le derrière de la
lumière; sans cela, lorsque l'on fait agir l'instrument, le fer
ballotte entre le coin et la paroi postérieure de la lumière. Au
lieu de couper le bois vif et facilement, il ressaute, fait faire
des soubresauts à l'instrument, et la surface ne s'unit pas. Les
ouvriers expriment cet effet en disant que l'outil *broute*.

De l'immobilité du fer, de la manière dont la surface de
dessous est dressée, de l'inclinaison de la lumière et de la facilité avec laquelle elle vomit les copeaux, dépend toute la bonté
de la varlope.

Tous les ouvriers savent tracer la lumière de leurs varlopes ;
mais il n'en est pas de même des amateurs, qui pourtant sont
quelquefois bien aises de savoir faire eux mêmes leurs outils.
Comme M. Désormeaux a décrit cette opération avec une
clarté suffisante, je m'aiderai de son travail. Pour y parvenir
sûrement, dit-il, il faut d'abord mettre son bois bien d'équerre;

puis, après avoir parfaitement dressé la face la plus saine, celle
qui se trouve être la plus foncée en couleur, qu'on peut sup-
poser, par conséquent, approcher davantage du cœur du bois,
et qu'on destine à être le dessous du cœur de l'outil, on trace
legèrement sur cette face, à six pouces environ du bout antérieur, une ligne transversale bien d'équerre; puis, derrière
cette ligne et à la distance de deux lignes, deux lignes et demie, ou même trois lignes, on trace une seconde ligne parallèle à la première. L'entre-deux de ces lignes détermine la largeur que doit avoir la lumière, on pose ensuite le fer à plat
sur le milieu du dessous, sur les deux lignes qu'on vient de
tracer; on marque avec un poinçon la largeur de ce fer, et,
avec un trusquin, on trace de chaque côté une ligne parallèle à ce côté, qui sert à déterminer l'épaisseur des joues. Avec
la même ouverture de trusquin, on trace deux lignes pareilles
sur la face supérieure de la varlope. Nous avons vu que l'opération avait commencé par le tracé de deux lignes transversales, espacées de deux à trois lignes, et bien parallèles entre
elles, on prolonge ces deux lignes sur un des côtés et sur le
dessus de la varlope : cela fait, on applique une équerre d'onglet (propre à tracer un angle de quarante-cinq degrés) contre
le côté de la varlope : de façon que le sommet de l'angle de
l'équerre joigne le bas de la seconde des deux lignes dont
nous venons de parler (celle qui est la plus éloignée du bout
antérieur). Le long du côté incliné de l'équerre, on trace une
ligne qui va en diagonale du bord inférieur au bord supérieur
de la varlope, et indique la pente que devra avoir le fer. On
répète cette opération sur l'autre côté de la varlope, et on
réunit les deux diagonales qu'on a ainsi obtenues, par une
ligne qu'on trace sur le dessus de la varlope, et qui est parallèle aux deux lignes qu'on y avait déjà tracées. Il ne reste plus
alors qu'à tirer, entre cette dernière ligne et les autres, une
ligne séparée de la dernière, à proportion de l'épaisseur qu'on
donne au coin : cette ligne règle la place où doivent être
taillés les épaulemens destinés à retenir le coin. Pour vider la
lumière, les uns emploient tout simplement le ciseau et le bédane, les autres percent des trous perpendiculaires en suivant
les lignes des côtés de la varlope qui ont cette direction, et
font ensuite partir avec le ciseau le bois intermédiaire; mais
les amateurs qui voudraient faire leurs outils agiront beaucoup
plus prudemment en perçant un trou perpendiculaire à chaque

angle de la lumière et à une ligne en dedans, pour enlever ensuite le bois avec une de ces petites scies appelées *passe-partout*, sauf à terminer la pente avec le ciseau en suivant bien
exactement le tracé. Lorsque la lumière est vide, on enlève le
bois qui est sous les épaulemens, en passant une scie par la
lumière, et en se réglant toujours sur le tracé. On polit ensuite la lumière aussi exactement que possible; une lime
douce est l'instrument qui réussit le mieux : si on n'en a pas
on peut se servir d'un morceau de tilleul huilé et saupoudré de
pierre ponce broyée.

La *demi-varlope*, nommée aussi *riflard*, ne diffère des varlopes ordinaires que parce qu'elle est moins longue d'un quart
ou d'un cinquième. La construction est d'ailleurs entièrement
analogue; mais la lumière est plus inclinée, afin que le fer
ait plus de pente et morde davantage le bois. Dans le même
bût, au lieu de l'affuter carrément, on lui donne une forme
un peu arrondie; et comme par suite de cette construction il
enlève les copeaux plus épais, on donne un peu plus de largeur
à la fente inférieure de la lumière par laquelle ils doivent passer. Cet instrument sert à *blanchir* les bois, c'est-à-dire à en
découvrir la surface, à en faire disparaître les inégalités les
plus considérables : quand on a fait ainsi le plus gros de l'ouvrage avec un outil expéditif, on termine avec la varlope; mais
pour les travaux communs, il arrive souvent qu'on se contente
de blanchir.

La *varlope à onglet*, plus petite encore que la *demi-varlope;* elle ne porte pas de poignée, et sert spécialement à unir
et dresser les petits ouvrages. Il faut en avoir plusieurs qui diffèrent entre elles par le degré d'inclinaison du fer. Celles dont
le fer est presque perpendiculaire et à biseau court servent à
travailler les bois durs, noueux et rebours. Elles ont plus de
force et prennent moins de bois à la fois. On en a dont l'inclinaison est de 45 degrés, comme dans les autres varlopes, et
celles-là servent pour les bois ordinaires.

Au nombre des variétés des *varlopes à onglet*, il y en a deux
qu'il faut distinguer; c'est la *varlope à double fer* et la *varlope à semelle en fer*. La première porte en effet deux fers;
elle a l'avantage de ne jamais faire d'éclats, car à peine soulevé par le fer coupant, le copeau rencontre le fer de dessus,
qui le rompt à sa base. Pour obtenir cet effet, on place les deux
fers l'un sur l'autre, en tournant les biseaux l'un sur l'autre, de

façon que le fer, dans cette situation, présente l'aspect d'un fermoir à double biseau. Le fer de dessus, destiné à rompre le bois, a le biseau arrondi ; il est dépassé d'une ligne environ par le fer de dessous.

Souvent à Paris, et presque toujours en province, on sépare les deux fers par le coin. On obtient ainsi de meilleurs effets ; mais il est extrêmement long et difficile de mettre en fût. Pour cela, dans beaucoup d'ateliers, on met immédiatement ces fers l'un sur l'autre ; mais cette pratique a encore des inconvéniens ; les fers ne conservent pas long-tems leur situation respective, et il vaut bien mieux se servir de doubles fers unis cntr'eux par des vis, jouant dans des coulisses qui permettent de varier la distance des biseaux. Comme ces doubles fers se vendent tout préparés, et qu'il suffit de les voir pour connaître comment on peut s'en servir, et que le menuisier ne pourrait pas les faire lui-même, je ne perdrai pas à les décrire une place qui peut être bien mieux employée.

La seconde variété tire son nom de la semelle ou lame de fer dont elle est doublée par dessous, et qu'on y ajuste au moyen de six vis, dont la tête pénètre dans la semelle, et qui la réunissent solidement au bois. Cette varlope est aussi spécialement consacrée au travail des bois durs et rebours, ou au travail des bois de bout, c'est-à-dire des bois dont il faut trancher perpendiculairement les faisceaux de fibres. Sa lumière est extrêmement inclinée, et le fer est placé en sens inverse, de telle sorte que le tranchant s'appuie contre le dessous de la semelle de fer avec lequel il affleure.

Cette longue lumière diminue nécessairement la force de l'outil, elle ne laisse d'ailleurs passer les copeaux qu'avec peine ; pour parer à ces deux inconvéniens, on a imaginé de faire à cette varlope une double lumière : l'une, inclinée en arrière et très étroite, reçoit le fer et le coin qui la remplissent ; l'autre, inclinée d'arrière en avant sert au passage des copeaux. A présent on fait souvent la semelle en cuivre.

2° *Les rabots.*

Les rabots ne sont vraiment pas autre chose que de petites varlopes, plus petites que toutes celles dont nous avons parlé, et dont la manœuvre est plus facile. On en fait depuis trois pouces et demi de longueur jusqu'à près d'un pied. Le degré d'inclinaison du fer varie comme dans la varlope à onglet.

Mais il est une espèce de rabot qui n'a pas d'analogue par-mi les varlopes. Je veux parler des *rabots cintrés*. On a déjà vu que l'on n'a pas seulement à corroyer des surfaces planes, mais encore des surfaces courbes. Les rabots cintrés sont ceux dont le fût courbé de diverses manières est propre à ce tra-vail. Si l'on veut obtenir une surface convexe dans la longueur, et semblable au dessus d'une varlope, par exemple, qui est plus élevé de neuf lignes au milieu qu'aux extrémités, il fau-dra un rabot dont la surface inférieure présente une concavité équivalente; sans doute, si on posait ce rabot à plat dans toute sa longueur sur la pièce de bois à travailler, il ne produirait aucun effet, et sa concavité ne permettrait pas au fer et au bois de se rencontrer; mais si le bout du rabot est appliqué à l'extré-mité de la pièce de bois, et qu'on le pousse dans cette position, le fer commencera par enlever la partie la plus saillante, l'angle. Insensiblement cette partie anguleuse prendra une forme plus ou moins arrondie, et se moulera en quelque sorte sur la concavité du rabot. Quand on aura fini à cette extré-mité, le rabot, que l'on continue de pousser à diverses reprises, ira frapper l'autre angle en descendant, et là produira encore un effet semblable.

Si on veut, au contraire, une surface concave, il faudra prendre un rabot dont la surface inférieure soit convexe. En le promenant d'abord au milieu de la pièce de bois, on ne tardera pas à y produire un enfoncement, et cet enfoncement augmentera de plus en plus en prenant la forme désirée. Le fer, en effet, enfonce tant que le fût ne s'oppose pas à son in-troduction; et comme le fût s'y oppose plus tard aux extrémi-tés qu'au centre, c'est relativement à ces extrémités qu'il en-foncera le plus.

Quelquefois on a à travailler des pièces de bois cintrées à la fois sur le plan et sur l'élévation; il est nécessaire alors de se servir de rabots cintrés aussi dans les deux sens, ou à dou-ble courbure. Si, en effet, le fût était plan latéralement, il ne pourrait pas s'appliquer sur la courbure latérale.

Comme chaque rabot cintré ne peut donner qu'une de ces espèces de courbures, qu'un seul degré de convexité ou de concavité, il en résulte qu'on est forcé d'en avoir un assorti-ment; cela ne suffit pas encore.

En effet, on a souvent à donner au bois une courbure transversale, à l'arrondir en portion de cylindre; alors il faut une nouvelle espèce d'instrument. Tel est l'usage du rabot que l'on désigne spécialement sous le nom de *mouchette* (*fig.* 26). Son fût est creusé par dessous en rigole. C'est dans cette espèce de cannelure que se modèle la portion de cylindre que l'on veut obtenir, et le tranchant du fer est taillé en croissant. (*fig.* 26 *bis.*)

Le *rabot rond* est l'inverse du *rabot mouchette*; au lieu d'être creusé par-dessous, il est convexe; il creuse une rigole au lieu d'en porter une; le tranchant de son fer est arrondi au lieu d'être taillé en croissant : de telle sorte qu'avec un de ces deux rabots on pourrait faire le fût de l'autre. Il faut répéter pour eux la même observation que nous avons déjà faite pour les rabots cintrés. Il est indispensable d'en avoir plusieurs de diverses largeurs et de différentes courbures.

Comme ces rabots sont exposés à un frottement répété, il faut choisir pour les faire un bois extrêmement dur; c'est pourquoi on donne d'ordinaire la préférence au cormier. Il est préférable de leur adapter une semelle semblable à celle de la *varlope* à *semelle en fer*. Cela vaudrait quelquefois autant que d'employer, comme on le fait dans plusieurs ateliers, des *rabots* entièrement *en fer*.

Ces rabots sont formés d'une boîte en fer alongée, ouverte en haut, percée par-dessous d'une fente analogue à celle de la lumière. Ils renferment d'abord un premier coin en bois, à surface plus ou moins oblique, sur laquelle le fer tranchant est appuyé. Il est maintenu dans cette position par un autre coin en bois qui, d'un côté le presse, et de l'autre s'appuie contre un boulon en fer fixé invariablement dans les côtés de la boîte. Ce système a cet avantage qu'avec le même rabot on peut varier à volonté l'inclinaison du fer. Il suffit d'avoir plusieurs couples de coins, et de donner à celles de leurs faces qui doivent maintenir le fer, des degrés d'inclinaison différens.

CHAPITRE V.

DES INSTRUMENS A CREUSER ET PERCER LE BOIS. — OUTILS, MACHINES POUR LE MÊME OBJET.

Les instrumens dons nous avons à parler dans ce chapitre sont si simples et, en général, tellement connus qu'il devient

presque superflu de les décrire. Nous dirons pourtant quelques
mots de chacun, afin qu'on ne puisse pas nous reprocher de
lacune, et nous dédommagerons le lecteur par l'indication de
machines propres à remplacer ces outils, ou du moins à diriger son attention sur les moyens d'y suppléer.

1° Le Ciseau (*fig.* 27).

Cet outil consiste dans une lame de fer et d'acier fixée dans
un manche de bois. Ce manche est cylindrique ou à plusieurs
pans, et long d'environ cinq pouces. La lame est composée
d'une lame d'acier, et d'une lame de fer soudée à plat sur la
première, pour la renfoncer. Aplatie et large par le bas, comme
le représente la figure, elle se termine tout-à-coup par une
tige carrée et assez forte, qui pénètre dans le manche. Dans
certaines professions, on se sert de ciseaux aiguisés sur les côtés, et le tourneur, entr'autres, en fait un fréquent usage. Mais
le ciseau du menuisier n'est jamais tranchant qu'à son extrémité. On fait le taillant en usant la lame sur la pierre, à son
extrémité, de telle sorte qu'en rongeant d'abord le fer et ensuite l'acier, à l'aide du frottement, on y fasse un biseau qui
présente par le profil de son épaisseur un angle de trente degrés, c'est-à-dire un angle plus petit des deux tiers que celui
que forment, en se rencontrant, une ligne horizontale et une
ligne verticale. Il faut en avoir un assortiment de toutes les
largeurs, depuis un pouce jusqu'à trois lignes.

2° Le Fermoir.

C'est une espèce de ciseau qui, au lieu d'avoir la forme
d'une pelle alongée, comme l'outil que je viens de décrire,
va en diminuant graduellement de largeur, depuis son extrémité jusqu'au manche. La lame, formée de même d'acier, est
composée de trois lames soudées à plat les unes sur les autres,
de telle sorte que celle d'acier soit prise entre deux lames de
fer; son tranchant est formé par la rencontre de deux biseaux
alongés. On obtient cette forme en usant insensiblement chaque
lame de fer, de façon que son épaisseur aille en diminuant,
depuis le manche jusqu'à l'extrémité. Cet instrument, comme
on le voit, est mince, faible et peu propre à vaincre de grandes résistances. Sa largeur varie depuis dix-huit jusqu'à six
lignes. La longueur est proportionnée à ces largeurs. Il est
bon d'en avoir un assortiment. Le fermoir doit s'affûter toujours à biseau droit.

3° *La Gouge.*

On peut la définir un ciseau à fer cannelé ou dont la largeur est courbée en demi-cercle; sa perfection consiste en ce que sa cannelure soit bien creusée, également évidée, pour que le biseau qui est en dessous ou du côté concave, et qui aboutit contre le bord de la cannelure, puisse donner au tranchant la forme d'un demi-cercle bien régulier. Le biseau des gouges doit être plus alongé ou plus court, selon que le bois dont on se sert est plus tendre ou plus dur.

4° *Le Bédane ou Bec-d'âne (fig. 27 bis).*

L'objet principal de cette quatrième sorte de ciseau est d'entailler profondément le bois. Comme il doit vaincre alors une grande résistance, on le taille sur le champ du fer. Par ce moyen la ligne oblique formée par le biseau, au lieu d'aller d'une des faces de la lame à l'autre face, va de l'un des côtés à l'autre. Pour que l'instrument ne reste pas engagé dans l'ouvrage, lorsqu'on a à creuser beaucoup, on a soin de diminuer graduellement l'épaisseur de la lame à mesure qu'on approche vers le manche. Sa force lui est conservée malgré son rétrécissement, si on a soin de laisser son champ d'une longueur suffisante. Dans ce cas, la forme de ligne brisée ou anguleuse que présente un des côtés de l'instrument, lui permet de faire toutes les fonctions d'un levier. Il va sans dire que le tranchant devant toujours être formé par la lame d'acier, la situation du tranchant doit régler la situation de cette lame, et que, par conséquent, dans le bédane elle est soudée non plus sur le plat de la lame de fer, comme dans le ciseau et la gouge, mais bien sur sa tranche; et que par cette raison, l'épaisseur de la lame de fer doit être égale à la largeur de la lame d'acier et à la longueur du tranchant.

Il faut avoir un assortiment de bédanes, comme on a un assortiment de gouges, de ciseaux et de fermoirs. C'est surtout pour le bédane que cet assortiment est indispensable, parce qu'il sert à tailler les mortaises : il faut en avoir depuis deux lignes de largeur jusqu'à dix, et ne pas les choisir d'un acier trop dur, parce que cet outil est sujet à s'ébrécher.

La manière de se servir de ces quatre espèces d'instrumens est la même : tandis que de la main gauche on tient l'instrument dans une situation presque verticale, on frappe sur le manche à coups de maillet, et le fer entre dans le bois (1).

5° *Le Bec-de-cane.*

Espèce de bédane, plus alongé, plus faible et plus étroit, dont le menuisier se sert pour les petits objets et les bois mous.

6° *Le Maillet.*

Cet instrument est un des plus connus; il se compose d'une masse de bois ordinairement cylindrique, tronquée carrément à son extrémité. Cette pièce, faite d'un bois très dur et peu sujet à travailler, est percée d'un trou rond, perpendiculaire à son axe ou à sa longueur, et la traversant au milieu de part en part. Dans ce trou on enfonce un manche d'un bois liant et peu susceptible de rompre. Il doit entrer de force et dépasser la tête du maillet de huit pouces de longueur d'un côté, d'un demi-pouce environ de l'autre. Avec un fermoir on fend jusqu'à la tête cet excédant d'un demi-pouce, on place dans la fente un petit coin en bois, qu'on fait entrer de force le plus profondément possible. Comme on doit avoir eu soin de faire le trou cylindrique de la tête un peu plus évasé de ce côté que de l'autre, ses parois ne pressent pas d'abord la surface du manche. Le coin de bois peut dès lors pénétrer, même dans la partie du manche qui est logée dans la tête, jusqu'à la profondeur d'un demi-pouce; il rend la fente plus profonde, grossit pour ainsi dire le manche, en séparant les deux parties qui le composent et entre lesquelles il s'insinue. Il les applique exactement et avec force contre les parois du trou. On coupe alors avec une scie toute la portion du manche qui excède, de ce côté, la tête du maillet. Par suite de cette opération et du renflement qui en résulte à l'extrémité du manche, il ne peut plus se séparer de la tête, surtout si l'on a eu la précaution de donner un diamètre un peu plus grand à la portion par laquelle on doit le saisir, et qui sort de l'autre côté de la tête de huit pouces environ. Toutes ces petites précautions, connues d'ailleurs du moindre ouvrier, sont indispensables si l'on veut avoir un bon maillet. On en sentira l'importance si l'on réflé-

---

(1) Dans les nouveaux bedanes on ne fait plus de talon; le plus épais de l'outil est du côté du manche.

chit que c'est un·des outils dont l'usage est le plus fréquent, et qu'on serait exposé à bien des pertes de tems s'il fallait revenir souvent à consolider le manche. Il vaut mieux, en le confectionnant, prendre un peu plus de peine pour n'avoir plus besoin d'y retoucher. Il faut avoir soin de ne pas fendre le manche dans le sens du fil du bois de la tête, mais en travers; sans cela on aurait à craindre que le coin la fît éclater. On doit aussi ne donner la dernière façon à la tête qu'après avoir emmanché.

La force de la tête, qui est ordinairement en bois de charme ou de frêne, varie suivant l'usage auquel on destine l'instrument. Il est bon d'en avoir plusieurs. En effet, tout son service est fondé sur la puissance du choc; mais on sait que la force communiquée au corps qui reçoit le choc est toujours d'autant plus petite que la masse de ce corps est plus grande relativement au corps qui frappe : par exemple, que le ciseau qui peserait une livre, frappé avec un maillet pesant aussi une livre, enfoncera moitié moins que s'il était frappé avec un maillet de deux livres, mu avec la même force; qu'il enfoncera aussi moitié moins que ne le ferait dans les mêmes circonstances un ciseau pesant seulement une demi-livre; et comme, d'un autre côté, il serait fatigant d'agir toujours avec un gros maillet, quand il n'en faudrait qu'un petit, il convient de proportionner sa force à la nature de l'ouvrage. Ceux que l'on fait le plus ordinairement ont sept pouces de longueur sur quatre de diamètre.

Manière d'emmancher les outils.

Les ciseaux, les gouges, les fermoirs, les bédanes, sont terminés par un manche en bois, de forme cylindrique ou prismatique, et d'un diamètre toujours plus grand que celui du fer. Ordinairement ils vont en s'élargissant vers la partie supérieure sur laquelle on frappe avec le maillet. La partie amincie du fer est enfoncée de force dans le manche. Pour cela on commence à y percer avec une vrille un petit trou dans lequel on fait entrer la pointe du fer que l'on tient dans la main gauche. On frappe alors quelques coups sur le manche. ce qui suffit si l'outil n'est pas très fort; il finit de s'assujettir par l'usage. Si on veut le fixer d'une façon invariable, il vaut mieux s'y prendre de la manière suivante : on prend une petite vrille avec laquelle on perce un petit trou à la base du cylindre et précisément au point central; ensuite prenant d'autres vrilles de plus en plus grosses, on les fait tourner l'une après l'autre dans le trou, de manière à l'amener peu à peu à un diamètre égal à celui de la partie du fer qui doit être enfoncée, pris à l'endroit le plus fort. Mais, comme cette portion du fer qu'on appelle la *soie* va en diminuant jusqu'à l'extrémité, et que si le trou était égal dans toute sa profondeur, l'outil, quoique gêné près de l'orifice, serait trop à l'aise au fond et ballotterait dans le manche, il faut avoir soin d'enfoncer de moins en moins chaque vrille, à mesure qu'elles augmentent de grosseur, afin que le trou soit conique; par ce moyen, la soie sera également serrée dans toute sa longueur, et l'outil solidement emmanché. Cette opération préliminaire terminée, on serrera fortement l'outil dans les mâchoires d'un étau, en dirigeant la soie en haut. On fera entrer cette soie dans le trou du manche, et on l'enfoncera le plus possible; on finira par donner deux ou trois coups de maillet.

Il y a des outils qui seraient gâtés dans cette opération par les mâchoires de l'étau; il y a un moyen bien singulier et bien simple de s'en dispenser. Après avoir enfoncé à la main la soie dans le manche, le plus possible, on prend le manche dans la main gauche, de telle sorte que le fer soit tourné en bas et suspendu en l'air. Dans cette position, avec la main droite, on donne de forts coups de maillet sur le manche. Il semble que ces chocs répétés devraient faire sortir l'outil du lieu et le lancer au loin; point du tout: par une espèce de contre-coup la soie remonte dans le trou et s'enfonce de plus en plus.

Lorsqu'ensuite on se sert de l'outil, les coups multipliés qu'il reçoit devraient faire pénétrer de plus en plus la soie dans le manche, et finir par le faire éclater. Il y a deux préservatifs contre cet accident: ou la soie, à un ou deux pouces de son extrémité, est munie d'une espèce d'élargissement ou d'un anneau circulaire fixe et qui ne permet pas au fer d'enfoncer davantage dans le bois, ou bien le côté du manche où entre la soie est entouré d'un anneau ou virole en cuivre ou en fer, qui le consolide et ne lui permet pas d'éclater quand même le fer enfoncerait outre mesure.

Il sera utile d'indiquer ici une manière ingénieuse de faire ces viroles en les coulant en étain sur le manche même. A ce effet ou creuse à l'extrémité dn manche, là où doit être la virole, une entaille cylindrique, une véritable rainure qui n'est bordée au bout du manche que par un bourrelet d'environ me ligne de large; cette entaille a une ligne de profondeur; le fond en est raboteux; il est même prudent d'y creuser quelques trous peu profonds. On prend une bande de carte à jouer d'une largeur double de celle de l'entaille, et d'une longueur telle, qu'un des bouts puisse se croiser un peu sur l'autre après avoir entouré le manche; on roule cette bande sur l'entaille, de manière que sa largeur déborde de chaque côté l'entaille de quelques lignes sur le plein du bois, on fixe la bande à droite et à gauche avec un fil mouillé; puis, avec un canif dont la pointe coupe bien, on fait à la carte une incision en forme de croix; ensuite on relève les angles de cette incision de manière à former une espèce d'entonnoir, par lequel on verse de l'étain fondu, qu'on fait bien de combiner avec un peu de zinc, afin qu'il soit plus dur. Pour cette opération, il ne faut pas que le métal soit trop chaud; on profite du premier moment où il devient liquide; s'il y a quelques inégalités à la virole, on les fait disparaître à l'aide de la râpe, et on diminue de la même manière la largeur du bourrelet en bois ûi borde cette virole, et termine le manche d'un côté.

7° *Manches universels.*

L'opération d'emmancher les outils est un peu longue et inutieuse; les personnes qui font de la menuiserie un amuement, se dispensent de ce travail à l'aide de *manches universels*, qui ne conviennent guère qu'à elles.

Ils consistent de même dans un cylindre de bois percé au entre, d'un trou dont la forme varie suivant qu'on destine e manche à servir pour des outils à soie carrée, à soie plate u à soie arrondie; le trou est assez grand pour recevoir une oie un peu forte. Le manche universel est muni comme es autres, d'une virole; mais il porte de plus un trou latéral araudé, dans lequel est une vis de pression avec laquelle on ssujettit la soie contre la paroi du trou. Ces manches, que l'on ésigne aussi sous le nom de *manches de paresseux*, ne peuvent guère servir à des ouvriers de profession: ils perdraient rop de tems à placer dans le manche et à en sortir tour-à-tour les outils dont ils font un fréquent usage; d'ailleurs, le même anche, soumis continuellement aux coups répétés du maillet,

serait bientôt comme écrasé et hors de service : mais j'ai dû,
malgré cela, dire quelques mots en passant de ces manches
précieux pour l'amateur, qui, fatigué par ses outils, n'aime
pas à perdre son tems en préparatifs, et est d'ailleurs quelquefois bien aise de ne pas consacrer beaucoup de place à ces instrumens, et de renfermer tout son atelier dans une boîte.

8° *La Râpe à bois.*

C'est une espèce de lime qui, au lieu d'être sillonnée de
raies croisées en différens sens, est hérissée de dents saillantes soulevées avec une pointe de fer. Il y en a de bien des
formes différentes ; les unes sont cylindriques, d'autres plates,
d'autres cylindriques d'un côté et aplaties de l'autre : presque
toutes sont plus étroites à l'extrémité qu'à la base; d'autres
sont plus ou moins rudes. Enfin il en est quelques-unes dont
la soie est coudée de manière à faire un angle droit avec la
lime proprement dite; celles-là sont très commodes lorsqu'on
veut agir dans une partie déjà creusée, où ne pourraient pénétrer commodément les autres limes.

9° *La Vrille.*

En parlant de la manière d'emmancher les outils, nous
avons indiqué l'usage de cet instrument, le plus connu de
ceux qui servent à percer le bois circulairement; il nous reste
à le décrire. Il consiste dans une tige de fer cylindrique de trois
à cinq pouces de longueur; cette tige est creusée en cuiller ou
cannelée à l'une de ses extrémités, et les côtés de la cannelure
sont aiguisés en biseau. A la suite de la cannelure sont trois
ou quatre pas de vis diminuant graduellement de diamètre,
et finissant par une pointe qui, de ce côté, termine la vrille ;
l'autre extrémité a la forme d'une pointe aplatie : c'est à ce
bout qu'on adapte la poignée. On donne ce nom à une traverse en bois dur, arrondie, diminuant de diamètre vers ses
extrémités, et longue de deux-ou trois pouces ; elle est percée
d'outre en outre par un trou alongé, dans lequel on enfonce
la pointe aplatie de la tige de fer. La largeur de cette pointe
est transversale à la longueur de la poignée, et son aplatisse-
ment ne lui permet pas de tourner dans le trou. On a soin,
lorsqu'on enfonce la pointe, qu'elle soit un peu saillante au-
dessus de la poignée, ensuite on rabat cet excédant, de sorte
que la tige de fer ne puisse plus changer de place. Lorsque,

enant la poignée dans la main, on appuie la pointe de la
rille sur une planche, la pression la fait enfoncer un peu;
i on tourne, le filet de la vis pénètre en coupant le bois, et
e premier tour fait, on ne peut en faire un second sans que
'inclinaison de la vis la contraigne à entrer encore davantage.
Enfin, la cuiller entre à son tour, et son taillant ronge laté-
alement le bois et le coupe en petits fragmens, qui se logent
lans la cannelure. Il faut avoir soin de retirer de tems en
ems la vrille pour la dégager des copeaux. La tige de fer est
lus large à l'endroit où la cannelure se réunit au pas de vis,
u'à tout autre endroit; sans cela l'outil risquerait de rester
ngagé dans le bois. Quelquefois le fer de la vrille n'est pas
reusé en cuiller à son extrémité, et ne présente qu'une vis co-
ique à cinq ou six pas de plus en plus rapides; alors la vrille
énètre comme un poinçon, en écartant et refoulant ensuite
atéralement les fibres du bois : dans ce cas, elle fait souvent
clater l'ouvrage. La vrille à cuiller a aussi cet inconvénient,
u'on évite en partie en se servant d'abord de vrilles très fi-
es, sauf à élargir ensuite le trou avec des vrilles d'un plus
ort calibre.

10° Les Tarières.

Les tarières ne sont souvent pas autre chose que des vrilles
onstruites sur de beaucoup plus grandes dimensions. La poi-
née est beaucoup plus longue, et pour la faire tourner on se
ert des deux mains; quelquefois cependant le fer présente une
ifférence remarquable. Lorsque l'on enfonce la vrille, les bi-
eaux de la cuiller étant tournés dans le même sens, un seul
oupe le bois, et le second, qui marche alors à rebours, ne
ert qu'au moment où l'on imprime à la vrille un mouvement
ontraire pour la sortir du trou. Dans ce cas, ce second bi-
eau relève et détache les parcelles de bois que le premier s'é-
ait borné à coucher; mais on a trouvé le moyen de donner
ne utilité directe aux deux biseaux des tarières. Au-dessus
e la vis conique, le fer est aplati, puis il se recourbe sur les
ords de manière à présenter deux biseaux dirigés l'un en
vant, l'autre en arrière. Si on coupait le fer à cet endroit et
erpendiculairement à son axe, la coupe aurait à peu près la
gure d'une S. C'est en quelque sorte deux cannelures aceou-
lées ensemble et tournées en sens contraire. Pour peu que l'on
éfléchisse, on verra que par suite de cette construction les
eux biseaux doivent couper simultanément.

11° *Nouvelle Tarière en hélice.*

Nous trouvons dans le bulletin de la Société d'Encouragement, 25e année, 1826, p. 80, pl. 298, la description de
cette tarière propre à percer avec facilité et promptitude les
bois les plus durs, et celle d'un appareil propre à la fabriquer, par M. Church, de Birmingham, en Angleterre. Nous
en indiquons encore une autre, et nous nous abstenons d'en
donner la figure, parce qu'elle a été déjà décrite dans plusieurs
ouvrages, et notamment dans le Journal des ateliers, n° d'oc-
tobre 1829, *fig.* 12 et 13. Nous aurions aussi bien désiré
mettre sous les yeux du lecteur une série d'articles relatifs au
forage des métaux, et au percement des bois, qui se lisent
dans ce même journal, et dans lesquels sont passés en revue,
et appréciés les différens moyens mis en pratique, et où d'autres inconnus sont mis en évidence. Mais le nombre des figures et la longueur du texte sont tels, qu'il nous faut nécessairement renvoyer à cet ouvrage.

Il est peu d'opérations des arts mécaniques qui se prati-
quent plus fréquemment que celle de percer les bois; et les
instrumens employés à cet effet sont en grand nombre.

Les tarières dont se servent les charrons et les charpen-
tiers sont, comme on sait, composées d'une mèche ronde en
acier trempé, dans laquelle est creusée une gouge ou gouttière à bords tranchans, terminé par un tranchant horizontal;
mais la manœuvre de cet outil exige, outre une certaine dex-
térité de la part de l'ouvrier, beaucoup de force; il n'opère
d'ailleurs que lentement.

La tarière anglaise que nous indiquons n'a pas les mêmes
inconvéniens; l'autre, la tarière à lame torse, en usage aux
États-Unis d'Amérique, présente aussi plusieurs avantages,
mais elle est difficile à aiguiser lorsqu'elle est émoussée. On
en trouve d'ailleurs, outre nos premières indications, l'exacte
description dans le Bulletin d e la Société d'encouragement,
11e année, page 104.

« Celle dont nous offrons la description, quoique construite
sur le même principe, en diffère cependant sous plusieurs rapports. Sa forme est celle d'un tire-bouchon ou d'un ruban
tourné en hélice, comme on le voit, *fig.* 1, *pl.* 8. Le centre
est occupé par une broche, *fig.* 2, terminée à son extrémité
inférieure en pointe de vrille, et à son extrémité supérieure

par un pas de vis qui entre dans un écrou pratiqué dans la
mêche *z*. Cette broche sert à guider la direction de la tarière
et à la centrer. On la retire lorsqu'on a besoin d'aiguiser l'outil, ce qui se fait avec la plus grande facilité sur telle meule
qu'on le désire, sans déranger sa forme ou son diamètre. La
tarière opère avec une étonnante rapidité et perce les bois les
plus durs et les plus épais, sans que l'ouvrier qui la manœuvre ait besoin de déployer beaucoup de force. Le trou qu'elle
fait est uniforme et d'une surface polie; les copeaux se dégagent au fur et à mesure qu'elle pénètre dans le bois, sans que
l'ouvrier soit obligé de la retirer pour la vider. L'auteur assure que dans ses effets elle peut remplacer six tarières ordinaires.

» La construction de cet outil exige beaucoup d'attention
pour que les filets soient également espacés et de la même
épaisseur partout (1). Cette difficulté paraît avoir frappé l'auteur; ausi a-t-il imaginé une machine au moyen de laquelle
on peut fabriquer la nouvelle tarière avec toute la régularité
possible. Voici la manière de procéder.

» On commence par forger une lame d'acier d'une longueur
suffisante, et à laquelle on donne la forme représentée en
coupe, fig. 3. On voit qu'elle est évidée des deux côtés,
aplatie en dessus et en dessous, et plus large par le haut que
par le bas. La largeur de cette lame est d'environ les deux
tiers du diamètre de la tarière, et son épaisseur de moitié.
Après avoir été forgée, elle est enroulée autour d'un mandrin,
au moyen de la machine que nous allons décrire.

» La figure 4 est une élévation latérale de la machine, et la
figure 5, une coupe sur la ligne A B. A est le bâtis qui supporte les diverses parties du mécanisme; B le mandrin autour
duquel la lame d'acier est enroulée; il porte une gorge ou rainure en hélice dans laquelle se loge cette lame. L'extrémité
postérieure de ce mandrin est taraudée sur une certaine longueur, et passe dans un écrou *c*, fixé au bout du canon ou
cylindre creux *d*; ce mandrin et son écrou sont vus séparément, fig. 6.

» Sur l'axe du canon *d* est montée une roue dentée *e*,

(1) Ces filets, ou plutôt ces tours de l'hélice n'ont pas besoin de régularité, puisqu'ils n'engrènent point : ils n'ont besoin que d'être sur la même
igne droite.

menée par un pignon f, et par une manivelle u. ggg, fig. 5,
sont trois cylindres de laminoirs reposant sur des coussinets
logés dans des rainures des plaques pp. Ces coussinets, et par
suite les cylindres gg sont serrés latéralement sur le mandrin b,
au moyen des vis de pression hh, et en dessus par un double
engrenage nn, qu'on fait tourner à l'aide de la clé q. Pour
faire tourner les cylindres gg, trois tiges ii réunies à leur extrémité postérieure par un genou de cardan rr, reçoivent, par
l'autre bout, les roues dentées ll, dans lesquelles engrène un
pignon unique s, monté sur l'arbre du canon d. Les tiges ii
reposent sur des coussinets dans les plaques kk.

» Telle est la machine imaginée par l'auteur pour former
les filets de la tarière; voici la manière de s'en servir.

» La lame d'acier t, fig. 5, de la forme indiquée ci-dessus
est d'abord épointée et amincie par son bout; on y pratique
une petite entaille et on la présente ainsi dans la rainure du
mandrin, au-dessous du crochet m qui la saisit. On la serre
ensuite dans le laminoir, en abaissant le cylindre supérieur g
au moyen de l'engrenage nn. Cette opération terminée, on
applique un homme à la manivelle u, et on fait tourner le
canon d par l'engrenage e f. Le mandrin fixé au canon d
tourne d'abord avec lui; mais bientôt, attiré par l'écrou c qui
reste stationnaire, son extrémité taraudée rentre dans la cavité du canon; ce qui force la lame t pressée par le laminoir,
de passer successivement dans la gorge en hélice du mandrin:
c'est ainsi que les filets de la tarière sont enroulés. Le mandrin continuant de tourner, le bout antérieur du filet va butter
contre l'arrêt o qui empêche son mouvement ultérieur.

Le filet de la tarière ainsi formé, laisse au centre un passage dans lequel on introduit la broche fig. 2; mais avant de
placer cette broche, la tarière est trempée et son bout est passé
sur une meule pour y former deux tranchans : l'un qui coupe
presque horizontalement comme une gouge, l'autre qui coupe
verticalement comme un couteau. On a vu dans la coupe,
fig. 3, que la lame t est évidée des deux côtés, plate et large
en dessus, étroite en dessous, et que cette forme présente déjà
des angles très aigus. Après avoir été tirée en hélice et tenue
verticalement, les parties évidées tournées en dedans seront
immédiatement l'une au-dessus de l'autre. La partie concave
supérieure étant considérée comme la gouttière d'une gouge,
on y forme un bord tranchant en usant sur la meule le côté

opposé du filet, à l'extrémité de la tarière, de manière à lui
donner une forme convexe correspondant à la forme concave
de sa partie supérieure. Ce tranchant v, fig. 1ʳᵉ, sera presque
dans la direction horizontale, ayant son bord extérieur un peu
relevé; en passant l'outil sur la meule, on aura soin de rendre
ce bord assez tranchant pour qu'il pénètre facilement par son
angle dans le bois. Le couteau en hélice du filet est formé sur
le bord inférieur x de la lame, en usant ce bord sur la meule
de manière à laisser un tranchant très vif.

» L'instrument étant ainsi aiguisé, on introduit la broche,
fig. 2, qu'on visse au centre de la mêche; on monte cette mêche
sur une poignée ou levier, comme les tarières ordinaires.

Explication des figures 1, 2, 3, 4, 5 et 6 de la planche 8.

Figure 1ʳᵉ, la tarière vue séparément, munie de la broche.

Fig. 2, broche terminée en forme de vrille.

Fig. 3, coupe de la lame d'acier destinée à former la tarière.

Fig. 4, élévation latérale de la machine pour former les filets de la tarière.

Fig. 5, coupe de la même-machine prise sur la ligne A B de l'élévation.

Fig. 6, le mandrin et le canon vus séparément.

aa, bâtis de la machine; b, mandrin portant une gorge en
hélice; c, écrou dans lequel passe l'extrémité taraudée du
mandrin; d, canon qui fait tourner le mandrin; e, roue dentée fixée sur l'axe de ce canon; f, pignon engrenant dans la
roue précédente; gg, cylindres de laminoir; hh, vis pour
serrer ces cylindres; ii, tiges qui font tourner ces cylindres gg;
kk, plateau dans lequel passent les tiges ii; ll, roues dentees,
montées sur l'extrémité de ces tiges; m, crochet qui arrête la
lame t dans la gorge du mandrin; nn, engrenage qui serre le
cylindre supérieur du laminoir; o, butoir contre lequel s'arrête le filet de la tarière lorsqu'elle est achevée; pp, plateaux
antérieurs qui reçoivent les cylindres gg du laminoir; q levier qui fait tourner l'engrenage n; r, r, genou de cardan des
tiges i; s, pignon monté sur l'axe du canon d, et engrenant
dans les roues ll; t, lame d'acier; u, manivelle; v, extrémité
inférieure de la tarière; xx, bord tranchant inférieur du filet;
z, mêche de la tarière.

12° *Le Perçoir.*

C'est une espèce de poinçon en acier, ou de tige pointue emmanchée comme un ciseau : les perçoirs sont aplatis et présentent de chaque côté un tranchant qui coupe les fibres du bois dans lequel on les enfonce.

13° *Le Vilbrequin* (*fig.* 28).

De tous les instrumens à percer, le vilbrequin est sans contredit celui dont l'usage est tout à la fois le plus étendu, le plus sûr et le plus commode. On le fait en bois ou en fer ; le vilbrequin en fer est certainement préférable; même sous le rapport de l'économie, puisque le vilbrequin en bois a besoin de fréquentes réparations. Il se compose premièrement d'une tête ayant à peu près la forme d'un champignon, ou d'un gros manche de cachet, et percée au centre dans la direction de l'axe. La partie inférieure est munie d'une virole en métal quand le vilbrequin n'est pas en fer. La seconde pièce ressemble un peu à un C, ou à un croissant; à l'extrémité de sa branche supérieure est adapté à angle droit un boulon en fer qui la surmonte et s'enfonce dans le trou de la tête du vilbrequin. L'extrémité de la branche inférieure de cette pièce est renflée et percée d'un trou vertical cylindrique ou formant un conduit ou tube de six ou huit lignes de long, percé latéralement d'un trou taraudé garni d'une vis de pression. Dans ce tube on fixe à l'aide de la vis de pression, une *mèche* ou espèce de fer de vrille à soie cylindrique ou carrée. La pointe est dirigée en dehors du croissant, et par conséquent cette mèche est dans une situation analogue à celle du boulon qui est adapté à l'autre branche. La figure achèvera de faire comprendre la forme de cette partie de l'instrument.

Si, après avoir placé le boulon dans la tête, et la mèche dans le conduit ou la lumière du croissant, on place le tout dans une situation perpendiculaire, la pointe de la mèche étant appuyée sur l'endroit que l'on veut forer, si on appuie sur la tête avec la main gauche, il sera facile de faire tourner l'outil avec la main droite, en prenant avec cette main le milieu du croissant qui sert de poignée, et en lui imprimant un mouvement circulaire. Pour lui donner ce genre de mouvement, si nous supposons la convexité du croissant à gauche, il faudra l'amener d'abord devant soi, puis à droite; continuer de manière à ce que la concavité du croissant soit en face du corps; ramener enfin la convexité dans sa première position, et continuer ainsi en faisant décrire plusieurs cercles à cette poignée. Le centre de ces cercles est marqué par le trou de la tête et la pointe de la mèche; le boulon et cette mèche servent de pivot, et ce mouvement de rotation joint à la pression exercée par la main gauche, suffit pour que la mèche pénètre dans le bois.

S'il faut percer un trou horizontal, on fait prendre cette position au vilbrequin ; mais afin d'agir avec plus de force et d'aisance, on appuie dans ce cas la tête contre l'estomac, avec lequel on pousse l'instrument contre le bois, au lieu de le pousser avec la main gauche. De cette façon on a les deux mains libres, ce qui permet de vaincre une plus grande résistance. On est obligé de prendre ce parti, par le même motif, quand il faut percer un trou vertical dans un morceau de bois très dur. Alors on est forcé de se pencher sur l'instrument, de manière à ce que le poids du corps puisse le maintenir, sans néanmoins s'écarter de la perpendiculaire.

Une circonstance particulière rend cette manière de travailler encore plus pénible. La tête de l'instrument est toujours assez large, puisque d'ordinaire elle a pour le moins trois pouces de diamètre. Néanmoins la pression qu'elle exerce souvent sur le creux de l'estomac finit par fatiguer cette partie. Pour y remédier, on a cherché à faire porter la pression sur une plus grande surface, sans rendre l'instrument plus embarrassant. Voilà la manière dont on s'y est pris.

A l'aide de deux courroies et d'une boucle garnie d'un *ardillon*, de manière à pouvoir serrer et desserrer à volonté, on fixe sur l'estomac un plastron en bois qui le recouvre presque en entier. Ce plastron est formé d'un morceau de planche un peu concave du côté du corps, convexe du côté opposé. Sa surface extérieure est criblée de creux circulaires, profonds de deux lignes et d'un diamètre égal à celui du boulon du vilbrequin. Alors on ôte la tête de l'instrument, et pour le faire tourner, on place la pointe du boulon dans l'un des creux du plastron qui remplace momentanément le trou de la tête. Dans l'usage habituel, l'ouvrier, pour ne pas perdre de tems, néglige souvent de se servir des courroies. La pression du corps contre l'instrument suffit pour maintenir le plastron dans une position fixe.

Je ne saurais trop engager les ouvriers à se servir de cette précaution sanitaire. La manœuvre de l'instrument n'est pas plus embarrassante, et l'on fatigue beaucoup moins. Il y a même cet avantage, que si l'on donne une direction oblique aux creux supérieurs du plastron, en les approfondissant un peu de bas en haut, on n'a pas besoin de pencher autant le corps lorsqu'on veut percer un trou vertical.

Il est bon d'avoir deux vilbrequins; l'un est approprié spécialement à cet usage, n'a pas de tête, et porte un boulon qui n'a pas plus d'un pouce de long. Il se niche alors plus commodément dans les creux du plastron, et est moins sujet à ballotter. L'autre vilbrequin est construit de telle sorte que la tête ne puisse jamais s'en séparer. A cet effet, elle est percée d'outre en outre, et le boulon qui est plus long qu'elle, la dépasse un peu; on fait entrer cette partie du boulon dans un anneau de métal un peu aplati, et on la rive par-dessus, de telle sorte qu'elle ne puisse plus passer à travers l'anneau, ni par conséquent sortir de la tête. Il en résulte que les deux pièces de l'outil ne peuvent plus se séparer, qu'on n'a plus à perdre de tems pour les remettre ensemble, ni à chercher long-tems l'une ou l'autre, comme il arrive quelquefois sans cela. Dans le cas même où l'on voudrait n'avoir qu'un seul vilbrequin, il faudrait prendre cette dernière précaution. Mais alors il serait bon de donner au boulon une saillie d'un demi-pouce au-dessus de la tête. Cette saillie servirait à employer l'outil avec le plastron ; mais cette méthode n'est pas encore très commune.

Je le répète, il vaudrait mieux avoir deux vilbrequins.

Parlons maintenant des mèches que le vilbrequin est destiné à faire tourner.

Leur soie ou partie supérieure de la tige de fer qui le constitue, est ronde ou carrée, suivant la forme de la lumière ou conduit qui doit les recevoir ; mais toutes les soies destinées à un même vilbrequin, ont forcément la même forme et le même volume. La *soie* de toutes les mèches est carrée. Il est assez difficile de leur donner cette forme avec précision. Elles s'ajustent avec peine, et l'on en a aussi beaucoup pour creuser convenablement une lumière carrée. Dans ces derniers tems, on a senti combien la forme ronde est préférable, ne fût-ce que parce qu'elle permet de tourner les mèches, et de leur donner une régularité et une élégance jusqu'alors inconnues. Si la pièce doit donner beaucoup de peine à percer, si la mèche doit fatiguer beaucoup, il est nécessaire quand on emploie une mèche ronde, de la fixer avec une clé d'arrêt. C'est une espèce de goupille ou morceau de fer carré, qui traverse la lumière du vilbrequin et la soie, au moyen d'une encastrure pratiquée dans l'un et dans l'autre. Ordinairement, cependant, on se contente de fixer la mèche avec une vis qui dispenserait même dans tous les cas de recourir à la clavette, si on la faisait faire assez forte et un peu longue, et si l'on creusait dans la soie un trou dans lequel la vis pénétrerait à volonté. Si la lumière ne traverse pas les branches du croissant d'outre en outre, ou si la mèche porte un renflement qui ne permette pas à sa tige d'enfoncer dans la lumière plus qu'il ne faut, la clavette et la vis de pression sont à peu près inutiles. Le fer étant pressé entre le vilbrequin et l'ouvrage, il est impossible que la soie sorte du conduit; et s'ils sont bien ajustés il n'y a pas de ballottement à craindre.

Les Anglais remplacent la vis de pression par un ressort placé dans la lumière et qui presse la soie. Ce prétendu perfectionnement n'a que bien peu d'importance.

La partie de la mèche qui est spécialement destinée à percer, mérite une attention particulière. On lui donne différentes formes. La plus ancienne est celle d'un fer de gouge, dont le biseau serait relevé par le bas de manière à donner à la partie inférieure de la cannelure, la forme d'une cuiller, dont la partie la plus large terminerait la mèche. Cette forme est la plus simple; elle est particulièrement utile pour percer le bois de bout, c'est-à-dire de manière que le trou soit parallèle à la longueur des fibres. Quelquefois à côté de la cuiller, la mèche porte une pointe un peu alongée, mais dont la direction est la même, et qui forme une espèce de prolongement latéral. Cette pointe pénètre dans le bois de la première, et fait une espèce de pivot autour duquel la cuiller tourne en coupant le bois, tant avec son biseau inférieur qu'avec son tranchant latéral. Dans ce cas, le trou a un diamètre double du diamètre de la mèche.

La mèche à trois pointes a l'avantage de faire les trous parfaitement ronds et bien plats au fond, au lieu d'avoir la forme de-calotte que leur donne la mèche à cuiller.

La partie inférieure de cette mèche est très élargie et recourbée comme le fer d'une gouge; mais son extrémité porte deux échancrures demi-circulaires, séparées par une pointe destinée à servir de pivot; à droite et à gauche de cette pointe centrale, sont les deux échancrures qui s'étendant jusqu'au bord de la mèche, forment là, de chaque côté, une autre pointe; l'une de ces pointes est aiguisée latéralement en biseau, et destinée spécialement à eouper les parois du trou; l'autre, aiguisée des deux côtés, et recourbée dans toute sa longueur, de manière à former un angle droit avec le reste de la mèche, à couper horizontalement le fond du trou, et à lui donner une forme plane. (Voyez *fig.* 29.)

On trouve dans les *Annales des Arts et Manufactures*, la description d'une mèche anglaise perfectionnée par M. Lenormand, et qui peut s'agrandir à volonté. Elle est composée du corps de la mèche et de deux platines que l'on fixe avec des vis à tête perdue, ces platines sont percées d'outre en outre, d'une coulisse qui permet de les faire avancer ou reculer, de façon que tantôt elles sont cachées par le corps de la mèche, tantôt elles le débordent. A la pointe centrale on a substitué une vis faite en forme de queue de cochon. Avec une mèche de ce genre, ayant six lignes de largeur, on peut, en développant les platines, faire un trou de neuf lignes de diamètre.

14° Le Drille. (*fig.* 30).

Cet instrument est spécialement employé à percér des trous bien perpendiculaires dans les métaux et les bois durs ; il ne sert ordinairement à faire que des trous d'un petit diamètre, mais qui peuvent ensuite servir de guide à la vrille ou au vilbrequin, et assurer leur marche.

Le drille consiste dans une longue tige de fer percée par le bas d'une lumière analogue à celle du vilbrequin, et dans laquelle on ajuste une mèche à l aide d'une vis de pression et d'un trou latéral taraudé : cette tige est droite, plus mince par le haut que par le bas, et cylindrique vers son extrémité supérieure, qui est percée transversalement d'un trou assez grand pour qu'on puisse y passer une courroie.

A un ou deux pouces de la lumière au plus, et par conséquent aussi loin que possible de l'extrémité supérieure, on enfile sur la tige, et on fixe solidement avec un écrou un disque ou plateau pesant, en plomb ou en fonte, et d'un diamètre presque égal au quart de la longueur totale de la tige.

Enfin, une traverse en bois, plus courte de moitié que la tige, et percée à son centre d'un trou dans lequel cette tige de fer doit passer avec la plus grande facilité, complettent cet instrument.

Voici maintenant qu'elle est la manière de le monter et de s'en servir.

On place un foret dans la lumière ; ce foret, de grandeur variable, diffère d'ailleurs des mèches de vilbrequin, par sa figure, elle finit en forme de losange, dont l'une des pointes sert de pointe au foret; chacun des côtés inférieurs du losange est taillé en biseau, mais de telle sorte qu'il y ait un biseau sur chaque face, et qu'ils soient l'un devant l'autre derrière.

Le foret placé, on fait passer la tige de fer par le trou de la traverse; on fait de même passer la courroie par le trou supérieur de la tige de fer, et l'on attache d'une manière quelconque les deux bouts de la courroie aux deux bouts de la traverse. Au moyen des deux petits trous par lesquels on enfile les bouts de la courroie auxquels on fait ensuite un nœud un peu gros et bien solide, pour les empêcher de sortir; ainsi placée, la courroie doit être tenue un peu courte, et soulever légèrement la traverse qui la tend par sa pesanteur.

L'instrument étant ainsi monté, on place la pointe de la mèche à l'endroit où doit être percé le trou ; on tient le drille dans une position bien perpendiculaire, puis on fait faire sept ou huit tours à la traverse autour de la tige; par suite de ce mouvement, la courroie est enroulée autour de la tige, décrit plusieurs spirales, et remonte la traverse qui s'éloigne alors du disque en métal d'une quantité plus ou moins considérable, suivant qu'on lui a fait faire plus ou moins de tours; alors, sans écarter le drille de sa position perpendiculaire, dans laquelle son poids le maintient facilement, on prend la traverse à deux mains et on la ramène brusquement sur le disque, puis on la livre à elle-même, sans toutefois la lâcher mais en permettant aux deux mains de suivre son mouvement; ce mouvement de haut en bas, imprimé rapidement à la traverse, tire la corde enroulée autour de la tige et force par conséquent cette tige à retourner rapidement; le pesant disque de métal, placé au-dessus de la lumière pour servir de volant, maintient la perpendiculaire et s'anime d'une grande force. Comme cette corde a été laissée libre, elle s'enroule de nouveau autour de la tige en sens contraire; dès qu'on voit ce mouvement de rotation prêt à s'arrêter, on redescend brusquement la traverse, et l'instrument tourne en sens inverse ; on la laisse libre ; le mouvement de rotation du drille continuant, la corde s'enroule une troisième fois; la traverse remonte ; on la redescend, et l'on continue de maintenir ainsi le mouvement de rotation à l'aide de cette impulsion intermittente de haut en bas, pourvu qu'on évite soigneusement que la traverse descende assez pour toucher le disque de métal.

Telle est la manière de manœuvrer ce singulier et utile instrument, qui a, comme je l'ai déjà dit, l'important avantage de creuser des trous toujours bien perpendiculaires, surtout si le disque est partout d'une pesanteur et d'une épaisseur égale, de manière à maintenir la tige bien en équilibre.

15° Le Touret.

Le touret ou porte-foret sert à soutenir, dans une position horizontale, des forets souvent semblables à ceux du drille, auxquels on imprime un mouvement de rotation allant alternativement d'arrière en avant et d'avant en arrière.

Le plus ancien de ces instrumens est encore le plus simple et le plus utile; c'est celui que l'on trouve le plus souvent chez les marchands d'outils : ordinairement il est en cuivre. Les deux principales pièces qui le composent sont l'arbre et le support (voyez *fig.* 31). Le support est une pièce de cuivre carrée, évidée par en haut de manière à ne plus présenter qu'une barre sur laquelle s'élèvent deux piliers carrés opposés l'un à l'autre et assez semblables, en petit, aux poupées du tour à pointe; elles sont percées de deux trous creusés bien horizontalement et bien en face l'un de l'autre : l'un est un peu conique et va en s'évasant du dehors en dedans ; l'autre est taraudé et rempli par une longue vis qui peut avancer ou reculer à volonté, et qui finit en pointe semblable à celle d'une poupée. On voit déjà que le mouvement de la vis est destiné à compenser l'immobilité du pilier ; au-dessous du support est une vis conique que l'on fait pénétrer dans un trou pratiqué dans l'établi ou dans une planche épaisse ; par ce moyen le support est parfaitement fixé.

L'arbre est en fer, son extrémité porte un canon, espèce de lumière dans laquelle on fixe la mèche à l'aide d'une vis de pression ; à partir du canon, l'arbre se renfle coniquement, forme ensuite une espèce de poulie au-delà de laquelle il se termine d'une manière quelconque : cette extrémité est toujours creusée d'un petit trou. On fait passer le canon par le trou conique du pilier du support, de telle sorte qu'il forme une saillie extérieure; le renflement de l'arbre l'empêche de trop sortir : on le soutient à l'autre extrémité en faisant avancer la vis de l'autre pilier, jusqu'à ce qu'elle entre dans le trou creusé au bout de l'arbre, qui se trouve alors soutenu à peu près comme s'il était sur un tour.

Dans ces derniers tems on a exécuté des supports en bois dur, et les trous sont remplacés par des coussinets en métal, creusés triangulairement pour recevoir l'arbre, et enclavés dans le bois, Au lieu d'être armés en dessous d'une vis conique, ces supports se terminent inférieurement par une espèce de tenon que l'on pince entre les mâchoires d'un étau, de manière à ne jamais être embarrassé par le touret, qu'on range sans peine quand on ne veut plus s'en servir.

Pour le faire fonctionner, il suffit de présenter l'ouvrage à la mèche, et de mettre l'arbre en mouvement avec un des archets dont les horlogers se servent pour faire mouvoir les pièces placées sur leur tour à pointe.

Cet archet est le plus communément fait avec un fleuret. On perce sur le plat de la lame, à un peu moins d'un pouce au-dessus de la naissance de la queue, un trou dans lequel on rive solidement un petit boulon de fer arrondi, d'un bon pouce de long, et terminé par un bouton un peu plus gros que le boulon; on recourbe la pointe de la lame en crochet, dans lequel on passe la boucle d'une corde à laquelle on fait faire deux tours sur la poulie de l'arbre, et qu'on arrête ensuite en lui faisant faire un ou deux tours sur le boulon, après l'avoir tendue assez pour qu'elle courbe la lame; cet archet est garni d'un manche en bois dur, armé d'une virole: on se sert ordinairement, pour le tendre, d'une corde à boyau. Les tabletiers, qui font servir quelquefois le touret à la confection d'ouvrages très délicats, le font plus fréquemment mouvoir avec un archet en baleine.

16° *Nouveau Porte-foret.*

La *figure* 32 représente un autre porte-foret, et l'on voit que sa forme a beaucoup d'analogie avec celle d'un cachet. L'arbre, à l'une de ses extrémités, porte à l'ordinaire un canon muni de sa vis de pression. Il présente ensuite une petite portion cylindrique; mais après il devient carré, et sur cette partie on monte une poulie en buis dont on connaît déjà la destination. A partir de ce point, l'arbre reprend la forme d'un cylindre long de trois ou quatre pouces suivant les dimensions qu'on veut lui donner. On fait passer ce cylindre dans une espèce de tube en bois très dur qui forme la tige de cette espèce de cachet. La sommité de l'arbre est rivée sur une rondelle en fer qui s'appuie dans un trou creusé au bout du tube: il ne permet plus à l'arbre de sortir; celui-ci est d'ailleurs logé à l'étroit, pour qu'on n'ait pas à craindre qu'il ballotte , quoiqu'il puisse tourner librement. L'extrémité du tube est garni d'un pas de vis à l'aide duquel on y ajoute la tête du porte-foret, semblable à la tête d'un manche de cachet, et creusée de manière à ne gêner en rien le mouvement.

Ce porte-foret est mis en rotation à l'aide de l'archet. On le tient comme un vilbrequin; il perce soit horizontalement, soit verticalement, et quand il est bien exécuté, on a peine à concevoir comment l'arbre est placé et se meut.

17° *Rabot à crémaillères.*

Cet outil est d'autant plus utile, qu'il facilite le travail et donne des résultats supérieurs ; il sert à faire des crémaillères eu bois d'une parfaite régularité. Cette outil monté sur un fût à peu près semblable à celui du feuilleret, est composé d'un couteau placé à un pouce à peu près de l'extrémité antérieure du fût, et disposé de manière à ne pas faire éclater le bois de travers ; il porte en outre un fer incliné en diagonale par rapport au couteau. Avec cet outil on fait sur toute la longueur et dans toute la largeur d'un madrier d'épaisseur suffisante, des entailles rectangulaires de la plus parfaite égalité. Pour avoir les crémaillères on refend ensuite le madrier sur sa longueur, à la largeur convenable.

18° *Machine à percer les mortaises.*

« L'invention de cette machine outil est due à M. Brunel, français résidant à Londres, et la description suivante est extraite des journaux anglais.

Il existe déjà plusieurs machines servant à percer des mortaises : une anglaise, une américaine ; mais leur emploi ne s'est pas répandu parce qu'elles exigent de grands développemens de force motrice, et qu'elles sont sujettes à se déranger : ce qui les rend d'un entretien coûteux. Il paraît que la machine de M. Brunel n'a pas ces inconvéniens. Nous disons *il paraît*, car nous n'avons rien d'assuré à cet égard, et nous la donnons moins dans l'espoir qu'elle sera imitée par nos menuisiers, que dans celui qu'elle appellera leur attention sur une des opérations les plus communes de l'art, sur les mortaises, qu'ils creusent péniblement à la main, tandis qu'il serait possible de trouver une machine-outil plus usuelle que celle de M. Brunel, qui fit cette opération de tous les instans plus régulièrement et surtout d'une manière plus générale. »

C'est ainsi que s'exprime le traducteur de la description de cette machine assez compliquée mais intéressante sous plusieurs rapports.

Fig. 9, *pl.* 6, élévation de face.

Fig. 10, élévation vue de côté.

Fig. 11, coupe horizontale selon $x\,x$ de la *fig.* 10.

Fig. 12, coupe horizontale selon $y\,y$ même *fig.*

Fig. 13, 14, 15, 16, 17, pièces de détail vues séparément.

La machine est supportée par un bâtis en fonte. Le chariot en fonte de fer A (auquel on peut d'ailleurs donner toute autre forme) porte les pièces dans lesquelles on veut percer des mortaises. Sur le bâtis, existent des guides sur lesquels glisse le chariot qui avance à chaque coup de ciseau d'un espace égal à l'épaisseur du bois enlevé : ce mouvement est réglé, et la progession cesse dès que le ciseau est arrivé à l'endroit où la mortaise doit se terminer. Deux règles de métal B B sont fixées par des vis aux colonnes ou montans du bâtis; elles sont rainées en angle saillant sur lequel glissent deux réglettes *a*, dont les champs sont rainés en angle rentrant s'ajustant sur les angles saillans des règles B. Ces deux réglettes *a* convergent ensuite et se réunissent en *a'*.

Le porte-outil reçoit son impulsion au moyen d'une manivelle *b*, placée à l'extrémité de l'arbre horizontal C, qui tourne entre des coussinets dont l'un se trouve sur la traverse D. et l'autre sur le support E, à l'autre extrémité de la machine. Cet arbre reçoit son mouvement d'une courroie, mue par le moteur principal, et qui passe sur l'arbre C en embrassant la poulie F.

G, volant. H, bielle, attachée par le bas à la manivelle *b*, et par le haut au point de jonction *a'* des réglettes *a*.

c, tourillon attenant à la jonction des réglettes *a* et de la bielle H ; il glisse dans un collier formé par la réunion des montans courbes qui dominent les colones du bâtis, et sert à donner au porte-outil et aux ciseaux qui y sont attachés, un mouvement vertical.

d d traverses fixées aux réglettes *a* : elles soutiennent les outils I I au moyen des porte-outils qui avancent par devant. Ces porte outils, vus en plan, *fig.* 11, reçoivent les ciseaux dans leurs cavités, où ils sont fixés par les vis de pression *e e* La *fig.* 15 représente un porte-outil vu à part, dans cette figure I est le ciseau. on peut monter ou descendre à volonté les ciseaux pris dans les porte-outils selon la profondeur à donner aux mortaises qu'on veut percer.

Nous avons vu plus haut que A est le chariot sur lequel sont placées les pièces dans lesquelles on veut pratiquer des mortaises. L'impulsion lui est communiquée par la vis J passant dans un écrou placé au centre du rochet K, dont l'arbre tourne dans un collier qui se trouve dans la traverse L du bâtis. En tournant, le rochet attire dans son écrou la vis J qui attire en même tems le chariot A auquel elle est adjointe, et, par suite de ce mouvement, le bois supporté par ce chariot.

C'est le cliquet *f* dont la dent pousse le rochet qui lui donne son mouvement, (voyez *fig.* 13.) Ce cliquet *f* tient par une brisure au bout inférieur d'une petite bielle M, (même *fig.* 13) l'autre bout de cette beille qui forme chappe, dans laquelle tourne un galet *g'* s'appuie au moyen de ce galet sur une poulie excentrique *h*, montée sur l'arbre C, à chaque tour et lorsque les outils sont libres et au bout de leur course, la poulie excentrique *h*, pousse la bielle *m*, qui elle-même, virant sur le nœud qui se trouve au milieu de sa longueur, et sur lequel elle fait bascule, pousse le cliquet *f* qui fait virer le rochet K et avancer la vis J, qui entraîne le chariot A et le bois qu'il supporte. La grandeur des dents du rochet déterminant l'avancement du bois, détermine aussi l'épaisseur des copeaux enlevés par les ciseaux.

N, roue dentée, montée sur l'arbre de la roue à rochet et tournant avec elle. Elle engrène avec le pignon O de l'arbre de la manivelle Q. C'est en tournant cette manivelle que l'ouvrier fait avancer ou reculer le chariot.

On règle à volonté le mouvement du chariot selon la longueur des mortaises qu'on veut percer. Le cliquet *f* pose sur l'extrémité d'un levier *i* fixé par une rivure mobile qui l'attache après l'une des colonnes du bâtis. Il se trouve soulevé par l'autre extrémité par un second levier j, recourbé, ayant une attache au milieu, et faisant bascule. A l'endroit où ce levier j touche le levier i, se trouve un galet, ou roulette, se mouvant dans une chape formée par l'extrémité de ce levier, ce galet est destiné à diminuer les frottemens. Son extrémité opposée k est chargée d'un poids, qui en faisant baisser k fait lever j, qui soulève le levier i, qui, lui même soulève le cliquet f et laisse libre le rochet K qui est alors désengréne. Alors le chariot est libre et sans mouvement. Lorsqu'il est en mouvement, le poids k du levier j k est supporté par une règle en fer l, $fig.$ 9 et 12, qui est fixée par des vis sur le côté du bâtis A. Cette situation permet au cliquet f de descendre et d'engrener avec le rochet K. Alors à chaque tour, la dent du cliquet pousse le rochet, et le fait tourner jusqu'à ce que le chariot et la pièce à percer qu'il supporte, aient parcouru l'espace qu'ils doivent parcourir selon la longueur qu'on veut donner à la mortaise. Lorsque le poids est parvenu à l'extrémité de la règle l, il tombe et par ce mouvement de bascule des leviers i, j, k que nous venons d'expliquer, le cliquet cesse d'engrener et le chariot s'arrête.

L'arbre C porte un volant G et une poulie plate F, qui ne sont point fixés sur cet arbre, mais qui tournent avec lui au moyen d'un encliquetage. Pour embrayer on approche de la poulie F la roue R, $fig.$ 11, qui se meut dans le sens de l'axe de l'arbre et qui est entraîné par des étoquiaux dans son mouvement de rotation; le levier S, même $fig.$ 11, qui vire sur un nœud s', sert à opérer le raprochement de la roue R et l'embrayure, les pointes des vis m se logent dans une rainure cirenlaire pratiquée à cet effet dans le manchon de la roue R qui n'embraye point au moyen d'étoquiaux avec la poulie F, mais qui étant conique, et étant reçue dans une cavité également conique, adhère fortement par la seule résistance du frottement.

Pour que l'arbre entrainé par l'impulsion du volant ne puisse tourner après qu'on a desambrayé, ce qui serait très nuisible l'opération, le côté de la roue R opposé à celui qui s'insère dans la poulie F est aussi de forme conique et vient pénétrer, lorsqu'on débraye, dans la cavité de même forme de la roue T, fixée solidement au bâtis : par ce moyen l'arbre est instantanément arrêté.

La forme des ciseaux II (voy. $fig.$ 14), mérite une attention particulière : ils portent sur chaque côté de la lame une petite rainure en queue d'aronde qui reçoit une dent *n* dont le taillant se trouve former la partie postérieure des ciseaux, elles servent à couper net les angles de la mortaise à chaque coup de ciseau et à préparer le copeau que le coup suivant de ciseau doit emporter et cela sans écorcher les angles de la mortaise; une seule opération de la machine suffit par ce moyen pour rendre la mortaise parfaitement vide et dressée à l'intérieur.

Une petite languette d'acier *o*, faisant ressort, est fixée devant la lame du ciseau par une vis s'enfonçant dans le corps même du ciseau, dans lequel la languette *o* est encastrée par le haut. Son usage est d'écarter les copeaux au fur et à mesure que les ciseaux les coupent.

La pièce de bois dans laquelle il s'agit de percer les mortaises est fixée sur le chariot A au moyen de la vis *p fig.* 10 et 12; la machine est munie de trois vis semblables, afin qu'on puisse y fixer à la fois, trois morceaux de bois, qui sont supportés par leur autre bout par des tasseaux *r r, fig.* 12, attachés à la traverse *q* adhérente aux deux côtés du chariot. Au moyen d'entailles pratiquées le long de ces deux côtés, on recule ou on avance cette traverse *q* selon la longueur des pièces à maintenir entre elle et les vis *p*. La *fig.* 16 représente la traverse *q* vue de côté: les cercles qu'on y distingue sont en fer, et saillans, ils remplissent vis-à-vis des morceaux pressés par les vis *p* les fonctions des griffes dans les établis ordinaires; ils s'impriment dans le bois et le retiennent.

Une petite règle de fer, *t*, fixée sur deux chevilles *u*, qui peut glisser selon leur longueur, forme le guide de la partie supérieure de la pièce de bois. Les deux bras *r* de la pièce *s* se trouvent à la même distance l'un de l'autre que les vis *p*, et les morceaux de bois s'ajustent en faisant glisser la pièce *s* au moyen de la vis qui la fixe à la traverse *q*, cette vis passe dans une rainure pratiquée dans la pièce et l'on peut ainsi la serrer à la distance voulue par l'épaisseur du morceau de bois à percer.

Effets de la machine.

Les morceaux à percer sont fixés entre les vis *p* du chariot et les anneaux saillans de la traverse *q*, l'ouvrier fait tourner la manivelle Q jusqu'à ce que l'ébauche de la mortaise (1) soit arrivé sous le ciseau I, il fait alors embrayer la machine en poussant la roue R contre la poulie F, après le premier tour les ciseaux se relèvent, l'excentrique *h* met en mouvement le levier coudé qui fait mouvoir le cliquet *f*, qui fait lui-même tourner d'une dent le rochet K, qui lui-même encore fait avancer la vis de rappel J, qui amène le chariot A et la pièce qu'il supporte, le tout ainsi qu'on l'a vu ci-dessus. Cette opération se continue jusqu'à ce que la mortaise soit arrivée à la longueur qu'elle doit avoir, alors le poids *k* du levier *j k* n'étant plus soutenu par la règle *l*, tombe, fait mouvoir les leviers *j i* qui enlèvent et désengrènent le cliquet *f*, le bois reste immobile et l'ouvrier arrête alors le mouvement des ciseaux en ramenant la roue R dans le cône de la roue fixe T, ainsi qu'il a été dit ce qu'il prend soin de faire lorsque les ciseaux sont au plus haut de leur course.

On annonce que l'effet de ces machines est si prompt qu'on en a vu une faire 400 tailles par minute. On ne peut, dit-on, distinguer l'action des ciseaux (2) tant elle est rapide, et l'on voit tomber les copeaux et grandir les mortaises sans cause apparente.

« MÈCHE *à percer des trous de diamètres différens* (3).

» Les mèches d'un fort diamètre sont les outils qui, dans
» ces derniers tems, ont attiré l'attention des ouvriers et des
» personnes qui s'occupent de technologie, parce qu'elles sont
» l'endroit faible de l'outillage. Les diamètres de pouce (27
» milimètres) et au-dessous, se trouvent aisément et en assez

(1) Il est plus que probable, d'après cette phrase, que les mortaises sont préparées à l'avance, on fait assurément des avant-trous; et il ne s'agit ici que des mortaises *débouchées*, ce qui restreint considérablement l'effet de la machine. On pourra trouver mieux et surtout quelque chose de beaucoup plus simple que cette machine. (*Note du Traducteur.*)

(2) Si ce mouvement est si rapide, comment arrêter les ciseaux au plus haut de leur course? (*Idem.*)

(3) Nous donnons cette mèche avec d'autant plus de confiance que nous en avons fait fabriquer une pour notre usage particulier, et qu'elle réussit parfaitement bien et sans efforts. Nous avons, avec son aide, percé un trou de cinq pouces de diamètre dans un madrier de chêne, aussi facilement que nous aurions percé un trou de 15 lignes avec les mèches ordinaires. Nous copions mot à mot les deux articles du *Journal des Ateliers* qui la concernent, parce que l'un est le corollaire de l'autre.

» bonne qualité chez les marchands d'outils; mais passé cette
» mesure, l'assortiment devient difficile à compléter; aussi a-t-
» on vu dernièrement des essais de nouvelles formes, et des
» mèches à trois pointes diversement construites. On a fait
» une mèche assez ingénieuse dont les côtés, en s'éloignant ou
» se rapprochant de la pointe du centre, permettent de faire
» des trous de diamètres différens. Cette idée est heureuse;
» mais avant d'en faire part à nos lecteurs, nous croyons de-
» voir la mettre nous-même à exécution et étudier son effet ;
» encore bien que nous ne mettions pas en doute la bonne foi et
» l'expérience des auteurs qui en ont parlé (1) : en attendant,
» nous leur ferons connaître une mèche très commode que
» nous avons vue dans les ateliers de M. Cochot, artiste éminemment distingué que nous aurons plus d'une fois l'occasion de citer, parce que la nature l'a doué d'un génie in-
ventif qu'il applique journellement aux découvertes utiles.
Cette mèche, dont nous avons été mis à même de voir les
effets, opère facilement et sans grande dépense d'efforts, le
percement en travers d'une table d'établi; elle offre en outre
» cet avantage que, lorsqu'il s'agit d'encastrer la tête d'un
» boulon, on peut d'abord faire la noyure de la tête, et per-
» cer ensuite le trou qui doit recevoir la tige.

» Elle se compose 1° d'une tige en fer, plus ou moins lon-
» gue, plus ou moins forte, suivant sa destination : cette tige

_(1) Cette promesse a reçu son accomplissement dans le 9 e numéro de cet ouvrage. Cette mèche perfectionnée y est dessinée avec soin : onze figures sont consacrées à sa démonstration, qui est d'ailleurs clairement exposée page 261 et suiv. du texte, qui contient également des choses très intéressantes et des aperçus tout nouveaux sur les moyens de percer les bois. Nous regrettons bien vivement de ne pouvoir transcrire ici tous les articles qui seraient d'une utilité spéciale aux menuisiers; mais nous ne pouvons faire passer tout ce journal dans nos pages ; nous nous conten-terons d'en conseiller la lecture à ceux qui attachent de l'importance au perfectionnement des machines-outils de leur profession. Nous appelons particulièrement l'attention sur les articles suivans : Bédanes, p. 348. — Billard nouveau, p. 286. — Ciseaux de menuisier, p. 348. — Couleur pour les bois indigènes, p. 31. — Fers de rabots et de moulures, p. 347. — Idem de bouvets, p. 348. — Id. de fermoirs, p 349. — Loupe de frêne, p. 16. — Outils de Dinant, p. 61. — Outils de Camus, p. 247. — Niveau rap-porteur, p. 283. — Parquet mosaïque, p. 236. — Porte-queue, p. 122 — Presse à plaquer, p. 203. — Presses d'établi nouvelles, p. 333. — Rabot à semelle de fonte, p. 14. — Sergens de menuisier de diverses sortes, p. 86. — Filière à bois, p. 198. — Moyen de remplacer la presse allemande, p. 305.

» est ronde et s'élargit par le bas en un renflement percé
» d'une mortaise transversale *a*, *fig*. 18, *pl*. 6.; elle est ter-
» minée par le bas, par une vis tire-fond *b*. La mortaise *a* doit
» être bien dressée à l'intérieur. On lui donne assez ordinai-
» rement, pour les mèches d'un petit diamètre, un dégagement
» *c* par lequel s'échappe le copeau.

» 2° D'une pièce en acier qui est la mèche proprement dite,
» et que les *fig*. 19 et 20 font voir sur diverses faces, savoir:
» la *fig*. 19, de face et de profil, et la *fig*. 20, en dessus et
» mise en place. Cette pièce diffère de la partie inférieure des
» mèches à trois pointes ordinaires par l'entaille *a*, qui doit
» être égale en longueur à la grandeur du diamètre du renfle-
» ment de la tige. Son épaisseur doit être exactement sem-
» blable à la largeur de la mortaise *a*, *fig*. 18, dans laquelle
» elle doit entrer avec peine. Le profil dessiné à part à droite
» de la *fig*. 19, indique l'inclinaison qu'il convient de donner
» au couteau. Lorsque la mèche est grande, on incline le
» champ du couteau et du traçoir, de manière à éviter les
» frottemens nuisibles; ce qui fait que les parties tranchantes
» rencontrent seules la matière. La *fig*. 20 fera comprendre
» quelle doit être cette inclinaison du fer relativement au
» cercle ponctué qui indique la grandeur du trou.

» Enfin, lorsque la mèche *fig*. 19 est passée par le côté du
» traçoir dans la mortaise *a*, *fig*. 18, et que l'entaille *a* est
» placée à cheval sur l'épaulement inférieur de la mortaise, on
» passe dans le vide excédant de cette mortaise, le coin en fer
» représenté *fig*. 21, que l'on chasse avec force à l'aide d'un
» marteau, afin qu'il opère pression sur la mèche, et empêche
» l'entaille *a* de quitter sa position. A cet effet il sera couve-
» nable de disposer le coin de manière à ce qu'il ne touche
» que faiblement sur les côtés, et que tout son effort ait lieu
» en haut et en bas.

» La *fig*. 22 représente la mèche tout assemblée : les lettres
» de renvoi sont les mêmes. Nous appelons sur cet outil l'at-
» tention de nos lecteurs; il est d'une confection facile, et en
» assortissant les mèches, *fig*. 19, la même tige peut servir à
» percer des trous depuis 34 jusqu'à 81 milimètres, et même
» davantage. On aura soin que le côté du couteau soit de quel-
» que chose moins long que le côté du traçoir, et que ce
» traçoir, dans les grandes mèches, affecte autant que possible
» la forme du bédane. Cette mèche peut marcher seule; mais,

» en général, il convient de percer un avant-trou dans lequel
» s'engage le tire-fond *b* (1). » ·

Journal des Ateliers, 1 *vol.*, *mars*, *p.* 48 *et suiv.*

La même Mèche avec le conducteur de M. Dupont.
Extrait du même ouvrage, *page* 93.

» Monsieur, la profesion de tourneur que j'exerce depuis
» long-tems, m'ayant souvent mis dans la nécessité de per-
» cer des trous de tout diamètre, j'ai été obligé, pour don-
» ner un peu de perfection à mon ouvrage, de chercher dans
» mon imagination des moyens que je ne connaissais pas. J'ai
» été supris de trouver dans votre dernier numéro, à l'article
» *Menuiserie*, la description d'une mèche dont je me croyais
» l'inventeur. Il y a plusieurs années que je m'en sers. Je
» l'avais d'abord faite comme celle de M. Cochot; mais j'ai
» reconnu que pour le peu qu'on appuie d'un côté plus que
» de l'autre, la mèche s'engage, et que la pointe du traçoir
» risque alors de se casser (2). Pour remédier à cet inconvé-
» nient, j'ai imaginé d'en faire une autre et d'y laisser, en
» place du tire-fond indiqué *b* sur la figure, une tige avancée
» de trois pouces qui sert de conducteur, laquelle est taraudée
» dans toute sa longueur, d'un filet très fin (une demi-ligne
» environ). Je perce un avant-trou dans lequel j'introduis le
» conducteur un peu juste, et je perce sans effort, et je puis
» dire avec perfection, des trous de 3 et 4 pouces : on pour-
» rait même en percer de 5 et de 6 avec la même tige, qui a
» 7 à 8 lignes de grosseur. J'attache de l'autre côté du mor-
» ceau que je perce, une planchette de 9 à 10 lignes d'épais-
» seur, qui est aussi percée, et qui sert à tirer la mèche (3).
  » J'ai l'honneur, etc.

Dupont père, tourneur à Châtillon. »

---

(1) Il faut une grande habitude pour faire marcher cette mèche sans un
conducteur : c'est ce qui fait que nous préférons adopter le correctif de
M. Dupont ci-après donné. Le conducteur est très simple : c'est une
planche posée debout; on y fait sur le haut une petite encoche semi-circu-
laire avec une râpe demi-ronde, dans laquelle encoche on fait appuyer la
tige de la mèche. Par ce moyen on perce très facilement avec cette première mèche : il n'est pas besoin alors de faire d'avant-trou.
  (2) Cela n'est pas à craindre avec le support.
  (3) Dans la mèche que nous avons fait confectionner par M. Dupont
père, et dont nous nous servons tous les jours avec avantage, le conducteur est parfaitement cylindrique, long de 128 millimètres, gros de 16 à
18 millimètres. Le copeau sort uniforme, épais d'un millimètre; le trou
est parfaitement net en dedans.

CHAPITRE VI.

DES INSTRUMENS A MESURER ET TRACER.

1 Le Compas.

Chacun connait cet instrument; on sait qu'il consiste en deux tiges de métal pointues à une extrémité, et réunies par l'autre à l'aide d'une charnière qui permet de les écarter et de les rapprocher à volonté, de telle sorte qu'elles forment des angles de tous les degrés.

Le compas de menuisier, qui sert à la fois à prendre des mesures, à tracer des cercles ou des portions de cercle, et à exécuter diverses opérations de géométrie (1), est ordinairement en fer avec des pointes d'acier. Les branches sont à moitié cylindriques, et leur longueur est de sept à huit pouces. Il y a de plus grands compas qui ont quinze ou vingt pouces et servent à faire des compartimens; enfin, on emploie un compas de fer plat d'environ deux pieds et demi de longueur, que les ouvriers nomment *fausse équerre de fer*.

2° Le Pied de roi et le Demi-mètre.

Je ne dirai rien de la règle; elle est trop connue pour qu'il soit utile d'en parler (2). Je me contenterai aussi de nommer le *pied de roi*. Lorsqu'on veut l'acheter, il est bon cependant de s'assurer qu'il a une longueur convenable, et de vérifier, avec un compas, l'exactitude de ses divisions. Il suffit pour cela de prendre entre les deux pointes un certain nombre de divisions, six lignes, par exemple, et sans changer l'écarte-

---

(1) *Voyez* les principes ou figures de géométrie que l'on exécute avec le compas, *planche* 1.
(2) Pour vérifier si une règle est droite, il faut l'appliquer par un côté sur une autre règle; puis tournant à droite ce qui était à gauche, appliquer le même côté sur le même endroit de la règle d'épreuve qu'on n'a pas changée de place. On peut être assuré que la règle est très bonne si, dans les deux cas, les deux règles se sont appliquées exactement l'une sur l'autre, ce dont on s'assure en regardant à contre-jour si la lumière ne passe pas entre elles. Il vaut bien mieux se servir de ce procédé, indiqué par M. Desnanot, dans sa Pratique du Toisé géométrique, que de se contenter de bornoyer ainsi que le font pour l'ordinaire les menuisiers.

ment des branches, de placer ces deux pointes sur un autre
endroit du pied de roi, pour voir si partout elles embrassent
exactement le même nombre de divisions, et si, par conséquent, les lignes sont bien égales les unes aux autres.

J'insisterai davantage sur l'utilité du *demi-mètre*, plus récemment en usage, et qui mérite à tous égards la préférence.
Cet instrument dont la longueur répond à un pied six pouces
cinq lignes, lorsqu'il est entièrement ouvert, et par conséquent
à neuf pouces environ, quand il est fermé, est facilement exécuté
en cuivre; il se compose de deux branches, dont l'une est creuse,
et reçoit à frottement l'autre branche, qui est mobile. L'instrument peut par ce moyen être alongé ou raccourci de moitié,
ce qui le rend très portatif, et surtout très commode pour
prendre la distance qui existe entre deux parois, puisqu'on
peut se borner à lui donner juste la longueur nécessaire. L'outil doit porter cinquante divisions ou centimètres; mais il est
important de remarquer qu'il sont numérotés en sens inverse,
et que le vingt-sixième centimètre, au lieu d'être porté à l'extrémité de la branche mobile qui pénètre la première dans la
branche creuse, et par conséquent du côté le plus rapproché
du vingt-cinquième centimètre, est placé à l'autre bout; par
ce moyen, lorsque cette branche est entièrement tirée, la cin-
quantième division est la plus rapprochée de la vingt-cinquième. Lors donc qu'on veut savoir combien de centimètres
marque l'instrument, il faut regarder au point de la règle mobile, le plus voisin de la règle creuse; un coup d'œil jeté sur
le demi-mètre fera facilement comprendre tout cela.

Le demi-mètre a sur le pied de roi le grand avantage de ne
pas se fausser, ce qui arrive souvent à ce dernier, au point de
réunion des deux branches; il a l'avantage encore de familia-
riser l'ouvrier qui s'en sert, avec les nouvelles mesures, bien
plus commodes pour le calcul que les mesures anciennes. Cela
seul est inappréciable; car à l'aide du système métrique, l'ouvrier le moins intelligent serait bientôt en état de faire tous
ses toisés lui-même. Enfin, comme l'a fait observer M. Lacroix,
dans son *Manuel d'arpentage*, il ne pourrait manquer d'obtenir plus de précision dans le coup d'œil et dans ses opérations,
en employant une mesure non seulement mieux faite que le
pied, mais encore dont la dernière division (le millimètre)
étant environ deux fois plus petite que la ligne, l'obligerait à
prendre plus exactement ses dimensions.

Cette dernière considération m'engage à ajouter, d'après ce même écrivain, que M. Kutsh, dont le dépôt est à Paris, rue de la Tixeranderie, a exécuté en buis, en employant une machine à diviser, des doubles décimètres dont les divisions sont aussi nettes qu'exactes, et dont le prix n'est pas supérieur à celui des pieds de roi de la même matière, le plus souvent mal exécutés.

3° Le Maître à danser (*fig.* 33).

J'ai dit que le demi-mètre est très commode à employer quand on veut mesurer la distance des parois intérieures de certains ouvrages, tels que les cases d'un chiffonnier. Comme on peut l'alonger et le raccourcir à volonté, il s'applique en effet très commodément contre chacune de ces faces internes; mais il cesse d'être utile si elles sont peu séparées. Dans ce cas il est difficile de s'en servir avec l'assurance d'une grande exactitude. Il y a cependant des cas où l'on a besoin de savoir parfaitement à quoi s'en tenir. Par exemple, lorsqu'on a fait une mortaise ou entaille longitudinale, dans laquelle on veut faire pénétrer une pièce de bois, il faut parfaitement connaître la longueur de l'entaille, afin d'y proportionner les dimensions du tenon ou partie amincie de la pièce de bois qui doit être reçue dans la mortaise. C'est à quoi peut servir, mieux que tout autre instrument, l'espèce de compas connue spécialement sous le nom bizarre de *maître à danser*, qui, malheureusement, n'est pas connu des menuisiers, auxquels il éviterait bien des tâtonnemens.

Ce compas est formé de deux branches dont la moitié supérieure a la forme d'un demi cercle, tandis que la moitié inférieure, d'abord droite, se recourbe un peu à l'extrémité, de manière à former une courte saillie, dirigée du même côté que la convexité de la moitié supérieure. Ces deux branches sont croisées l'une sur l'autre, percées au point où commence la courbure, et réunies à cet endroit par une goupille en cuivre, rivée des deux côtés en une large tête, et formant une espèce de charnière. Il en résulte qu'on peut écarter ou rapprocher comme on veut les deux branches, et se servir de leur écartement plus ou moins grand pour prendre les mesures. Quand elles sont fermées autant que possible, les deux parties droites se touchent dans toute leur longueur, représentant assez bien, à cause des deux petites saillies qui les accompagnent latéralement, la position des jambes d'un maître de danse, qui enseigne à écarter le plus possible la pointe des pieds. Les deux croissans ont, au contraire, la forme d'un cercle; mais ils sont séparés au sommet, d'un intervalle précisémènt égal à celui qui existe entre les extrémités des saillies inférieures. Cette relation doit toujours exister exactement, quel que soit le degré d'écartement des branches; elle constitue la bonté du *maître à danser*, qui ne remplit son but qu'autant que l'espace entre la pointe des deux croissans est toujours parfaitement égal à l'éloignement des pointes des saillies inférieures.

On peut facilement vérifier si le compas remplit cette condition. Au moment où on l'achète et où on en a plusieurs sous la main, il faut les mesurer l'un par l'autre, et s'assurer si les jambes de l'un entrent bien juste entre le sommet des croissans de l'autre, et réciproquement. Si on n'avait pas au moins deux de ces compas à sa disposition, on prendrait une tabatière fermant un peu roide; on prend la gorge entre les branches courbes du compas, et sans changer sa position, on tâche de faire entrer les pieds dans le couvercle. S'il est bon, les pieds entreront à frottement doux. J'ai dû donner ces détails, parce que ce compas, qui a beaucoup de valeur lorsqu'il est bien juste, en a infiniment moins lorsqu'il ne l'est pas, ce qui arrive souvent, parce que son ajustage est une opération longue et difficile.

D'après ce que nous venons de dire, l'emploi de l'instrument est facile à comprendre. Veut-on, après avoir creusé une mortaise, tailler un tenon qui la remplisse avec la plus grande exactitude, on enfonce les jambes du *maître à danser* dans la mortaise; on les écarte jusqu'à ce qu'elles touchent de part et d'autre les parois dont on veut mesurer l'éloignement; alors, l'écartement des branches courbes indique avec précision les dimensions correspondantes que le tenon doit avoir, et rien n'est plus facile que de porter cette mesure sur le morceau de bois destiné à le faire. Si, le tenon étant fait, on voulait avoir la longueur de la mortaise, il faudrait agir en sens inverse, saisir le tenon entre les branches courbes, et prendre pour mesure l'espace compris entre les pointes des saillies; mais ce cas se présente rarement : il est plus sûr d'appliquer le tenon là où doit être creusée la mortaise, et dont on trace les dimensions exactement avec une pointe de fer qu'on fait glisser le long des bords du tenon, en appuyant un peu.

4° *Le fil à plomb.*

Les menuisiers ont souvent besoin de savoir si une pièce de bois est posée bien verticalement ou comme ils le disent, bien d'aplomb. D'autres fois ils ont besoin de donner à leur ouvrage une position bien horizontale ; pour tout cela *le fil à plomb* est l'instrument le plus commode.

Comme l'indique son nom, c'est tout bonnement un globule de plomb ou de fer de la grosseur du pouce, suspendu au bout d'une ficelle. Cette masse tend, par sa pesanteur, à se diriger toujours vers le centre de la terre, et fait prendre à la ficelle la même direction ; et comme la ligne verticale est précisément celle qui est supposée aller de la circonférence au centre de la terre, on ne peut avoir de meilleur moyen de vérification que ce simple instrument. Il y a plusieurs manières d'en tirer parti, plusieurs façons de suspendre le plomb pour mieux observer la direction de la ficelle ; voilà celle qui me semble la plus simple, qui se prête le mieux à tous les besoins.

On prend une planche longue d'environ deux pieds, et large d'à peu près six pouces ; on la dresse sur ses faces, puis on rabote ses côtés avec la plus grande exactitude, de telle sorte qu'ils soient bien parallèles entr'eux, et que ceux qui ne sont pas opposés l'un à l'autre fassent un angle droit bien exact, ce dont on s'assure facilement avec l'équerre, comme nous le verrons bientôt. Cela fait, on trace au milieu d'une de ses surfaces, une ligne qui divise exactement sa largeur en deux parties. Au bas de la planche, en prenant cette ligne pour centre, on tracé un demi cercle dont la convexité est tournée vers le haut, dont les extrémités aboutissent au bas de la planche, à un pouce environ de chacun de ses côtés. Avec une scie à chantourner, on enlève tout ce qui est compris dans cette couche, de manière à former une échancrure demi-circulaire. Au haut de la planche, et sur la ligne médiane qui divise sa largeur, on donne un trait de scie, avec une scie dont la voie soit un peu large ; il en résulte une fente longue d'à-peu près un demi pouce et dont la ligne médiane semble être la prolongation. On fait un nœud à un bout de ficelle, on fait passer ce bout dans la fente, de telle sorte qu'il y soit arrêté par le nœud ; à l'autre extrémité on attache le plomb, et la ficelle doit être assez grande pour qu'il se trouve suspendu au-devant de l'échancrure circulaire inférieure, et ballotter librement entre ses parois. Sans cette précaution, son épaisseur ne permettrait pas à la ficelle de s'appliquer exactement contre la planche.

La manière de s'en servir est simple : veut-on vérifier si une pièce de bois est verticale, on applique contre sa surface un des plus longs côtés de la planche : alors si la ficelle tendue par le plomb ne suit pas exactement la ligne médiane, si elle s'en écarte à droite ou à gauche, en un mot si le plomb ne touche pas loin au milieu de l'échancrure demi-circulaire, la pièce de bois n'est pas d'aplomb.

Veut-on, au contraire, mesurer l'horizontalité d'une autre pièce de bois, la chose n'est pas plus difficile. On place sur la pièce de bois le bas de la planche, de manière à ce que les deux extrémités du croissant formé par l'échancrure circulaire, s'appliquent sur cette pièce de bois, et l'on tient cette planche assez verticalement pour que le plomb puisse se balancer librement, ce qui n'aurait pas lieu à cause du frottement, si on inclinait en arrière. Dans ce cas il est évident que la pièce de bois ne penche ni à droite ni à gauche si le fil à plomb ne penche d'aucun de ces côtés ; en posant la planche transversalement à sa première direction, on vérifiera de même si la pièce de bois penche en avant ou en arrière.

5° Les Réglets (fig. 34, pl. 2).

Cet instrument sert à mesurer non pas si une pièce de bois est bien horizontale, mais si aucune partie de ses faces ne s'écarte de l'horizontalité, en un mot, si, dans le langage des ouvriers, la surface est bien dégauchie.

Il consiste dans deux planches parfaitement dressées sur la tranche et d'une hauteur bien égale, réunies cutr'elles à l'aide d'une traverse qui permet de les écarter ou de les rapprocher comme on veut. La traverse est carrée ; elle glisse dans une mortaise pratiquée dans chaque planche ; les parois inférieures de la mortaise sont bien parallèles aux bords inférieurs de la planche, afin que les bords des planches se trouvent aussi bien parallèles l'un à l'autre. La manière de se servir de cet instrument est tellement simple, que nous n'entrerons dans aucun détail à cet égard. On voit qu'il suffit de l'appliquer sur l'ouvrage en différens endroits, et que s'il n'en joint pas bien exactement la surface sur tous les points, il y a dans cette surface un défaut d'horizontalité.

6° *Le Niveau.*

Il sert au même usage que les réglets, et n'est pas autre chose qu'une application du fil à plomb. Deux pièces de bois assemblées à angle droit sont réunies par l'autre bout, à l'aide d'une traverse dont le milieu est exactement marqué ; le fil à plomb est attaché au sommet de ce triangle, et la ficelle indique l'horizontalité quand elle coïncide avec le repère fait au milieu de la traverse. Comme les montans qui forment l'angle ont posés de biais, leur extrémité inférieure est aussi taillée le biais, afin de s'appliquer sur les surfaces planes.

7° *Le Compas à verge (fig.* 35).

Les outils dont j'ai parlé depuis le commencement de ce chapitre sont spécialement employés à mesurer ; quelques-uns cependant servent aussi à tracer : tel est le compas ordinaire, par la description duquel j'ai commencé cette série.

En même tems qu'on l'emploie à mesurer les distances d'un point à un autre; on le fait souvent servir à décrire des courbes ; mais son étendue est bornée. Si l'on écarte trop ses branches, la moindre pression les fait rentrer encore davantage ; il se dérange pendant l'opération, et devient un instrument infidèle. Si on lui donne assez de longueur pour n'avoir pas besoin de le trop ouvrir, il devient lourd et embarrassant : on remédie à tout cela à l'aide du compas à verge.

C'est une longue tringle de bois ayant ordinairement un pouce d'équarrissage, et depuis six jusqu'à douze pieds de longueur; l'un de ses bouts est encastré à mortaise et d'une manière fixe dans une planche épaisse d'un pouce, haute de quatre, large de trois par en haut et arrondie en dessous : cette planche est traversée perpendiculairement à la longueur de la tringle, par une pointe en fer qui sort en dessous d'environ un pouce. L'autre bout de la traverse glisse à frottement dans une mortaise carrée pratiquée au milieu d'une autre planche semblable en tout à la première, et armée de même d'une pointe de fer ou d'acier : cette seconde planche est par conséquent mobile; toutes les deux sont , à proprement parler, les deux branches de cette espèce de compas. La tringle horizontale tient lieu de charnière et règle l'écartement des branches ; on fixe où l'on veut la planchette mobile par un moyen bien simple. Cette planche est percée du haut en bas, d'une mortaise perpendiculaire, un peu conique, qui passe à côté de la mortaise horizontale, et la pénètre d'environ une ligne. Lorsque la mortaise horizontale a reçu la tringle, on place dans la mortaise verticale un petit coin de bois; à mesure qu'on l'enfonce, il presse la tringle qu'il rencontre, contre la paroi latérale opposée de la mortaise horizontale, et par suite de cette pression, ne lui permet plus de glisser : ce moyen est assez mauvais. La pression de ce coin, qu'on appelle la *clé*, sillonne d'empreintes rapprochées tout un des côtés de la tringle, et le rend raboteux ; il vaudrait bien mieux percer le haut de la planchette d'un trou taraudé qui irait aboutir à la mortaise, par conséquent aussi à la tringle; et dans lequel on mettrait une vis de pression qui n'aurait pas cet inconvénient, et qu'on ferait mouvoir bien plus aisément que le coin. Du reste, la mobilité de cette planche permettant d'écarter ou de rapprocher à volonté les deux pointes, et la tringle pouvant avoir jusqu'à douze pieds de long, on sent qu'on peut tracer avec le compas à verge des cercles ayant depuis douze pieds jusqu'à vingt-quatre pieds de diamètre; pour cela il suffit de placer une des pointes au centre, et de s'en servir comme d'un pivot autour duquel on fait tourner l'autre.

Deux clous et un simple cordeau suffisent pour remplacer au besoin cet instrument, et tracer, s'il le faut, des portions de cercle d'un plus grand diamètre. On fait une petite boucle à chaque bout, choisi à cet effet de la longueur nécessaire; on fait passer un clou dans chacune de ces boucles; ils tiennent lieu de pointes, et le cordeau bien tendu remplace passablement la tringle; il suffit de le faire tourner autour d'un des clous, et l'autre décrit une courbe dont tous les points sont éloignés du centre d'une distance constamment égale à la longueur de la corde.

8° *Le Curvotrace de M. Tachet.*

Le curvotrace a été récemment exécuté par M. Tachet, ébéniste mécanicien, rue de Chartres, n° 26, à Paris. La théorie en est simple. Si l'on se représente une lame très élastique pouvant recevoir de la pression des doigts toutes sortes de formes, il est aisé de concevoir qu'en la posant de champ sur un panneau ou toute autre pièce de bois, on aura un ré gulateur qui servira à tracer une courbe quelconque avec pureté et précision ; mais la main ne pouvant maintenir longtems la pression aux mêmes points, même avec le secours de deux personnes, les courbes se déformeraient et on n'aurait rien d'exact : l'instrument de M. Tachet remédie à cet inconvénient. Imaginez d'abord, une règle en bois suffisamment épaisse, percée au milieu d'une rainure allant jusqu'à un demi-pouce de chaque extrémité, et interrompue, si l'on veut, pour plus de solidité, vers le milieu de la règle. Il faut que les parois de cette rainure soient bien parallèles au bord de la règle. Appliquez sur la surface supérieure de cette règle, deux *mains artificielles* ou lames de métal aplaties, et fixez-les avec deux vis mobiles dans la rainure, de façon que les deux mains puissent être écartées ou rapprochées à volonté ; de façon aussi qu'elles puissent croiser la règle sous des angles différens. Pratiquez à l'extrémité de chaque main, des ouvertures dans lesquelles vous puissiez faire couler une règle d'acier dont le plat soit parallèle à l'épaisseur de la règle en bois, et placez-y des vis de pression qui pourront arrêter la règle d'acier après qu'elle aura été fléchie ; vous aurez alors le curvotrace. On sent en effet que, grâce à la rainure, aux mains et aux vis de pression, on peut donner à la lame élastique toutes les courbures désirables, et la fixer invariablement dans la position voulue. Grâce à cet instrument, on obtient un nombre infini de courbes, on trace d'un seul jet une doucine, un talon, et toutes sortes de moulures. Il est utile pour tracer des calibres de diverses formes et grandeurs. Le curvotrace a été approuvé par la Société d'Encouragement, sur un rapport de M. Homard, le 29 août 1827. L'inventeur le vend 36 fr. avec ses deux lames d'acier, longues de cinq pieds, et dont l'une, plus épaisse, sert pour les courbes moins prononcées.

9° *L'Équerre ou Triangle* (*fig*. 36).

L'équerre sert à tracer des lignes perpendiculaires au côté d'une pièce de bois ; cet instrument est composé de deux tringles de bois assemblées à angle parfaitement droit ; l'une de ces tringles est plus épaisse que l'autre ; on la nomme la *tige* ; elle porte à l'une de ses extrémités une entaille tout-à-fait semblable à celle qu'on obtiendrait en coupant en deux une traverse dans laquelle on aurait creusé préalablement une mortaise ; là s'assemble bien solidement et bien carrément l'autre tringle qu'on appelle *la lame* ; la première pièce a le plus souvent dix pouces de long, un pouce et demi de large, et dix lignes d'épaisseur ; la seconde a quinze pouces de long, trois à quatre lignes d'épaisseur, et deux pouces de largeur : il y a pourtant de grands triangles dont la lame a trois pieds, et même davantage ; mais alors, pour que l'assemblage des deux tringles soit solide, il faut le fortifier par une traverse ou *écharpe*, qui les réunit en s'ajustant obliquement dans deux mortaises creusées dans l'épaisseur du bois.

La différence d'épaisseur entre la lame et la tige a un très grand avantage ; tandis que la tranche de la tige, ou plutôt l'excédant d'épaisseur de cette tranche s'applique exactement contre la tranche d'une planche, ou contre le côté d'une pièce de bois, la lame porte d'aplomb sur la surface supérieure, et s'y applique exactement ; alors, si on veut tracer une ligne bien perpendiculaire à la tranche, il suffit de suivre le bord de l'équerre avec la *pointe à tracer* ; on donne ce nom à une pointe d'acier garnie d'un manche qui sert à la tenir.

L'équerre sert aussi à mesurer si les faces d'une solive ou d'une autre pièce de bois, sont bien à angle droit ; pour s'en assurer, il suffit de faire entrer l'angle saillant de l'ouvrage dans l'angle rentrant de l'équerre ; s'ils s'emboîtent bien exactement l'un dans l'autre, si les faces de l'ouvrage touchent partout l'épaisseur de la lame et de la tige, on est sûr d'avoir réussi.

10° L'Équerre-onglet.

On est fréquemment obligé de tracer sur une planche, des lignes obliques ; et très souvent ces lignes doivent faire avec le côté de la planche un angle de quarante-cinq degrés ou égal à la moitié d'un angle droit. On a senti la nécessité de faire pour cela une équerre spéciale, et on l'a construite de telle sorte qu'on puisse donner en même tems le moyen de tirer des perpendiculaires, ou ligues formant un angle droit. La tige de cette équerre, représentée *fig.* 37, est creusée dans sa longueur, sur le côté, par une profonde rainure, dans laquelle on fixe, en guise de lame, une planche mince en bois dur et bien dressée. Cette planche forme par le haut, avec la tige, un angle droit. La tige est taillée obliquement par le bas, il en est de même de la planche, dont le bord forme avec l'épaisseur de la tige, un angle de 135 degrés, et, par conséquent, égal à un angle droit et demi. Lorsqu'on applique la tige contre le côté d'une pièce de bois, et qu'avec une pointe à tracer on suit l'obliquité de la planche, il en résulte une ligne pareillement oblique, et qui étant inclinée d'un côté de 135 degrés, l'est nécessairement de l'autre de 45. Enfin, la planchette ou lame de l'équerre-onglet, porte au milieu une échancrure en forme d'angle droit rentrant, ce qui permet de l'employer comme l'équerre ordinaire, pour vérifier si les faces d'une pièce de bois sont perpendiculaires l'une à l'autre.

11° La Sauterelle ou Fausse Équerre (fig. 38).

L'équerre-onglet sert à tracer les lignes inclinées de 45 degrés d'un côté, et de 135 de l'autre; la sauterelle ou fausse équerre sert à tracer toutes les autres lignes obliques. Comme les degrés d'inclinaison varient à l'infini, il faut nécessairement que la lame destinée à les donner, varie aussi de position de toutes les manières. La tige de la sauterelle est ouverte et entaillée dans le milieu de son épaisseur, de manière à former une espèce de fourche ou à présenter deux lames parallèles, faisant corps ensemble par le bas. On place entre ces deux lames, la lame mobile, et on les arrête ensemble avec un clou rivé; il en résulte que la lame peut s'ouvrir et se fermer à volonté comme un couteau. L'extrémité de cette lame est taillée obliquement; il en est de même du bas de la fourche creusée dans la tige; il en résulte que l'outil peut être fermé assez complètement pour que la lame mobile disparaisse tout-à-fait entre les deux lames fixes, et que cependant il ne soit pas difficile de l'ouvrir.

12° Le Trusquin (fig. 39).

J'ai décrit les outils propres à tracer les courbes, ceux que l'on emploie pour mener sur une surface du bois des lignes perpendiculaires ou obliques à la surface latérale, ou, pour parler plus juste, à la ligne que ces deux surfaces forment par leur jonction; il me reste à parler du trusquin, qui sert à tracer sur une planche des lignes parallèles aux côtés de cette planche.

. Le trusquin est composé, 1° d'une tige de bois de dix à

onze lignes en carré sur un pied de longueur.; 2° d'une tête ou planchette, épaisse d'un pouce, large de, trois, longue de quatre au moins. Cette tête est percée au milieu d'une mortaise carrée, dans laquelle glisse la tige qui doit former avec elle un angle droit. La face inférieure de la tige est armée d'une pointe de fer d'environ une ligne de long, et faisant un angle droit.

Maintenant, si on suppose la tète arrêtée à un endroit quelconque de la tige, et qu'on fasse en idée glisser cette tête contre le côté d'une planche, on verra que la pointe placée à la face inférieure de la tige tracera une ligne sur la planche; que la pointe étant toujours également éloignée de la tête, et, par conséquent, de tous les points de la tranche de cette planche, le long de laquelle on fait glisser cette tète, la ligne tracée par la pointe sera forcément également éloignée sur tous ses points des points correspondans de la tranche de la planche ; que, par conséquent, elle lui sera exactement parallèle; car une ligne est parallèle à une autre ligne ou à une autre surface, quand d'un bout à l'autre elle en est également éloignée.

La mobilité de la tête permet de tracer des parallèles plus ou moins rapprochées du bord de la planche; et cette tête est fixée à l'endroit convenable à l'aide d'une mortaise conique, creusée verticalement dans son épaisseur, et destinée à recevoir un coin qui rencontre et presse le côté de la tige. Comme je l'ai dit en décrivant le compas à verge, ce moyen serait très avantageusement remplacé par une vis de pression.

Il y a des trusquins dont le plat de la tète est cintré, afin de pouvoir tracer des courbes parallèles à des surfaces courbes; d'autres qui, étant destinés à atteindre le fond des gorges et des ravalemens, sont armés de plus longues pointes.

1° *Nouveau Trusquin (fig.* 40*).*

Ce trusquin, récemment inventé, est en cuivre. Il se compose de deux branches dont l'une est creuse, de telle sorte qu'elles glissent l'une dans l'autre. La branche creuse porte une partie saillante par le bas, qui règle la marche de l'outil. La branche mobile est armée de la pointe qui glisse à volonté dans une mortaise, de sorte qu'on peut la rendre plus ou moins saillante. On la fixe avec une vis de pression. Une autre vis de pression sert à fixer où l'on veut la branche mobile, dont le mouvement est réglé d'autant plus aisément qu'elle est divisée sur une de ses faces en centimètres et en millimètres. Ce nouvel intrument unit, comme on le voit, la commodité à la précision ; mais l'ancien trusquin a sur le nouveau le grand avantage que les menuisiers peuvent le faire eux-mêmes. Si l'économie les décide à continuer à s'en servir, ils feront bien de substituer au coin une vis de pression, qu'ils peuvent faire eux-mêmes, et que, dans tous les cas, ils remplaceraient très bien par la première vis en fer qu'ils rencontreraient. Ils y trouveront cet avantage que les opérations se feront d'une manière bien plus prompte, et qu'ils n'auront pas besoin de renouveler si souvent leur trusquin.

CHAPITRE VII.

OUTILS SERVANT A ASSEMBLEE.

Ce n'est pas dans ce chapitre que je dois chercher à faire connaître les différentes manières d'assembler; mais pour me faire, dès à présent comprendre, j'ai besoin de dire que l'opération désignée par cette expression générique consiste à réunir des pièces de bois en faisant pénétrer leurs extrémités les unes dans les autres. On obtient cet effet en creusant des entailles ou mortaises dans quelques-unes de ces pièces, et en amincissant le bout des autres de telle sorte qu'il puisse entrer dans la mortaise. On pourrait déjà en conclure que les outils qui servent à assembler sont tout simplement ceux qu'on emploie à entailler le bois ou à tracer. Néanmoins, comme on a désigné spécialement depuis long-tems sous le nom d'*outils d'assemblage*, une classe d'instrumens-consacrés à cet usage d'une manière plus particulière, j'ai cru ne devoir pas m'écarter de cette ancienne classification à laquelle on est accoutumé.

Je ne dirai cependant rien de particulier sur deux espèces de scies qu'on place ordinairement dans cette cathégorie, *la scie à tenon* et *la scie à arraser*. La première à de vingt-cinq à trente pouces de long, sur deux pouces ou deux pouces six lignes de large; la seconde est plus petite et plus étroite d'environ un tiers; toutes deux ont une denture fine, bien égale, peu couchée, à laquelle on donne peu de voie. Elles sont montées comme la scie à l'allemande ou la scie à tourner, dont elles ne diffèrent que par leur dimension, le soin avec lequel on les monte et on les affûte, enfin l'usage exclusif auquel il convient de les consacrer.

Mais il y a une autre espèce de *scie à arraser* que je dois plus soigneusement faire connaître : sa description, celle du trusquin d'assemblage et du bouvet à assembler composeront ce chapitre.

1° *Scie à arraser (fig. 41).*

Pour qu'un assemblage soit bien fait, pour qu'il soit solide et apparent le moins possible ; il faut que la partie amincie qui doit entrer dans la mortaise soit partout de la même épaisseur, au lieu d'aller progressivement en augmentant ; de telle sorte que sa surface aille faire un angle droit avec l'excédant d'épaisseur de la pièce de bois, et que cet excédant d'épaisseur présente un plan bien vertical à la surface de la partie amincie. Cette portion de la pièce de bois, plus mince et plus étroite, est appelée *tenon ;* on nomme *arrasement* le plan perpendiculaire à chacune des faces du tenon. Pour faire l'arrasement, il faut scier les fibres du bois, et c'est l'usage auquel on destine la scie à arraser ordinaire. On commence par assurer sa marche à l'aide d'une ligne tracée à l'équerre ; mais pour peu que le mouvement de la main fasse incliner la scie à droite ou à gauche, la lame devenant oblique, l'arrasement cesse d'être perpendiculaire au tenon, et ne peut plus joindre avec exactitude la face de la pièce de bois qui porte la mortaise. C'est pour parer à cet inconvénient qu'on a construit la scie à arraser dont nous nous occupons.

Elle est montée sur un fût assez semblable à celui d'une varlope, mais de moitié moins long ; au lieu d'être parfaitement droit par-dessous, le fût est plus saillant d'un côté que de l'autre. Cette portion saillante forme tout le long de l'outil un prolongement dont la paroi interne fait, avec le reste de la face inférieure du fût, un angle parfaitement droit. Cette paroi est bien dressée et parfaitement unie. Sur le côté du fût opposé à cette paroi, on cloue la lame de la scie ; il en résulte que cette lame est parfaitement parallèle à la paroi interne du prolongement dont je viens de parler, et qu'à la manière dont elle en est séparée, on croirait qu'il existe entre elle et ce prolongement une espèce de gouttière ; la scie est un peu plus courte que cette portion saillante du fût, qu'on nomme *la joue.*

Maintenant, si on veut faire un tenon et couper un arrasement à l'extrémité d'une pièce de bois, rien ne sera plus facile. On s'assurera d'abord; à l'aide de l'équerre, que les surfaces qui la terminent sont bien perpendiculaires l'une à l'autre. On appuiera la joue de la scie contre celle de ces surfaces à laquelle l'arrasement doit être parallèle, et l'on sciera. Le trait de scie sera nécessairement parallèle à la face contre laquelle la joue va et vient, puisque cette face règle la marche de la lame de scie qui lui est parallèle. On va ainsi jusqu'à la profondeur convenable, et l'on est toujours sûr que l'arrasement sera perpendiculaire à la face inférieure ou à la face supérieure de la pièce de bois, et parallèle à l'extremité du tenon. Je donnerai de plus grands détails sur la manière de se servir de cette scie quand je parlerai de la manière d'assembler.

2° *Trusquin d'assemblage.*

On sait déjà que le trusquin ordinaire sert à tracer des lignes parallèles à une surface quelconque. On sait aussi que, pour se diriger quand on veut creuser une mortaise ou entaille longitudinale destinée à recevoir un tenon, il faut commencer par tracer deux lignes parallèles entre elles et parallèles en même tems au côté de la planche ou de la traverse sur laquelle on travaille. L'écartement de ces deux lignes règle la largeur de la mortaise ; on pourrait tracer ces deux lignes avec le trusquin ordinaire; mais pour avoir plus tôt fait, on emploie un trusquin spécial; chaque face de la tringle porte deux pointes au lieu d'une; leur écartement règle l'écartement des deux lignes; elles doivent donc être placées au-dessus l'une de l'autre, relativement à la tête; par ce moyen, les deux lignes sont tracées simultanément et d'un seul coup. Pour qu'il y ait plus de variété dans l'écartement des parallèles qu'on trace ainsi, on taille la tringle à huit faces, et l'écartement des pointes qui arment chacune des faces est différent; il varie de huit à deux lignes, et répond par conséquent à la différence de grosseur des assemblages les plus usités. La tête est octogone comme la tige; par conséquent la clé ne peut pas être placée latéralement. Elle est enfoncée au milieu de la tête, et pénètre dans la tige, qui pour cela est évidée dans son milieu en forme de coulisse. Elle a, par conséquent, beaucoup moins de solidité, et c'est une raison de plus pour substituer à la clé une vis de pression.

3° *Bouvet d'assemblage.*

Lorsqu'on veut unir deux planches par leur tranche, il faut pratiquer dans la tranche de l'une d'elles une longue mortaise qui règne d'un bout à l'autre, et qui prend le nom spécial de *rainure*; il faut tailler sur la tranche de l'autre planche un tenon d'égale longueur et peu saillant, qu'on nomme *languette*. On exécuterait ces opérations bien lentement et d'une manière bien imparfaite avec les outils ordinaires. Au contraire, on atteint le but très vite et parfaitement bien à l'aide des bouvets d'assemblage.

On donne ce nom à des outils à fût faits comme un rabot, et ayant même une très grande analogie avec le rabot rond et le rabot mouchette. Un des bouvets est creusé en dessous par une rainure, et son fer est fourchu; celui-là sert à faire la languette. Il suffit pour cela de le pousser à divers reprises sur la tranche de la planche. L'autre bouvet a, au contraire, un fer simple et étroit pour creuser la rainure. Les bouvets sont donc toujours par couple, afin que la languette que fait l'un s'ajuste toujours exactement dans la rainure que creuse l'autre. On est obligé d'en avoir de différentes dimensions, puisqu'on est obligé de donner plus ou moins de force aux assemblages. Quand les planches à unir n'ont que six lignes d'épaisseur, les bouvets qui servent à les *rainer* et à les *languetter* se nomment *bouvets de panneaux.* A neuf lignes, ils se nomment *bouvets de trois quarts;* à un pouce, *bouvets d'un pouce.*

Sur le côté du fût, on visse une planchette épaisse de six lignes, bien dressée sur ses faces, et qui déborde d'un demi-pouce au moins la surface inférieure du bouvet avec laquelle elle forme un angle droit. Lorsqu'on fait courir le bouvet sur la tranche de la planche, cette planchette saillante, ou *joue du bouvet*, en s'appuyant sur la surface de la planche, règle la marche de l'outil, en sorte que la rainure ou la languette sont toujours bien parallèles à cette surface. Quelquefois on taille le fût de manière que la joue soit d'une seule pièce avec lui.

Les dimensions des fers varient suivant l'épaisseur des planches qu'on travaille. On se sert le plus ordinairement de ceux qui ont de quatre à neuf lignes. Le fer simple doit entrer exactement dans le fer fourchu.

On est quelquefois obligé de creuser une rainure à une assez grande distance du bord d'une planche, et cependant bien pa-rallèlement à ce bord. C'est à quoi l'on parvient, à l'aide du *bouvet de deux pièces*. La joue de ce bouvet est mobile ; on peut l'éloigner ou la rapprocher à volonté de la partie du fût qui porte le fer. A cet effet on a fixé dans cette partie du fût deux tringles de bois carrées ; qui glissent dans deux mortaises creusées dans la planchette qui forme la joue. Cette planchette est par le haut de niveau avec la face supérieure de l'autre portion du fût, et descend par le bas, comme à l'ordinaire; au-dessous de la face inférieure. On écarte plus ou moins la joue du fer en la faisant glisser sur les tringles qui doivent être bien parallèles entre elles et ne pas vaciller dans les mortaises. On la fixe où l'on veut à l'aide de deux vis de pression placées au-dessus des mortaises. On emploie aussi, au lieu de vis, des clavettes pareilles à celles du trusquin commun ; mais cela ne vaut rien.

4° *Bouvet à approfondir.*

On donne ce nom à une espèce de bouvet de deux pièces très compliqué, très coûteux, et dont l'usage est assez borné. Je ne le décrirai pas, parce que la description n'apprendrait rien à ceux qui le connaissent, et qu'elle serait insuffisante à ceux qui ne le connaîtraient pas. Car quelque étendus que fussent les détails dans lesquels j'entrerais, ils ne suffiraient pas pour que, d'après ces détails, on pût construire la machine.

Il me suffira de dire que le but de cet outil est de creuser des rainures d'une profondeur et d'un écartement variables, On obtient cet effet en armant le fût d'une lame d'acier sail-lante dans laquelle est logé le fer, et qui pénètre avec lui dans la rainure. Cette lame d'acier est bordée d'une réglette mobile qui se fixe par des vis de pression, le long de la lame, à une hauteur variable. Cette réglette horizontale empêche la lame d'acier de pénétrer plus qu'on ne veut, et sa position règle la profondeur que doit avoir la rainure.

On se sert principalement de cet outil quand on veut pra-tiquer de larges et de hautes feuillures. A cet effet, on creuse une première rainure sur la face de la planche, puis sur sa tranche une seconde rainure qui va joindre la première à angles droits. On enlève de cette manière une tringle qui laisse vide la place de la feuillure. Il est évident qu'on n'obtiendrait pas cet effet avec un bouvet qui ne permettrait pas de faire de profondes rainures, et que les feuillures faites de cette manières auraient toujours les mêmes dimensions, si on ne pouvait changer à volonté l'écartement de la joue et la profondeur de la rainure.

CHAPITRE VIII.

DES OUTILS PROPRES A FAIRE LES MOULURES.

On donne le nom de moulures à des ornemens de menuiserie tantôt saillans, tantôt enfoncés dans l'épaisseur de l'ouvrage. Ils affectent différentes formes dont quelques-unes ont reçu des noms particuliers, et nous nous réservons de décrire plus loin et en détail ces espèces de sculptures : je ne veux parler maintenant que des outils qui servent à les faire. Ces outils varient suivant qu'on les destine à faire des sculptures interrompues ou des moulures proprement dites, qui doivent régner d'un bout à l'autre de l'ouvrage. C'est pour le second cas surtout qu'on emploie des instrumens particuliers; les sculptures qui ne doivent pas être exécutées parallèlement au bord de l'ouvrage, sont faites le plus souvent avec le ciseau et la gouge; néanmoins on a aussi quelquefois recours à certains outils spéciaux par lesquels je vais commencer.

1° *Le fermoir à nez rond.*

Il ne diffère du fermoir ordinaire que parce que son tranchant est oblique et son extrémité anguleuse. Il est commode pour fouiller au fond des angles rentrans.

2° *Les Carrelets ou Burins.*

Qu'on imagine un fermoir ordinaire plié dans sa largeur, de telle sorte que le tranchant fasse un angle droit, il en résultera un outil à tranchant d'acier, garni d'un manche en bois et dont le fer, un peu courbé, est d'une forme triangulaire par sa coupe, et évidé en dessus dans une partie de sa longueur. Tel est le *carrelet* ou *burin à bois*; cet outil de petite dimension sert à couper et à évider les filets.

3° *Les Scies à dégager.*

Ce sont de petits outils à manche; l'extrémité du fer est reployée à angle droit et garnie de dents. Il y en a de différentes épaisseurs; il y en a aussi de coudées, qui font l'office de bédanes dans les cintres.

4° *Les Molettes.*

Tout le monde sait que le bois est susceptible de recevoir des empreintes; on a mis à profit cette propriété, pour y imprimer, d'une manière commode et expéditive certaines sculptures qui sont peu saillantes, telles que des cordons de perles, des suites de losanges, etc. On se sert à cet effet des *molettes*, dont l'usage est beaucoup plus convenable lorsqu'on travaille sur des métaux ductiles, mais qui peuvent cependant être mises quelquefois à profit sur le bois.

Les *molettes* sont de petits demi-cylindres d'acier gravés, avec lesquels on forme, sur des moulures saillantes, tout le long de l'ouvrage, des enjolivemens de différens genres, tels que *godrons* ou *cordes de puits*, des perles, des losanges, etc. Les cylindres sont aplatis d'un côté, ou même légèrement creusés en demi cercle, et dans cette espèce de gorge ou sur cette surface plate, ils portent en creux l'ornement qu'ils doivent produire en relief sur le bois.

Chaque molette est percée transversalement au milieu. A l'aide de ce trou et au moyen d'une goupille qui la traverse, on la monte sur un espèce d'outil en fer terminé par deux branches ou mâchoires parallèles, percées à leurs extrémités d'autres trous dans lesquels passe la clavette, par conséquent la molette peut tourner autour de la goupille entre les deux mâchoires. La soie de cet outil, désignée sous le nom de *porte-molette*, est contenue dans un manche en bois. La goupille doit être à tête fendue comme une vis, limée bien rond, bien juste au trou de la molette, et taraudée à l'extrémité. Le trou de l'une des mâchoires est aussi taraudé; l'autre trou est un peu plus grand est parfaitement cylindrique; tandis que celui qui est muni d'un filet de vis est légèrement conique. On peut donc faire entrer la goupille par un de ces trous, et visser son extrémité dans l'autre, après qu'elle a traversé la molette, que, par ce moyen, on peut changer à volonté.

Il est bon de faire cette espèce de vis ou de pivot à tête fendue et carrée, afin de pouvoir se servir indifféremment pour la visser, d'un tourne-vis ou d'une pince

Comme les molettes n'ont pas toutes le même diamètre, et qu'elles glisseraient à droite ou à gauche entre les mâchoires, si elles ne les joignaient pas exactement de chaque côté, on est obligé d'avoir différens *porte-molettes*, et de les varier suivant la grosseur du cylindre. On s'est récemment dispensé de cette multiplicité d'instrumens à l'aide du *porte-molette* universel. Les deux mâchoires de cet outil sont mobiles, et peuvent être écartées ou rapprochées à volonté. Pour cela une seule d'entre elles fait corps avec l'outil. Outre le trou de la goupille, elle porte dans le bas un trou carré. L'autre mâchoire est armée latéralement d'une petite traverse ajustée à angle droit, et qui glisse dans le trou carré de la première. Cette traverse règle le parallélisme des deux mâchoires, et la goupille qu'on tourne à volonté les rapproche jusqu'à ce que leur écartement ne soit pas plus considérable que l'épaisseur de la molette qu'elles doivent joindre de chaque côté.

Nous verrons plus loin qu'elle est la manière d'employer cet outil. Passons maintenant à ceux qui servent à faire de longues moulures parallèles au bord ou à l'une des surfaces de l'ouvrage.

5° *Le Guillaume (fig. 42).*

Cet outil à fût est propre à agrandir des angles rentrans. Il se compose d'un fer, d'un fût et d'un coin. Ce fût a quinze ou seize pouces de longeur sur trois pouces et demi de hauteur et un pouce ou quinze lignes d'épaisseur. Par-dessous et à environ six pouces de celle de ses extrémités vers laquelle est tourné le tranchant du fer, est percée une lumière d'une forme toute spéciale. Par le bas elle traverse de part en part le fût qui est à jour dans cette partie. D'abord très étroite, et ne laissant de place que pour le fer et le passage du copeau, elle augmente de grandeur et prend la forme d'un demi-cercle de quinze lignes environ de diamètre. Cette partie forme une espèce d'entonnoir, duquel les copeaux doivent sortir aisément après s'y être contournés en spirale. Par le haut la lumière se rétrécit tout-à-coup, et se transforme en une mortaise ou trou carré, ayant environ quatre lignes de côté, et aboutissant à la surface supérieure.

Le fer est taillé en forme de pelle à four. Sa partie élargie qui est carrée, affleure le fût de chaque côté, et sa queue, ou partie rétrécie, logée dans la mortaise, dont l'obliquité régle l'inclinaison du fer, y est maintenue par un coin de forme convenable. On tient le fer du guillaume le plus droit possible, et comme il supporte de grands efforts et qu'il est faible dans sa partie supérieure, il convient de l'ajuster plus solidement qu'on peut. La lumière doit être parfaitement remplie par le coin et le fer. Si l'on veut, pour plus de solidité, faire le coin plus large que le fer, il faut creuser dans la lumière une encastrure où le fer puisse se loger exactement. Il faut avoir soin aussi de prolonger le coin sur le fer jusques un peu avant dans la partie évidée de la lumière, en l'amincissant assez pour qu'il n'empêche pas le mouvement du copeau. Quelques ouvriers collent sous le fer un morceau de cuir : c'est une mauvaise pratique. Ce qui les trompe, c'est que le cuir étant moins sonore que le bois, ils n'entendent plus les vibrations du fer et le croient mieux ajusté; tandis qu'à cause de la molesse de cette matière, il repose moins solidement sur elle que sur le bois.

Les guillaumes se distinguent en *guillaumes courts, debouts, cintrés,* dont le nom indique suffisamment la forme et l'usage. Il y a aussi des *guillaumes à navette,* ou dont le fût à triple courbure est cintré par dessous et de chaque côté. Enfin je dois dire quelques mots du *guillaume à plates-bandes,* qui présente quelques particularités remarquables.

Sa lumière traverse le fût de part en part comme dans le guillaume ordinaire, néanmoins on n'emploie cet outil que d'un côté, et de l'autre il est muni par dessous d'un conducteur ou petite joue saillante. Son fer, au lieu d'avoir la forme d'une pelle à four, a partout la même largeur du côté de la joue. De l'autre côté il est comme celui du guillaume ordinaire. Il est aiguisé carrément, et placé un peu obliquement à la largeur du fût.

Dans le *guillaume de côté,* le fer est placé perpendiculairement; mais il est aussi un peu oblique à la largeur du fût, afin qu'il coupe mieux sur le côté, ce qui est l'unique destination de cet outil.

6° *Le Feuilleret.*

C'est une autre espèce d'outil à fût fort ressemblant au guillaume, surtout au guillaume à plates-bandes, et qui sert à faire les *feuillures* ou angles rentrans, parallèles au bord ou à la rive d'une planche. Le bois a les mêmes dimensions que celui du guillaume ordinaire, c'est-à-dire quinze pouces de long, trois et demi de large et un d'épaisseur. Ce fût est armé par-dessous d'une joue épaisse, de trois ou quatre lignes de sailbe. La portion rentrante de la surface inférieure est d'une largeur un peu moindre de la largeur du fer. La lumière est formée par une entaille faite dans le bois, régnant du haut en bas, profonde ordinairement d'environ six ou sept lignes, et assez large par le haut pour contenir à la fois le fer et le coin qui doit l'assujettir. On tient le fer plus large qu'il ne paraît devoir l'être. Mais d'abord il faut qu'il pénètre d'une ligne environ dans la joue et au fond de la lumière où l'on a creusé pour cela une rainure; il en résulte que de ce côté les copeaux ne peuvent pas passer entre le fer et le fût. En outre le fer est encore tenu un peu large, parce qu'il doit être légèrement saillant en dehors, afin de couper par son arête, qui est avivée. Il porte, par conséquent, un tranchant latéral qui forme un angle droit avec le tranchant de son extrémité, et l'instrument coupe tout à la fois par côté et par-dessous. Il est d'ailleurs partout de la même largeur. On fait des feuillerets de diverses grandeurs.

7° *La Guimbarde.*

Cet outil diffère des autres outils à fût en cela qu'on le fait mouvoir transversalement à sa longueur, au lieu de le pousser comme les feuillerets et les guillaumes. A cet effet, sa largeur est telle qu'on peut le prendre par une main à chaque bout, et le faire aller et venir devant soi. Au milieu de sa longueur, on place dans une lumière un peu inclinée un fer qui a, par conséquent, peu de pente, et dont le tranchant, placé en sens inverse de celui des autres outils à fût, est parallèle à la longueur du bois. Cet instrument sert à fouiller des fonds parallèlement au dessus de l'ouvrage. Pour cela on fait sortir plus ou moins, suivant le besoin, le fer dont l'épaisseur doit être proportionnée à l'effort que supporte l'outil.

8 *Bouvet à noix.*

C'est un bouvet dont le fer présente tantôt un tranchant creusé d'une entaille demi-circulaire, tantôt un tranchant dont les angles sont, au contraire, graduellement arrondis comme le serait l'extrémité du fer d'une gouge plate. Cet instrument, qui d'ailleurs est en tout semblable au bouvet d'assemblage déjà décrit, sert, dans le second cas, à creuser des moulures en forme de rainure arrondie dans le fond, en moitié de cylindre creux, tantôt à faire d'autres moulures semblables à des languettes arrondies aussi en demi-cylindre.

9° *Mouchette à joue.*

Elle ne diffère de la mouchette ordinaire que par la joue dont elle est armée et qui la dirige parallèlement à la tranche, lorsqu'au lieu de s'en servir pour arrondir la rive d'une planche, on veut faire sur le bord d'une planche une moulure en forme de portion de cylindre coupé parallèlement à son axe.

10° *Le Bec-de-cane.*

Cet outil à fût, fort semblable au feuilleret, a l'extrémité de son fer recourbée en forme de croissant sur le côté. Ce tranchant latéral et demi-circulaire est aiguisé avec soin. A l'aide de cet outil, on arrondit par-dessous certaines moulures, et on travaille des portions d'ouvrage où la mouchette à joue ne pourrait atteindre.

Outre les outils à moulures dont je viens de parler, il y en a de bien d'autres espèces; tous prennent le nom des moulures qu'ils servent à faire: tels sont les *gorges*, les *gorgets*, les *tarabiscots*, les *grains d'orge*, etc. Ces instrumens, construits toujours sur le même système, ne diffèrent que par la forme du fer, qu'on achète tout taillé chez le marchand d'outils, et la forme de leur surface inférieure, dans laquelle on creuse ce qui doit être saillant dans l'ouvrage, et réciproquement. Quelques-uns, tels que les *doucines à baguettes* et les *talons renversés*, ont deux fers disposés de manière à produire les moulures de ce nom.

En général ces outils doivent avoir huit pouces de long sur

trois de haut ; leur épaisseur est proportionnée à la dimension de la moulure. Les lumières ont environ cinquante degrés d'inclinaison, et la paroi de la cavité où les copeaux se contournent en spirale, doit être déversée en dehors pour faciliter leur évacuation ; pour qu'ils ne s'introduisent pas entre le fer et la joue, il est bon que celui-ci pénètre dans le bois d'environ un quart de ligne. Tous ces instrumens ont *une conduite* ou *une joue*, ce qui les rend plus doux à pousser; quelques-uns même en ont deux, une par côté, l'autre par dessus, de sorte que l'une s'appuie sur la tranche et l'autre sur la surface supérieure du bois : cette précaution est indispensable quand on veut faire la moulure sur l'angle d'une planche. Il y a des outils de ce genre dont la joue est mobile et doit être plus ou moins écartée ou rapprochée, comme celle du *bouvet de deux pièces*.

On sent que le fut de ces outils, soumis à un frottement continuel, et par conséquent exposé à s'user très vite, aurait besoin d'être fait d'un bois très dur. Le cormier, qui joint à cette qualité celle d'être très liant, conviendrait mieux que tout autre; mais il est sujet à se tourmenter, et par conséquent les formes qu'on lui donne s'altèrent à mesure qu'il sèche, ou par suite des alternatives de chaleur et d'humidité. Pour remédier à cet inconvénient, on fait le corps du fût en bois de chêne et la surface inférieure est formée avec une planchette de cormier, sur laquelle on taille la contre-partie de la moulure. Il ne reste plus qu'à unir ces deux pièces ensemble avec de la colle ou à l'aide de chevilles. Pour que les outils à moulures fonctionnent bien, il est indispensable que le dessous du fût soit taillé bien exactement sur le fer, et toujours soigneusement graissé.

CHAPITRE IX.

DE LA MANIÈRE D'AIGUISER ET D'ENTRETENIR LES OUTILS.

L'AFFUTAGE contribue, bien plus qu'on ne pense, à la perfection des travaux de menuiserie, et des outils bien affilés suffisent souvent pour donner à un ouvrier une grande préci-

minence sur un autre. Il en résulte toujours au moins une
grande économie de tems et de fatigue, ce qui est bien suffisant sans doute pour qu'on ait le droit de s'étonner du silence
complet qu'ont gardé sur cette importante matière ceux qui
ont décrit l'art du menuisier, et pour m'autoriser à donner au
contraire de grands détails.

Dans un grand nombre d'ateliers on simplifie beaucoup, en
se bornant à frotter les fers, à aiguiser d'abord sur un grès
plat et mouillé, puis sur une de ces pierres grises semées de
points brillans qu'on désigne sous le nom de *pierre à affiler.*
Mais comme je pense qu'en ce point il ne faut pas de parci-
monie, comme il est presque impossible de régler à volonté
l'inclinaison du biseau de l'outil en l'affilant sur le grès, comme
en outre la *pierre à aiguiser* ordinaire est trop grossière pour
donner au tranchant le fini convenable, j'indiquerai les procédés les meilleurs et les plus sûrs. Je parlerai donc successivement de la meule, de son choix; de la manière de la monter, de la manière de s'en servir; de la pierre du Levant, des
lapidaires; enfin, je ferai connaître la façon particulière dont
on affûte les scies : mais d'abord je donnerai quelques conseils
sur la manière d'entretenir les outils en bon état, et surtout
de les préserver de la rouille.

Il est beaucoup plus important qu'on ne le pense communément de remettre les outils en place dès qu'on ne les emploie
plus; outre qu'on ne perd pas de tems à les chercher, on n'a
pas à craindre qu'ils émoussent réciproquement leur tranchant
en se frappant mutuellement, ce qui oblige de les affûter plus
fréquemment et occasione une grande perte de tems et de
main-d'œuvre. Il faut aussi les tenir, autant que possible, bien
polis et exempts de rouille. Ces soins sont minutieux en apparence; cependant les Anglais ne les négligent jamais : ils savent
très bien qu'un atelier propre et bien arrangé, des outils nets
et brillans attestent l'ordre, l'aisance de l'ouvrier, et attirent
les pratiques.

Pour dérouiller commodément les outils, il faut mêler ensemble une livre d'argile bien tenace, une demi-livre de brique
pilée très fin, deux onces d'émeri et autant de pierre ponce
en poudre; on délaie le tout avec du lait, de manière à en
faire une pâte ferme qu'on roule en bâtons dont on se sert pour
frotter quand ils sont sees.

Lorsqu'on est parvenu à rendre le fer bien net et bien poli;

il faut le préserver de la rouille. Dans ce but, présentez l'outil au feu, faites-le chauffer un peu fortement sans trop approcher, puis frottez le avec de la cire blanche; faites chauffer de nouveau et essuyez avec un morceau de drap.

Pour les outils délicats, il vaut mieux employer un vernis. Les Anglais en obtiennent un très bon pour cela, en faisant fondre au bain-marie, dans une quantité d'esprit de vin suffisante pour tout dissoudre, une once de mastic, une demi-once de camphre; une once et demie de sandaraque, une demi-once de résine élemi. Où peut l'employer à froid.

Conté, qui a rendu tant de services à l'industrie, employait un moyen encore préférable. Après avoir nettoyé les outils avec une forte lessive, il se servait pour les vernir d'un mélange de vernis gras à la résine copale, avec une, deux ou même trois fois autant d'essence de térébenthine; plus il y a d'essence, plus le vernis est transparent. Il l'appliquait avec une éponge très fine, imbibée d'abord d'essence, pressée entre les doigts, imbibée de vernis, puis pressée de manière à n'en laisser que très peu. On la passe légèrement sur la pièce, en évitant de repasser de nouveau après que la première couche est sèche. Ce procédé est très bon, surtout pour les amateurs.

1° *De la Meule.*

La meule dont le menuisier se sert pour aiguiser ses outils, dit l'auteur que je viens de citer, ne doit être ni trop dure ni trop tendre. On la choisira d'un grain fin et le plus égal possible, d'environ trente lignes d'épaisseur sur dix-huit pouces de diamètre. Il faut ensuite se procurer une auge montée sur quatre pieds, disposée de telle sorte que ses bords soient à peu près à la hauteur du creux de l'estomac, et que la roue puisse plonger de trois pouces au moins dans l'eau qu'elle contient. Quelques ouvriers se servent de la meule à sec. Ils ont évidemment tort, car en s'usant et en usant le fer, la meule produit une poussière fine et pénétrante qui voltige dans l'air, entre dans la gorge et les narines, les irrite et cause par fois des hémorrhagies. D'un autre côté, la meule s'échauffe en frottant sans cesse contre le fer, et soit par ce motif, soit parce qu'elle glisse moins aisément, elle finit par détremper rapidement les outils qu'on lui présente.

Au moment d'acheter la meule il faut bien prendre garde à ce qu'elle n'ait ni fente, ni cavités, ni crevasses; les défauts de ce genre sont communs, et les marchands les cachent en les recouvrant avec du plâtre saupoudré ensuite de poussière de grès. On s'assure qu'il n'y a ni cavités ni crevasses en sondant cà et là avec une pointe de fer; on fait ensuite résonner la meule en frappant sur les bords avec une clé ou un ciseau , et si elle rend un son bien plein, on peut être sûr qu'elle n'est ni fendue ni crevassée. Les meules sont percées d'un trou ou œil par lequel passe l'arbre ou l'épine sur lequel on les suspend pour les faire tourner. On s'assure qu'il est bien au centre en mesurant avec une ficelle. Si l'œil et grand et arrondi, on peut tenir pour certain qu'on n'a sous les yeux qu'une vieille meule qui a été retaillée. La trop grande ouverture de l'œil est un défaut grave, parce qu'elle multiplie beaucoup les difficultés que l'on trouve toujours à placer l'arbre bien au centre.

La forme de l'arbre est simple: il est fait d'un barreau de fer, carré dans la partie qui doit être placée dans l'œil de la meule, tourné ensuite en cylindre, portant à l'une de ses extrémités une autre portion carrée qui entre dans le trou de la manivelle. A ce même bout, l'arbre est terminé par une courte portion de cylindre recouvert d'un pas de vis destiné à recevoir l'écrou qui maintient la manivelle. L'autre extrémité peut être uniformément cylindrique; néanmoins il est bon d'y ménager un anneau d'un plus grand diamètre, ou espèce de disque mince, dont nous verrons plus loin l'usage. La manivelle a la forme ordinaire; d'un côté elle est ouverte en carré pour recevoir le carré de l'arbre.

Il ne s'agit plus que de monter la meule sur l'arbre. Pour cela on la place sur un établi de menuisier, dans une situation telle que son œil réponde à un des trous dans lequel on place le valet. Alors on place l'arbre, on le fixe avec un petit coin de bois, on s'assure avec un équerre qu'il est dans une position bien verticale. Lorsqu'on a trouvé cette position, avec d'autre coins, on assujettit l'arbre de telle sorte qu'il ne puisse s'en écarter, et ou achève de l'y maintenir d'une manière invariable avec du plâtre, ou mieux encore en y versant du plomb, qu'on a soin de ne faire chauffer qu'autant qu'il le faut pour qu'il soit liquide. Le plomb est préférable au plâtre; qui est sujet à se détacher et à tomber, ce qui oblige à recommencer cette opération minutieuse et difficile.

On fait ensuite une entaille en forme de V à chacun des longs côtés de l'auge, au-dessus de laquelle doit tourner la meule : c'est dans ces entailles que reposent les collets ou portions cylindriques de l'arbre. Si on veut arriver à plus de perfection on fait dans les bords de l'auge deux entailles longitudinales qui vont en se rétrécissant vers le haut, et dans lesquelles on fixe deux traverses d'un bois très dur, tel que le cormier ou le gaïac. C'est dans ces traverses désignées par le nom spécial de *coussinets* qu'on creuse les entailles en V. Les coussinets ont précisément la largeur du collet ou de la portion cylindrique de l'arbre, ce qui rend impossible tout mouvement de va et vient. On s'en assure encore mieux en creusant dans l'entaille qui est à la gauche de l'ouvrier une autre entaille bien plus étroite, transversale à la première, et dans laquelle tourne la saillie en forme de disque ou d'arête que porte l'extrémité gauche de l'arbre; et dont j'ai déjà parlé. C'est dans ces entailles que tourne l'arbre de la meule, après qu'on a eu la précaution d'huiler le bois et le fer. Cela ne suffirait pas long-tems pour rendre la rotation facile; bientôt elle serait ralentie, et même les collets de l'arbre seraient usés et rendus inégaux par le sablon détaché par l'affutage, si on ne prenait la précaution de recouvrir les coussinets, soit avec une petite traverse de bois entaillée par-dessous, de manière à ne pas gêner le mouvement de l'arbre, soit avec une lanière de cuir.

Avant d'aller plus loin, on doit construire la pédale destinée à faire tourner la meule. Sa structure est simple, et chacun la connaît. On perce un trou au pied de la meule, le plus rapproché du corps, du côté droit; on fixe un boulon dans ce trou. Sur cette tige, située horizontalement à un pouce et demi environ au-dessus du terrain, on fait reposer une extrémité d'une planche à peu près égale en longueur à la longueur de l'auge. Deux anneaux, placés sous ce bout de la planche ou pédale, l'unissent au boulon en forme de charnière; l'autre bout est attaché par une longue corde au bouton de la manivelle, de telle sorte que lorsque le bouton est aussi haut que possible la pédale présente un plan incliné beaucoup plus élevé du côté de la corde que du côté du boulon. Les choses étant dans cette situation, si avec le pied on presse vivement la pédale, le bouton de la manivelle descendra, mais par cela même, la meule aura reçu un mouvement d'impulsion qui, à raison de l'excédant de force qui a été communiqué, ne tardera pas à faire remonter le bouton. Si on le rabaisse avec le pied précisément au

moment où il vient de dépasser le point le plus élevé pour re-
descendre, et si on continue ainsi ce mouvement de pression
alternatif, donné à la pédale, on fera prendre facilement à la
meule un mouvement de rotation suffisamment accéléré.

Dès qu'on est parvenu à faire tourner la meule, il faut en
profiter pour s'assurer si elle est parfaitement circulaire. Pour
cela, on prend une vieille lime qu'on a cassée à l'extrémité, on
l'appuie sur le bord de l'auge; de telle sorte que son angle le
plus vif porte sur la face latérale de la meule, le plus près possible de la circonférence. On fait alors tourner la meule en la
faisant aller d'arrière en avant. L'angle de la lime qu'on appuie
avec force et sans changer de place, trace sur le grès un cercle
qui indique de combien la meule s'écarte d'une forme exactement circulaire. Alors avec un marteau et un ciseau, on enlève les parties excédantes, et lorsqu'on a fait le plus gros de
la besogne, la meule étant posée à plat sur l'établi, on la place
de nouveau sur les coussinets, on la fait tourner d'arrière en
avant le plus vite possible, et, en lui présentant alors le tranchant d'un vieux fer de varlope, on achève de la mettre parfaitement au rond. Cette opération doit se faire à sec.

Venons maintenant à la manière de se servir de la meule
pour aiguiser les outils, c'est-à-dire pour user leur extrémité
en biseau. Pour agir convenablement, il faut se rappeler,
comme le point le plus essentiel, que tous sont composés de
fer et d'acier. Il ne faut donc jamais oublier que les ciseaux,
les bédanes, les fers de rabot, de varlope, n'ont d'acier que sur
le dessus qu'on appelle la *planche*; que le fermoir, au contraire,
a son acier au milieu soudé entre deux lames de fer; que la
gouge a son acier en dehors (1). Ajoutons encore, comme un
principe général, que le biseau des instrumens destinés à couper le bois, forme ordinairement un angle de trente degrés, ou
égal au tiers de l'angle formé par une ligne perpendiculaire à
une autre ligne.

Quand on veut aiguiser un outil à un seul biseau, on le
présente à la meule le fer en dessous, l'acier en dessus. L'outil
est tenu dans la main gauche, pose par son extrémité sur la
surface circulaire de la meule, dans la position telle que l'angle

---

(1) Je ne parle ici que de la gouge du menuisier, car c'est le contraire pour
celle du tourneur.

de fer, en s'usant par se contact, se change en une petite surface plane qui doit s'unir avec la surface de la planche, en
formant l'angle qu'on veut obtenir. La main gauche ne change
jamais de place; mais comme il est bon de rendre l'angle du
biseau moins aigu quand on veut travailler sur du bois très
dur, on règle la manière dont l'outil touche la meule, en bais-
sant ou haussant le manche qu'on tient dans la main gauche.
On fait alors tourner la meule pendant quelque tems de telle
sorte qu'au lieu de revenir sur l'outil, elle semble fuir devant
lui et s'éloigner de l'ouvrier. Au bout d'un tems plus ou
moins long, on examine le fer, et si la surface produite par
l'affûtage, s'unit à celle de la planche par un angle bien vif et
sans aucune petite surface intermédiaire, ou s'il y a à la planche
un rebroussement quelconque produit par son extrémité qui a
été rejetée en dessus, l'affutage est terminé, et la meule a rendu
tout le service qu'on en pouvait attendre.

Le fermoir a deux biseaux très alongés. Il faudra donc répéter l'opération des deux côtés. La gouge, par sa forme demi-circulaire; exige une autre manière de procéder. Au lieu
de tenir la main immobile, il faut la tourner sans cesse, afin
qu'elle s'use sur toute sa demi-circonférence, et pour cela la
présenter à l'ange de la meule, qui seule peut atteindre l'intérieur de la cannelure. Il vaut mieux se servir, pour aiguiser
cet outil, les lapidaires dont je parlerai plus tard. Si l'outil a
un biseau sur le côté, alors on le présente transversalement
à la meule, et on l'aiguise comme un ciseau ordinaire, ou bien
on l'applique contre le côté de la meule. C'est même ce dernier moyen qu'il faut toujours employer lorsqu'on achève d'affûter le bédane. Sans cela comme à raison de l'épaisseur du
fer, son biseau et très alongé, la forme circulaire de la meule
le rendrait sensiblement concave, et il ferait moins bien le
service.

2° De la Pierre à l'huile.

La meule ne suffit pas pour affuter un outil; elle lui laisse
toujours un morfil, c'est-à-dire que l'acier rendu de plus en
plus mince, finit par se rebrousser et nuire à l'action du tranchant. Si on essayait de l'enlever en appuyant la planche contre
la meule en mouvement, on userait l'acier, et l'instrument serait
détérioré. Il vaut mieux prendre un morceau de bois tendre et
de fil, présenter le tranchant du fer à l'angle du bois et le faire
glisser comme si on voulait couper. Mais, après qu'on s'est

débarrassé, par ce moyen, du morfil qui reste entre les fibres ligneuses, le tranchant de l'outil est rude, inégal et de mauvais service. Il faut donc trouver un moyen pour terminer l'affûtage et enlever ces aspérités sans produire un nouveau morfil. C'est pour cela qu'on emploie la pierre à l'huile. Plus chère que la pierre à aiguiser ordinaire, elle rend aussi de bien plus grands services.

Cette pierre, appelée aussi *grès de Turquie, pierre du Levant,* se trouve aux environs de Constantinople; de là viennent les meilleures. On en trouve en Lorraine, et d'autres moins bonnes encore sont envoyés de Fontainebleau. Celles du Levant sont d'un gris-blanc sale, et leurs angles sont demi-transparens; la pierre de Lorraine est d'un brun rouge. Celle qui convient au menuisier ne doit pas être trop dure, ce dont on s'assure en coupant ses angles avec un couteau bien tranchant. Cette épreuve est d'autant plus importante que ces pierres durcissent par l'usage. Il faut aussi s'assurer, autant que possible, que la pierre est partout d'une dureté à peu près semblable. Quelquefois elle renferme des nœuds fort durs, qui, s'usant moins vite, finissent par former des aspérités trés incommodes. On doit, par ce motif, rejeter absolument toutes les pierres tachetées de roux. Il faut encore s'assurer qu'elle mord bien. Pour cela, on la frotte avec de l'huile et l'extrémité d'une lime, comme si on voulait y former un biseau. Si la pierre est de bon service, la lime y laisse à chaque frottement une trace d'un gris bleuâtre, enfin, si après quelques allées et venues, on a formé une petite facette bien plane, et terminée par des angles bien vifs, on a obtenu le meilleur indice. Si on trouvait à acheter une vieille pierre sillonnée en plusieurs endroits, ou brisée, et d'une forme irrégulière à une de ses extrémités, il ne faudrait pas que cela arrêtât. On rendrait réguliere la forme de la pierre en la sciant à sec avec une scie de rebut, qu'on retaillerait dès qu'elle cesserait de produire une poudre abondante et blanche. Quant aux sillons ou autres inégalités de la surface qui proviendraient de l'usage et non pas de différences dans la dureté, on y remédierait en frottant la pierre sur une plaque en fonte, saupoudrée de grès pilé, jusqu'à ce qu'enfin elle fût devenue bien plane. On monte ordinairement ces pierres sur un morceau de bois, dans lequel on les fixe au moyen d'une entaille.de forme convenable qu'on a préalablement creusée. Ce morceau de bois est beaucoup plus long d'un côté que la pierre, afin qu'on puisse le prendre sous le valet.

Quand on veut se servir de cette pierre pour compléter l'affûtage d'un instrument et faire disparaître les inégalités produites par la rupture du morfil ou le grain trop grossier de la meule, on commence par y verser un peu de très bonne huile. Puis, prenant le manche de l'outil de la main droite et le fer de la main gauche, on applique bien exactement contre la surface de la pierre, le biseau que la meule a formé, et, dans cette situation, on fait décrire à l'outil un infinité de cercles et de spirales. Comme la convexité de la meule donne toujours au biseau un peu de concavité, il ne touche la pierre que par son sommet et par sa base. Lors donc que ces deux parties ont été bien polies par la pierre, et que les stries causées par le grain de la meule ne sont plus visibles que dans l'espace intermédiaire, on termine l'affûtage en promenant avec lenteur l'outil de droite à gauche et de gauche à droite : alors on essaie d'enlever avec le tranchant l'épiderme du dedans de la main ; s'il l'enlève, le travail est terminé. Quelquefois en pinçant l'outil entre l'index et le pouce, et en le faisant glisser entre ces deux doigts, on s'apperçoit qu'il reste un peu de morfil du côté de la planche. Pour l'enlever il faut repasser un peu l'instrument sur la pierre en le tournant de ce côté ; mais ayez soin qu'il pose bien à plat, sans quoi tout serait gâté. Lorsque pendant ces opérations il se détache de petites parcelles d'acier, il faut de suite les ôter de dessus la pierre ; et si celle-ci s'était, à la longue, recouverte de cambouis, il faudrait avoir soin de la nettoyer en la raclant avec le côté d'un fer de rabot ou d'un ciseau, et ensuite en la frottant avec du liège et du grès pilé.

3° *Composition d'une pierre artificielle propre à aiguiser les faulx et autres instrumens tranchans.*

Le tome IX de la collection des brevets d'invention, donne page 280, N° 772 la description du procédé suivant, dû à M. J. Hélix, quincaillier au Mans (Sarthe).

» On coupe en parties minces, avec une plane, de la terre la plus propre à produire un mordant, que l'on met dans un trou pavé au fond et au pourtour ; on laisse cette terre dans le trou pendant quarante-huit heures : le temps expiré on la retire, et après un jour de repos, on la pétrit d'abord avec les pieds, puis avec les mains; on en fait une pâte que l'on façonne en pierre à aiguiser. Ces pierres molles s'exposent à l'ombre sur des planches pendant six jours ; après quoi elles sont portées dans un four à reverbère de trente-six pieds de long sur huit de large et six de haut, où elles sont cuites de la manière suivante.

On allume à l'embouchure du four un feu que l'on entretient pendant quatre jours sans interruption : ce feu est très petit pendant les deux premiers jours, et très-grand pendant les deux derniers. Les quatre jours écoulés, on éteint le feu, et deux jours après on retire les pierres qui sont bonnes à employer et avec lesquelles on peut travailler le fer aussi bien qu'on le fait avec la lime la mieux acérée.

4° *Limes en terre cuite.*

Ce procédé, emprunté aux annales des arts et manufactures se rapproche beaucoup du précédent, que son auteur a cru tout-à-fait nouveau.

On doit choisir cette terre appelée *grès*, avec laquelle on fait certaines cruches et bouteilles extrêmement dures. Après l'avoir pétrie, on la dispose en pains, affectant la forme des limes carreaux dont les serruriers se servent pour dégrossir l'ouvrage. On enveloppe ces pains avec une toile neuve dont le grain est proportionné à la taille des limes qu'on veut obtenir. On presse cette toile sur la terre molle de manière à ce que les fils s'y impriment. C'est dans cet état que l'on met les pains au four où ils sont cuits. Les limes assure-t-on, font très bon usage. Je n'en ai pas une expérience personnelle.

5° *Les pierriers.*

Les moyens que je viens de décrire sont insuffisans pour aiguiser les gouges et surtout le tranchant diversement contourné des fers des outils à moulures. Il a donc fallu donner différentes formes appropriées à des pierres du levant. Il y en a d'arrondies, d'anguleuses, ou dont la surface supérieure présente différentes courbures, et sur lesquelles on peut affûter les fers des outils à moulures, tels que bouvets, mouchettes, tarabiscots, etc., en les promenant longitudinalement sur la pierre. Toutes ces pierres sont fixées par des coins dans des entailles pratiquées sur une pièce de bois. C'est à cet utile assortiment qu'on donne le nom de *pierriers.*

6° *Les Lapidaires.*

Les lapidaires n'ont pas d'autre utilité que les pierriers, mais ils sont moins coûteux et plus commodes ; le menuisier qui tourne un peu, les fait aisément lui-même, et je suis étonné que l'usage n'en soit pas plus répandu. Un arbre semblable à celui de la meule, et qui peut-être mis à la même place après qu'on a ôté l'eau contenue dans l'auge, porte un certain nombre de roues en bois de noyer, séparées par des tampons de bois percés au centre. On a donné à la surface circulaire de ces roues la forme de différentes moulures; on les imbibe d'huile, on les saupoudre d'émeri bien fin ou de pierre du Levant pilée, et on s'en sert très commodément pour aiguiser le tranchant contourné des outils à moulures, après avoir affûté, s'il le faut, le côté plat sur la pierre à l'huile. On fait tourner les lapidaires avec la pédale de la meule, et comme les roues qui les composent sont maintenues sur l'arbre par un écrou, on peut les renouveler et les changer à volonté.

7° *Manière d'aiguiser les scies.*

L'affûtage des scies consiste à hérisser un de leurs côtés de petits triangles plus ou moins inclinés par leur pointe du côté où l'on pousse la scie. On se sert à cet effet de limes douces, et l'on espace plus ou moins les dents, suivant la nature de la scie; on en varie aussi la longueur. Celles de la scie à débiter les bois verts sont séparées entre elles par un espace égal à la longueur de leur base. Les autres se touchent par le bas, mais diminuent de longueur et augmentent de finesse depuis la scie à refendre jusqu'à la plus fine scie à chantourner.

On se sert, pour les affûter, de limes triangulaires de différentes grosseurs. On ne fait pas mouvoir la lime dans une direction parfaitement perpendiculaire à la longueur de la scie, on la fait au contraire aller obliquement et de manière qu'elle laisse un biseau à chaque côté du triangle. Il est essentiel pour la scie à débiter, que les biseaux ne soient pas tous inclinés dans le même sens, et cela est convenable pour toutes les autres espèces. Pour y parvenir, on lime les dents de deux en deux, en tenant le manche de la lime plus près du corps que de la pointe, et cette première opération faite, on retourne la scie pour limer les autres dents de la même manière. Cela fait, on passe sur les dents de la scie une longue et large lime plate, afin de les mettre de la même longueur, sauf à approfondir ensuite celles qui ont été raccourcies par cette opération, et à aiguiser de nouveau leur pointe. Il ne reste plus qu'à *donner la voie* à la scie : on entend par-là, incliner un peu les dents alternativement à droite et à gauche. On incline à droite celles qui ont le tranchant de leur biseau du côté droit; à gauche celles qui l'ont du côté gauche. On fait cette opération à l'aide d'une vieille lame de rabot, au bout de laquelle on a pratiqué quelques entailles dans lesquelles on prend les dents. Les diverses espèces de scies ont plus ou moins de voie. On en donne beaucoup à la scie à débiter les bois verts, presque pas aux scies employées pour les ouvrages délicats ou pour travailler les bois très secs et très durs. Si on avait donné la voie à une scie inégalement ou plus fortement qu'il ne faut, on la corrige en mettant la lame entre deux planches dressées, et en frappant dessus à petits coups.

8° *Affûtage des scies.*

Les tiers-points de Schmidt, avenue de Ménil-Montant, à Paris, passent pour les meilleurs qu'on puisse choisir pour l'affûtage des scies. Cet habile fabricant a calculé que, pour cet usage, le tiers-point à taille croisée était moins propre que celui taillé seulement sur un seul sens. Il fait donc ses limes en écouene très fine : cette manière, qui lui est particulière, offre cet avantage, qu'en limant des deux côtés les lames de scies fort minces, c'est-à-dire en limant d'abord un seul côté, de deux dents l'une; puis après avoir retourné la lame, en répétant l'opération sur l'autre côté, on déverse une bavure de chaque côté, qui tient en quelque sorte lieu de la voie que l'on donne aux scies ordinaires.

Les limes de Schmidt présentent en outre cette particularité, qu'elles ne sont point aiguës sur les angles : c'est le moyen de leur faire rendre un plus long service. Dans les tiers-points ordinaires, la taille des angles est toujours aiguë, et c'est par ces angles que les limes commencent à blanchir. Les vives-arêtes du tiers-point pénétrant dans la matière et s'y engageant profondément s'égrènent facilement : les dents de leur sommet se brisent, ou se détrempent par suite de la chaleur produite par le frottement, qui agit fortement sur des parties aussi ténues. Dans le limage des scies, il n'est nul besoin d'ailleurs que l'angle rentrant soit bien aigu, c'est au contraire une imperfection; la poussière s'y amasse et tient davantage. Lorsque le tiers-point ne coupe pas sur ses angles, le fond de la dent s'arrondit, et les bons limeurs dans les scieries de placage prétendent que cette disposition doit être préférée.   *Journal des ateliers* · 1er *vol. page* 61.

9° *Etau mobile propre à limer les seies.*

Tous les menuisiers connaissent l'entaille qu'on fait à l'extrémité d'une planche afin de maintenir la lame de scie qu'on est en train de limer, et dans laquelle entaille la lame est retenue par un coin; cette méthode, très suffisante pour limer droit les dents d'une scie, devient insuffisante s'il s'agit de limer les dents de côté et de deux dents l'une, ainsi qu'on le pratique pour couper les bois verts et le bois de chauffage. Nous croyons donc à propos de leur faire connaitre l'existence des étaux mobiles sur lesquels on lime les scies avec une étonnante facilité. Le menuisier a d'ailleurs très souvent besoin d'un petit étau à griffe, et souvent il le monte après une forte planche qu'il prend sous le valet lorsqu'il y a de petits limages à faire. L'étau mobile se place également sur une planche qu'on peut prendre de même sous le valet, et il offre de plus une grande commodité pour les chanfreins et autres ouvrages qui ne se feraient que difficilement sans son secours. Au moyen d'un appareil peu couteux (2 à 3 francs, selon la force de l'étau), toute personne ayant un étau à griffes ordinaire, vieux ou neuf, pourra rendre cet étau mobile et tournant en tous sens.

Indépendamment de la facilité qu'on a de le mettre, comme nous venons de le dire, après une planche qu'on fixe sur l'établi à l'aide du valet, cet appareil se pose aisément, immédiatement si on le préfère, après l'établi, en dessus ou en dessous de la table, selon la hauteur qu'on veut donner à l'étau. Il se pose également sur le champ de cette table, et à l'un de ses coins. Il peut être aussi placé après l'appui et même le dormant d'une croisée, après une traverse quelconque fixée dans le mur, et enfin, être mis dans une infinité d'endroits où les étaux ordinaires ne peuvent trouver place. Il peut être posé avec des vis, par simple approche, ou bien avec entaille et encastrement. On peut le mettre sur une marche d'escalier, sur une rampe en bois, sur un plan incliné, etc., etc.

L'étau monté sur cet appareil devient mobile à volonté. Il tourne sur lui-même horizontalement, il tourne verticalement, il tourne incliné à tous les degrés, et au moyen d'un coup de main sur le levier ou manette, on lui fait prendre, dans telle position qu'il se trouve, une immobilité aussi constante que s'il était fixé à demeure dans cette position. Tout étau à griffes, vieux ou neuf, quelle que soit sa forme, peut être monté sur cet appareil, et être sur-le-champ converti en un étau tournant plus solide que ceux qui coûtent 250 fr., et ayant des mouvemens plus prompts et plus variés, sans être, comme ces derniers, sujets à de fréquentes et difficiles réparations. La Société d'encouragement a donné son approbation à ce mécanisme, et nous n'aurions pas manqué de transcrire l'article en entier si cet objet était plus direct à l'art du menuisier : ceux de nos lecteurs qui voudront en prendre une plus ample connaissance, pourront consulter le procès-verbal de la séance du 10 mars 1830, et la figure gravée qui est jointe au bulletin. On trouve d'ailleurs le Prospectus de ces appareils chez l'auteur, rue des Grès-Sorbonne, n° 10.

SECONDE PARTIE.

DES TRAVAUX DU MENUISIER.

———◦———

Cette seconde partie est subdivisée en trois sections. Dans la première, après avoir exposé quelques notions de *géométrie pratique* indispensables 'pour le bon menuisier, les principes d'architecture qui lui sont utiles, et les élémens de l'art du trait, nous ferons connaître en détail les *opérations fondamentales* de son art, celles qui reviennent à chaque instant, et qu'il est obligé d'exécuter dans presque tous ses travaux. La seconde section sera consacrée à décrire les différens *ouvrages du menuisier en bâtimens*. La troisième est réservée pour la *menuiserie en meubles*.

———

PREMIÈRE SECTION.

CONNAISSANCES PRÉLIMINAIRES ET OPÉRATIONS FONDAMENTALES.

———◦———

CHAPITRE PREMIER.

OPÉRATIONS DE GÉOMÉTRIE PRATIQUE, OU MANIÈRE DE TRACER L'OUVRAGE ET DE MESURER LES SURFACES.

Avant de se mettre à l'établi et de s'armer de la scie ou de la varlope, le menuisier doit faire quelques opérations indispensables, et sans lesquelles il lui serait impossible d'arriver à aucun bon résultat. S'il s'agit de menuiserie en bâtimens, par exemple, de faire un lambris, de construire une porte, il doit commencer par s'assurer des dimensions de l'ouvrage qu'il a à faire, et mesurer l'emplacement.

S'il veut orner la porte ou le lambris de moulures, s'il se propose de construire un meuble dont les dimensions ne soient pas bien réglées, ou dont les proportions soient une affaire de goût; il a besoin, pour vérifier ses idées et leur donner de la fixité, de tracer un dessin ou plan de son ouvrage.

Au moment de réaliser ses conceptions, il n'a encore sous la main que des pièces de bois brutes qu'il doit entailler de diverses façons, rendre semblables ou proportionnelles les unes aux autres. Par conséquent il faut tirer des lignes, mesurer des angles, en un mot tracer l'ouvrage.

Enfin, avant de rien entreprendre, s'il veut, avant de demander un prix quelconque, savoir évaluer avec exactitude son ouvrage, il faut qu'il puisse connaitre et calculer avec précision les dimensions de la muraille à revêtir, du meuble à exécuter, ou de mesurer les surfaces.

De ces quatre opérations, trois sont essentiellement arithmétiques; la première se confondrait même entièrement avec la seconde; si quelques détails enseignés par la pratique et d'une incontestable utilité ne commandaient d'en faire une classe à part. Je dirai sur chacune d'elles tout ce qu'il est nécessaire de savoir; mais la nécessité d'abréger, de tout dire dans le moindre espace possible, ne me permettra pas de faire connaître la raison des méthodes que j'indique : le *pourquoi* elles produisent tels ou tels résultats.

Quant à la seconde opération, à la manière de dessiner à l'avance l'ouvrage, ce n'est pas dans un ouvrage de ce genre qu'il est possible de l'enseigner. Evidemment on ne peut apprendre le dessin qu'en voyant dessiner et en dessinant soi-même. Tout ce que je pourrais dire sur ec point se réduirait à quelques principes de perspective, nécessairement incomplets et présentés trop en abrégé. Je crois donc n'avoir rien de mieux à faire que de renvoyer au *Manuel du Dessinateur.*

§. I. *Manière de mesurer l'ouvrage.*

J'ai déjà fait connaître les instrumens dont on se sert pour prendre les petites dimensions, et j'ai conseillé d'employer de préférence le demi-mètre ou le double décimètre. Pour les

grandes dimensions il est plus expéditif de se servir d'une
règle d'un ou deux mètres de long, sur laquelle on a tracé
des lignes de division de centimètre en centimètre. Si, par
ce moyen on veut avoir la longueur d'une muraille, on
cherche combien de fois sa longueur renferme la longueur du
mètre. Veut-on avoir sa hauteur? on répète la même opération.

Pour suppléer au défaut d'une règle divisée qu'ils n'ont pas
toujours sous la main, il arrive quelquefois aux menuisiers de
prendre une longue règle ordinaire, et de mesurer combien
de fois sa longueur est contenue dans la longueur de la muraille. Un chiffre tracé au crayon sur la surface de la règle
indique ce premier résultat. Mais cette mesure n'est pas toujours précise; la longueur de la muraille n'est pas toujours
exactement divisible par la longueur de la règle; et l'on finit
le plus souvent par trouver un reste de muraille plus court que
la règle. Dans ce cas on indique cette dimension à l'aide d'une
raie transversale, faite sur la règle, dont la portion comprise
entre son extrémité et cette ligne, est égale en longueur à la
portion excédante de la muraille; et pour ne pas confondre
entre les deux bouts de la règle, pour ne pas prendre une
extrémité pour l'autre, on fait un signe quelconque, une
croix, par exemple, du côté droit de la ligne, si c'est la portion de droite qui forme la mesure; du côté gauche, si c'est
au contraire la partie à gauche de la ligne.

La même règle peut servir à prendre diverses dimensions.
Il suffit pour cela de mettre à côté des chiffres et des lignes
tracées sur la règle, des signes dont l'ouvrier est à l'avance
convenu avec lui-même, et qui lui indiquent que telle mesure
est celle de la longueur, telle autre celle de la largeur, etc.
Mais comme cette espèce d'alphabet de signes change avec les
ouvriers, que souvent celui du maître diffère de celui des apprentis, que des confusions peuvent avoir lieu, il vaut infiniment mieux mesurer avec le mètre double ou simple, et noter
les résultats qu'on obtient sur un morceau de papier que tout
le monde peut comprendre. L'autre méthode n'est bonne que
pour les ouvriers qui ne savent pas lire, et doit leur être aban-
donnée.

Avant de mesurer une place quelconque, il faut observer
si elle a des saillies ou des enfoncemens, si elle est ou n'est
pas d'aplomb. D'abord parce que ces irrégularités, si elles

étaient considérables, pourraient rendre les mesures fautives ;
ensuite, afin de masquer ces défauts en faisant l'ouvrage. Par
la même raison, avant de prendre la hauteur d'une muraille,
il est bon de se munir d'un plomb attaché à une longue ficelle,
d'appliquer cette ficelle au plafond, de telle sorte que le
plomb librement suspendu, touche le bas du mur. Alors on
est assuré de bien connaître s'il est d'*aplomb*, et on peut sans
crainte prendre la mesure le long de la ficelle.

A l'égard des irrégularités qui ne proviennent pas seulement
du défaut d'aplomb, il y a un moyen bien facile d'en avoir le
plan et de le tracer sur une planche. Appliquez contre la muraille
irrégulière la rive d'une planche, de façon que sa surface fasse
un angle droit avec la surface du mur. La rive de la planche
ne s'appliquera certainement pas avec exactitude sur la surface
du mur et dans les endroits où celui-ci est creux, il y aura
des interstices. Prenez ensuite un compas à mouvement un peu
raide et dont la charnière ne soit pas trop douce ; ouvrez-le
précisément de telle sorte que, lorsqu'une de ses branches
touche par la pointe le mur à l'endroit où il se renfonce le
plus, l'autre branche vienne aboutir à la rive de la planche ;
alors, portant le compas toujours ainsi ouvert au sommet de
la planche, tenez-le de sorte que ses deux pointes soient toujours dans un plan bien horizontal, et que l'une ne soit ni
plus basse ni plus haute que l'autre ; puis faites-le descendre
de telle façon, que l'une des pointes glisse toujours sur le mur,
et que l'autre trace une ligne sur la planche. Les inégalités de
la muraille feront tour-à-tour avancer ou reculer la pointe du
compas qui la touche. Celle-ci, à son tour, fera pareillement
avancer ou reculer la pointe qui trace une ligne sur la planche, et cette ligne représentera exactement les saillies ou les
enfoncemens du mur. Si on sciait la planche en suivant cette
ligne, un de ses côtés s'appliquerait exactement sur la muraille, et il n'y aurait presque pas de bois perdu si, comme
je l'ai conseillé, on n'ouvrait le compas que de l'étendue du
plus grand interstice entre la muraille et la rive de la planche.
Si on ne veut qu'un simple plan, on peut se dispenser de
cette précaution. On peut aussi, dans ce cas, employer au
lieu d'un compas, une tige de trusquin que l'on maintient avec
plus de facilité dans une position horizontale, et dont la pointe
trace la ligne. Il me reste deux observations à faire. Quand
on veut prendre la mesure d'une porte, si l'on a à faire à la

fois les *montans* et la porte proprement dite, il suffit de mesurer la largeur et la hauteur de l'ouverture pratiquée dans
la muraille et qu'elle doit fermer ; on régle ensuite à volonté
les dimensions de chacune des deux parties : mais quand il
n'y a que la porte à faire, on doit observer que l'ouverture
de la muraille n'a pas partout la même largeur et la même
hauteur. D'un côté, il y a une petite saillie en maçonnerie ou
en pierre, sur laquelle la porte doit s'appliquer, qui retient
l'ouverture, et forme ce qu'on appelle la feuillure ou un angle
rentrant et droit avec le parement qu'on nomme le tableau.
En haut il y a une feuillure semblable. Il faut donc, à peine
de faire la porte trop étroite et trop basse, prendre la mesure
entre les tableaux et du fond de chaque feuillure.

Il en est de même à l'égard des croisées, pour lesquelles la
mesure doit pareillement être prise entre les tableaux, tant en
largeur qu'en hauteur, en observant que les feuillures sont
souvent inégales.

§ II. *Manière de tracer l'ouvrage.*

Jusqu'à présent j'ai employé diverses expressions, telles que
lignes perpendiculaires, verticales, parallèles, empruntées au
langage du géomètre, et auxquelles la nature du sujet me con-
traignait impérieusement à recourir. Alors je m'en servais rarement ; mais maintenant, forcé d'en faire un plus fréquent
usage, je risquerais d'être tout-à-fait obscur si je différais plus
long-tems à faire connaître leur valeur (1).

Les lignes prennent différens noms suivant leur direction,
leur situation relativement au centre de la terre, leur situation
entr'elles.

Relativement à la direction, on appelle *ligne droite* celle
qui va par le plus court chemin d'un point à un autre ; *ligne*
courbe, celle qui s'éloigne insensiblement de la ligne droite,
et finit graduellement par la rejoindre ; *ligne brisée*, celle qui
est formée d'un nombre indéterminé de lignes droites plus
petites, et se joignant par leurs extrémités sans être dans la
même direction.

Quant à leur situation, relativement au centre de la terre,
on appelle *ligne verticale* celle qui se dirige vers le centre par

le plus court chemin. Le fil à plomb est toujours dans une situation verticale. On s'attache à donner une assiette pareille
aux murs des édifices, à les élever verticalement.

La ligne *horizontale*, au contraire, est celle dont tous les
points sont également éloignés du centre de la terre, celle dont
les deux bouts sont dirigés vers l'horizon. Les bras d'une croix
peuvent donner idée de l'horizontalité.

On appelle *ligne oblique* celle à qui ni l'une ni l'autre de
ces définitions ne peut convenir, et qui est inclinée par rapport à l'horizon.

Lorsqu'on s'attache, au contraire, à la situation des lignes
cntr'elles, on désigne par le nom de *ligne perpendiculaire* à
une autre ligne, celle qui, partant d'un point quelconque, vient
joindre l'autre au point directement opposé, sans pencher d'aucun côté. On indique, au contraire, par la dénomination de
ligne parallèle à une autre ligne, celle dont tous les points
sont également éloignés d'une autre ligne, et qui ne s'en
éloigne ni ne s'en rapproche jamais, de telle sorte qu'on pourrait les prolonger à l'infini sans qu'elles se rencontrassent.
Dans ce sens encore la *ligne oblique* est celle qui croise une
autre ligne en penchant plus d'un côté que de l'autre. De
tout cela il résulte qu'une *ligne horizontale* est *parallèle* à
l'horizon, et que la *ligne verticale* est *perpendiculaire* à la
ligne horizontale.

Deux lignes qui se rencontrent forment entr'elles ce qu'on
appelle un angle. On dit qu'un angle est plus ou moins grand,
suivant que les lignes qui le forment après s'être réunies en un
point, s'écartent ensuite plus ou moins vite l'une de l'autre.
Mesurer un angle consiste à mesurer un écartement.

Pour mesurer un angle on ouvre un compas d'une quantité quelconque; on pose une de ses pointes à l'intersection des deux lignes au sommet de l'angle, l'autre pointe repose sur un des côtés; alors on fait tourner le compas de façon
que cette pointe aille toucher l'autre côté en traçant une ligne
courbe ou portion de cercle. Cette portion de cercle est la
mesure de l'angle; et si, après avoir fait cette même opération
sur un autre angle sans changer l'écartement des branches du
compas, on trouve que l'arc du cercle compris entré les côtés
du premier est plus court que l'arc du cercle compris entre
les côtés du second, le premier angle est le plus petit.

Pour avoir un cercle de comparaison, on suppose que la

circonférence du cercle est divisée en trois cent soixante parties, qu'on appelle degrés, et l'on en conclut qu'un angle est d'autant plus grand que l'arc du cercle compris entre ses côtés est formé d'un plus grand nombre de ces parties et degrés.

Ainsi, si autour du point d'intersection de deux lignes perpendiculaires l'une à l'autre et se prolongeant après leur jonction en formant quatre angles, on décrit un cercle, on verra que ce cercle est partagé en quatre parties égales par les deux lignes. Chacun des angles a donc pour mesure le quart d'une circonférence de cercle; et puisque la circonférence entière est divisée conventionnellement en 360 degrés, chacun de ces angles aura pour mesure le quart de 360 degrés ou 90. Il sera, pour me servir de l'expression usitée, ouvert de 90 degrés. Si du sommet de cet angle on tire une ligne oblique, également éloignée des deux côtés, elle divisera cet angle en deux, et chacun de ces angles nouveaux aura pour mesure 45 degrés. Si on eût partagé en trois l'angle de 90 degrés, il est évident que chacun de ces tiers eût été de 30 degrés.

On est convenu d'appeler *angle droit* celui qui a pour mesure le quart d'une circonférence ou 90 degrés. *Angle aigu*, tout angle qui a moins de 90 degrés. *Angle obtus*, tout angle qui a plus de 90 degrés.

A l'égard du *cercle*, chacun sait qu'on entend par ce nom une ligne réunie par les deux bouts, et dont tous les points sont également éloignés d'un autre point nommé *centre*. On appelle *diamètre* toute ligne droite qui, passant par le centre, aboutit par chaque extrémité à la circonférence, en coupant le cercle en deux moitiés; *rayon*, toute ligne droite allant du centre à la circonférence; *tangente*, toute ligne droite touchant par un point quelconque une circonférence du cercle.

Enfin, l'on entend par *triangle* l'espace renfermé entre trois lignes réunies en formant trois angles.

Le *carré* est formé de quatre côtés égaux.

Le *parallélogramme*, de quatre côtés réunis en formant quatre angles droits; les côtés inégaux en longueur sont pourtant égaux chacun avec celui qui lui est parallèle.

Le *losange* est un carré qui a deux angles aigus et deux obtus.

Le *trapèze* a quatre côtés, dont deux seulement sont parallèles; et l'un d'eux est plus court que l'autre.

Le *pentagone* est une figure régulière à cinq angles et à six côtés.

L'*hexagone* a six angles et six côtés; l'*heptagone* a sept angles et sept côtés; l'*octogone* a huit angles et huit côtés. On désigne toutes ces formes par le nom générique de *polygones*.

Les notions préliminaires étant exposées, venons aux applications, et voyons la manière de tracer sur le bois les différentes lignes qui doivent ensuite guider l'outil.

1° *Manière de tracer une ligne droite*. — On sait déjà que pour cette opération on se sert de la règle; mais quand on n'a pas de règle assez longue, comment faire? Prendre un cordeau, le frotter de craie (chaux carbonatée appelée *blanc d'Espagne* ou *blanc de Paris*), le tendre ensuite fortement par les deux bouts sur la planche et à l'endroit où l'on veut tracer la ligne droite; pendant ce tems une autre personne le pince par le milieu de sa longueur, l'élève en le tirant bien perpendiculairement, sans le diriger ou à droite ou à gauche. Tout-à-coup on le lâche. Le cordeau, rendu élastique par la tension, revient s'appliquer sur la planche, la frappe fortement, et la craie dont il était couvert y trace une ligne droite.

2° *Manière de tracer un cercle*. — En décrivant les outils à tracer, j'ai dit tout ce qui est utile sur ce point, et fait connaître l'emploi du cordeau pour cette opération, quand le compas à verge est insuffisant.

3° *Manière de faire un angle égal à un autre angle*. — La manière la plus simple d'opérer est sans contredit de placer la pièce de bois anguleuse sur celle que l'on veut tailler de même, et de suivre ses contours avec une branche de compas, dont la pointe les trace sur la pièce de bois inférieure. Mais quand cela n'est pas praticable, il faut bien recourir aux procédés de la géométrie. Supposons qu'à l'extrémité d'une planche on veuille tailler un angle destiné à remplir, dans un lambris, une ouverture anguleuse, nous prendrons un compas, aux branches duquel nous donnerons une ouverture arbitraire, nous placerons une des pointes là où doit être sur la planche le sommet de l'angle, et nous le ferons tourner de telle sorte que l'autre pointe décrive sur cette même planche un arc de cercle d'une longueur indéterminée, mais plutôt beaucoup trop grande que trop petite. Sans changer l'écartement des branches du compas, allez placer une de ses pointes au sommet de l'angle creusé dans le lambris, aussi près que possible du bord; à cause de l'ouverture, on ne peut pas tracer là un arc de cercle; mais pour y suppléer, appuyez tour-à-tour l'autre pointe du compas sur les deux bords de l'angle, par cette opération l'arc du cercle n'aura été décrit qu'en l'air; mais les deux points qu'il est essentiel de connaître, ceux qui indiquent l'écartement des côtés, seront marqués. Prenez avec votre compas la distance qui existe entre les deux marques faites à ces deux points par la pression de la pointe; portez cette distance sur l'arc du cercle que vous avez tracé sur la planche, et tirez des lignes du point marqué avec le sommet de l'angle aux deux points donnés; par cette dernière opération, l'angle que vous cherchez sera exactement tracé : si l'angle était droit ou égal à un de ceux de l'équerre d'onglet, on aurait plus tôt fait de se servir de l'un de ces deux instrumens.

4° *Manière de diviser un angle en plusieurs parties.* — De son sommet pris pour centre, tracez avec un compas un arc de cercle qui unisse les deux côtés; puis, par les moyens que j'indiquerai plus bas, divisez l'arc de cercle en autant de parties que vous voulez avoir de divisions dans l'angle, et finissez en tirant des lignes du sommet de l'angle à chacun de ces points de division.

5° *Manière de tracer des lignes perpendiculaires à une autre ligne.* — Cette opération se décompose en plusieurs problèmes. Voulez-vous faire passer une perpendiculaire par le milieu d'une ligne, donnez à un compas une ouverture plus grande que la moitié de cette ligne, posez une pointe à une des extrémités de la ligne, et de ce centre décrivez un cercle; répétez la même opération à l'autre bout de la ligne sans changer l'ouverture des branches, les deux cercles que vous venez de tracer se couperont en deux points, l'un au-dessus, l'autre au-dessous de la ligne; unissez ces deux points d'intersection des cercles par une autre ligne, ce sera la perpendiculaire que vous cherchez. Vous pouvez, si vous voulez, vous dispenser de tracer les cercles entiers. On peut se contenter de faire de chaque extrémité de la ligne deux arcs de cercle, l'un au-dessus, l'autre au-dessous. Ce moyen facile est extrêmement commode toutes les fois qu'on est dans une position à ne pas pouvoir employer l'équerre. Nous en verrons plus bas une importante application.

Si d'un point quelconque, que nous appelons A, placé au-dessus d'une ligne, on veut abaisser une perpendiculaire sur cette ligne, l'opération sera un peu différente. On placera sur A une pointe du compas, plus ouvert qu'il ne le faudrait pour que l'autre pointe allât toucher la ligne par le plus court chemin, et dans cette position, on trace deux petits arcs de cercle sur cette ligne. De chacun des points que ces arcs de cercle indiquent, et avec une ouverture de compas plus grande que la distance qui les sépare, on trace un arc de cercle au-dessous de la ligne; les arcs se croisent entre eux, on n'a plus qu'à réunir ce point et le point A par une ligne qui est la perpendiculaire cherchée. Dans le cas où on peut se servir d'équerre on obtiendrait le même résultat, en appliquant la tige de l'équerre contre la ligne et en la faisant glisser jusqu'à ce que le point A soit rencontré par la lame, le long de laquelle alors on n'aurait plus qu'à tracer.

Si le point par lequel on veut faire passer la perpendiculaire était sur la ligne même qu'elle doit joindre, la manière d'opérer serait à peu près la même. Avec une même ouverture de compas, on marquerait de chaque côté, sur la ligne, deux autres points également éloignés de celui-là ; puis de ces deux centres on tracerait les deux arcs de cercle entre-croisés; on les tracerait au-dessus et au-dessous de la ligne, suivant la position qu'on voudrait donner à la perpendiculaire.

Si on voulait faire passer une perpendiculaire par l'extrémité d'une ligne, on agirait de même après avoir prolongé la ligne de ce côté-là.

Dans le cas où cette ligne ne pourrait être prolongée, il y aurait encore un moyen : d'un point quelconque pris comme centre, au-dessus ou au-dessous de la ligne, on tracerait, en ouvrant convenablement le compas, un cercle qui remplirait la double condition de toucher la ligne à l'extrémité où l'on veut faire passer la perpendiculaire : et de couper cette même ligne dans un autre point. Cela est toujours possible. Par le point où la ligne serait coupée, et par le centre du cercle, on tracerait un diamètre ou ligne, qui irait par son autre extrémité couper la circonférence du cercle. Enfin, du point où ce diamètre toucherait la circonférence, on abaisserait, sur l'extrémité de la ligne où doit passer la perpendiculaire, une autre ligne qui serait cette perpendiculaire elle-même.

6° *Manière de diviser une ligne en deux parties égales.* — Il faut, à l'aide du premier procédé que nous avons indiqué dans le n° 5, abaisser une perpendiculaire qui coupe cette ligne par le milieu. On voit que, dans ce cas, il n'y a pas moyen de se servir d'équerre.

7° *Manière de tracer une ligne parallèle à une autre ligne.* Lorsqu'il ne s'agit que de parallèles peu écartées les unes des autres, le trusquin d'assemblage dispense de toute opération géométrique. Le trusquin ordinaire ou le compas à verge peut aussi très bien servir à cela, quand il s'agit de lignes parallèles à une des faces d'une pièce de bois; car la tête de l'outil, en glissant contre cette face, règle le parallélisme. Mais il faut d'autres moyens dans les autres cas, heureusement assez rares. Élevez deux perpendiculaires sur deux points quelconques de la ligne à laquelle vous voulez trouver une parallèle. Marquez sur chacune de ces perpendiculaires, en partant du point par lequel elle touche la ligne, la distance qui doit séparer les deux parallèles, et menez une ligne par les deux points que vous avez ainsi marqués sur les perpendiculaires; cette ligne remplira toutes les conditions requises; elle sera éloigné de la distance donnée, et s'écartera également de la première par tous les points. Voulez-vous agir avec plus de célérité, sauf à obtenir un peu moins de précision, écartez les branches de votre compas de la distance qui doit séparer les deux lignes: placez une des pointes près de l'une des extrémités de la ligne donnée, et tracez un demi-cercle; faites-en autant près de l'autre extrémité, et tirez une ligne par le sommet de ces deux demi-cercles.

8° *Manière de trouver le centre d'un cercle.* — Cette opération peut recevoir de fréquentes applications. On a besoin, par exemple, de savoir la pratiquer toutes les fois qu'il est question de trouver le centre d'une table ronde qui doit être supportée par un seul pied. On avait bien ce centre lorsqu'on a tracé d'abord la forme de la table; mais il arrive souvent qu'en corroyant le bois, on fait disparaître la trace qu'avait faite la pointe du compas. Pour le retrouver, marquez trois points quelconques sur la circonférence du cercle; plus ces points seront éloignés les uns des autres, plus l'opération sera facile, pourvu que leur étendue n'excède pas l'ouverture moyenne du compas; unissez ces points entre eux en tirant une ligne du premier au second, et une autre ligne du second au troisième. Ces deux lignes forment alors un angle entre elles. Faites passer une perpendiculaire au milieu de la première ligne, en vous servant du premier procédé indiqué sous n° 5. Faites passer une autre perpendiculaire par le milieu de la seconde ligne; prolongez ces deux perpendiculaires jusqu'à ce qu'elles se rencontrent dans l'intérieur du cercle; le point où elles se croisent est le centre.

9° *Manière de faire passer une circonférence de cercle par trois points qui ne soient pas en ligne droite.* — Lorsqu'on veut transformer en plateau circulaire une planche d'une forme irrégulière, de manière à perdre le moins de bois possible, il importe de savoir où placer la pointe du compas, pour que le cercle qu'on va tracer affleure juste les trois points dans lesquels la planche a le moins d'étendue. Afin d'arriver à ce but, il faut agir comme dans le cas précédent; marquer les trois points, les unir par deux lignes qu'on coupe au milieu par deux perpendiculaires, dont l'intersection marque le centre du cercle qu'on veut tracer.

10° *Manière de diviser un arc de cercle en plusieurs parties égales.* — Il faut commencer par le diviser en deux parties, qu'on subdivise ensuite en deux autres, et ainsi de suite. Pour cela on agira comme si cet arc de cercle était une ligne qu'on voulût couper en deux par une perpendiculaire, et on procédera comme il a été exposé au commencement du n° 5. J'ai déjà dit que cette opération servait à diviser un angle en parties égales (*voyez* n° 4). Pour cela, après avoir tracé du sommet de cet angle un arc de cercle d'un rayon quelconque, et qui aboutit aux deux côtés de l'angle, avec une ouverture de compas on trace deux arcs de cercle en avant de l'angle, en posant la pointe du compas successivement à chaque extrémité du premier arc de cercle, il ne reste plus qu'à tirer une ligne qui aille du sommet de l'angle au point d'intersection des deux derniers arcs de cercle. En effet, on a, par ce moyen, divisé en deux l'arc de cercle qui mesure l'angle, et par conséquent l'arc lui-même.

11° *Manière de trouver le centre d'un triangle, ou de faire passer un cercle par le sommet de chacun de ses angles.*

— C'est une application de la neuvième opération; il faut agir de même, car tout se réduit à faire passer un cercle par trois points donnés: ou à trouver le centre d'un cercle qui remplisse cette condition.

12° *Trouver le centre d'un polygone régulier.* — Cela se réduit à trouver un cercle qui passe par le sommet de tous ses angles. Or, il est démontré en géométrie que le cercle qui passe par le sommet de trois angles d'un polygone régulier, passe peu le sommet de tous les autres. Il suffit donc de choisir trois angles voisins l'un de l'autre, et d'opérer pour leurs trois sommets comme pour les trois points du neuvième problème. S'il s'agissait d'un carré, d'un losange ou d'un parallélogramme rectangle, il serait plus expéditif de tirer dans l'intérieur deux diagonales de deux lignes, allant de chaque angle à l'angle opposé. Le point où elles se croiseraient serait le centre cherché.

13° *Construire un triangle égal à un autre triangle.* — Commencez par tracer une ligne d'une longueur égale à la base ou à la ligne inférieure du triangle; de l'extrémité droite de cette ligne, prise pour centre, et d'une ouverture de compas égale en longueur au côté droit du triangle à imiter, tracez un arc de cercle au-dessus de la ligne; de l'extrémité gauche de la même ligne, et avec une ouverture de compas égale à la longueur du côté gauche du triangle, tracez un autre arc de cercle qui croise le premier; tirez ensuite deux lignes qui aboutissent du point d'intersection des deux arcs à chaque extrémité de la ligne représentative de la base, et ces trois lignes formeront un triangle exactement semblable au premier.

14° *Construire un parallélogramme rectangle égal à un autre parallélogramme.* — Tirez une ligne égale en longueur à la base du parallélogramme; élevez à chaque bout deux perpendiculaires égales aux côtés du modèle; réunissez-les par une ligne tirée de leur extrémité supérieure.

15° *Manière de trouver la mesure de la circonférence d'un cercle, quand la longueur du diamètre est connue, ou celle du diamètre, quand on connaît la mesure de la circonférence.* — Dans beaucoup d'opérations il arrive qu'on a besoin de cette connaissance. Presque tous les ouvriers savent que la circonférence a un peu plus du triple de la longueur du diamètre, et que celui-ci est un peu moins long que le tiers de la

circonférence. En cette matière on ne peut jamais arriver à
une précision parfaite; mais il est possible d'en approcher beaucoup plus qu'on ne le ferait à l'aide des procédés ordinaires.
On sait, par exemple, que le diamètre est à la circonférence
dans le rapport de 7 à 22. Ainsi, le diamètre était connu, il
faut multiplier sa longueur par 22, diviser le produit par 7,
et l'on aura pour résultat la mesure de la circonférence. Si
l'on veut abréger, on triple la longueur du diamètre, on y
ajoute le septième de ce diamètre, et l'on arrive ainsi au
même résultat. Si, au contraire, on connaît la mesure de la
circonférence, et qu'on veuille obtenir celle du diamètre, il
faut multiplier la circonférence par 7 et diviser le produit
par 22.

Ces quinze problèmes bien appliqués peuvent suffire à tous
les besoins du menuisier, et lui donner les moyens de tracer
toutes les lignes qui peuvent l'être géométriquement.

Je suis néanmoins si convaincu des avantages que donnent
à l'ouvrier des connaissances un peu étendues en géométrie,
que je vais ajouter à ce premier travail quelques autres problèmes pour lesquels je m'aiderai des travaux récens de
MM. Francœur et Desnanot.

Dans les arts, dit ce dernier écrivain, on emploie souvent
de lignes droites et des arcs de cercle tellement disposés que
l'œil passe de la ligne droite à la ligne courbe sans apercevoir
ni coude ni jarret. Quelquefois ce sont des arcs de cercle de
différens rayons qui se continuent dans le même sens ou dans
des sens différens, sans que l'œil puisse apercevoir où finit
l'un et où commence l'autre. Nous allons voir comment on
obtient ces effets.

16° *Décrire un arc de cercle qui commence à l'extrémité
d'une droite, de manière qu'il ne paraisse ni coude ni jarret.*
— Élevez une perpendiculaire à l'extrémité de la ligne, posez
une pointe du compas sur cette extrémité, l'autre sur un point
quelconque de la perpendiculaire, et décrivez un arc de cercle
en prenant ce dernier point pour centre. '

17° *Par l'extrémité d'un arc de cercle mener une droite qui
continue l'arc sans faire ni coude ni jarret,* — Cherchez le
centre de l'arc de cercle (8ᵉ probl.); conduisez un rayon ou
ligne allant de l'extrémité de l'arc au centre; élevez une perpendiculaire sur l'extrémité du rayon qui touche l'arc, cette
ligne fera la continuation de l'arc du cercle.

18° *Décrire un arc A qui soit le prolongement d'un autre arc B, quoique le rayon du premier soit différent de celui du second.* — Tirez de l'extrémité de l'arc B que vous voulez prolonger, une ligne qui aille à son centre; prolongez s'il est nécessaire au-delà du centre; alors, posant une pointe du compas sur cette ligne, et l'autre à l'extrémité de l'arc B, décrivez le cercle A en prenant pour centre le point où le compas touche la ligne qui passe sur le centre de B : si le rayon de l'un des arcs était plus grand de beaucoup que le rayon de l'autre, quoique les deux arcs se joignissent bien, la différence de courbure produirait une disposition choquante.

19° *Décrire un arc de cercle dont la courbure soit opposée à celle d'un autre arc de cercle, et paraisse en être le prolongement.* — Ce problème, comme l'on voit, se réduit à tracer géométriquement une figure régulière qui ait quelque ressemblance avec une grande S. Supposons que l'arc de cercle supérieur qui nous est connu, ait sa concavité tournée à droite, ce sera par conséquent aussi à droite que sera son centre; menons de ce centre à l'extrémité inférieure de la courbe une ligne que nous prolongerons à gauche d'une longueur égale au rayon que nous voulons prendre pour faire le second arc de cercle, celui dont la concavité doit être tournée à gauche; donnons au compas une ouverture égale à celle que doit avoir le rayon ou demi-diamètre de ce second arc, et, plaçant une des pointes du compas sur la ligne que nous avons tracée, l'autre pointe sur l'extrémité inférieure du premier arc, nous obtiendrons la courbe cherchée, en faisant tourner cette seconde pointe du compas autour de la première.

20° *Arrondir régulièrement la pointe d'un angle.* — Soit BAC (*fig. b pl. 1re*) l'angle que l'on veut arrondir. Supposons que le point où l'on veut faire commencer l'arrondissement soit celui qui est marqué D : on marque sur l'autre côté de l'angle en E un point qui soit aussi éloigné du sommet A que le point; menez DF perpendiculaire sur AC; FE perpendiculaire sur AB; du point F où ces perpendiculaires se coupent, et d'un rayon égal à FD on décrit l'arc de cercle ED, qui arrondit l'angle convenablement.

21° *Tracé des diverses moulures.* — Je ferai connaître en détail au chapitre VI, ces opérations fondées entièrement sur l'application des règles précédentes.

22° *Tracer une volute autour d'un point donné pour centre*

(*fig. c, pl.* 1re) — On peut tracer une volùte par des demi-circonférences. Par le point A, centre donné, menez la ligne MN ; A servira de centre pour tracer la demi-circonférence BC; B sera le centre de la demi-circonférence CD ; A sera le centre de DE, de FG; B sera le centre de EF', de HG ; et, comme on voit, cette réunion de demi-cercles formera la vo-lute.

On peut avec plus de succès, encore tracer la volute par quarts de circonférence en prenant pour sommets les angles d'un carré. Dans la figure *d* (*pl.* 1re) on voit le carré 1, 2, 3, 4, dont les côtés sont prolongés vers *m, n, p* et *q*; 1 est le centre de l'arc A.B; 2 celui de l'arc BC; 3 celui de l'arc CD; 4 celui de l'arc DE: 1 celui de l'arc EF, etc. Au milieu de 1, 4, est le centre de la volute; plus le carré 1, 2, 3, 4, sera petit, plus on pourra faire faire de tours à la volute.

23° *Tracé de la volute ionique* (*fig. f. pl.* 1re). — Cette volute, employée très souvent en architecture et assez souvent aussi en menuiserie, fait trois tours terminés par une circon-férence qu'on nomme œil de la volute; à chaque tour (non compris l'œil) la volute s'approche de moins en moins du cen-tre; par conséquent chaque tour est décrit au moyen d'un carré différent; et puisqu'il y a trois tours, il faut trois carrés ou douze centres, indépendamment du centre de la volute qui est celui de l'œil.

Voici la manière de s'y prendre pour tracer cette volute, quand on a le point A où elle commence, et le point C centre de l'œil : on divise la droite AC en neuf parties égales, et on donne pour rayon à l'œil une de ces parties; on trace cet œil; on partage le diamètre EF en quatre parties égales, aux points 1 et 4; sur 1, 4 construisez le carré 1, 2, 3, 4 dont le côté est égal au rayon de l'œil, et autour duquel vous tracerez le premier tour AB de la volute, suivant ce qui a été indiqué au numéro précédent (2e manière); pour tracer le deuxième tour BD, divisez C 1 en trois parties égales, comme vous le voyez (*fig. g, pl.* 1re); portez ces divisions sur *C* 4, et vous aurez les points 5, 9, 12, 8; tirez *C*2 et *C*3; par les points 5 et 8; menez parallèlement à 1, 2 les lignes 5, 6, 8, 7; tirez 6, 7, et vous aurez le carré 5, 6, 7, 8, au moyen duquel vous dé-crirez le second tour de la volute; par les points 9 et 12 me-nez parallèlement à 1, 2 les lignes 9, 10 et 11, 12; tirez 10, 11, et vous aurez le carré 9, 10, 11, 12, autour duquel vous

tracerez le troisième tour D E de la volute; vous vérifierez
votre construction en observant que la droite A B doit être
4 parties de A C; la droite B D deux parties et $\frac{2}{3}$ de A C; la
droite D E 1 partie et $\frac{1}{3}$ de A C.

Dans cette volute, pour former la continuation du listel,
on en trace une autre *a b c* qui, dans la figure, est pointillée.
Elle a le même centre que la première et commence en *a*, dis-
tant de A d'une partie de AC, largeur du listel. On la trace de
la même manière que la première, autour de trois nouveaux
carrés. Le côté du grand carré doit être les sept huitièmes de
1 , 4 , ou , ce qui revient au même, le huitième de *a* E. Par-
tageant donc *a* E en huit parties, une de ces mesures donnera
le côté du carré, qu'on tracera comme on a tracé 1 , 2 , 3 , 4 ;
autour duquel on décrira le premier tour de la volute, et
qu'on divisera ensuite comme on a divisé 1 , 2 , 3 , 4 , pour
avoir les autres centres.

24° *Tracer l'ellipse* dite *ovale du jardinier*. — Cette élé-
gante figure peut être tracée avec la plus grande facilité.

Soit A B (*fig. h, pl.* 1re) la longueur que vous voulez donner a l'ovale, et F E sa largeur. Tirez par le milieu de A B
une perpendiculaire F O E, dont la partie supérieure soit
égale à la moitié de F E, et la partie inférieure égale aussi à
la moitié de F E; ayez un compas ouvert d'une étendue égale
à O A, ou un cordeau de cette longueur; portez une des
pointes du compas ou un des bouts du cordeau en F, et l'autre
pointe du compas ou l'autre bout du cordeau sur A B à droite,
et à gauche de F E; marquez les points C et D, où cette
pointe ou ce bout de cordeau touchent la ligne A B; alors
prenez un cordeau d'une longueur égale à A B, fixez une de
ses extrémités en C, et l'autre en D, avec un clou ou de toute
autre manière. Avec une pointe ou un petit piquet tenu d'a-
plomb, tendez le cordeau jusqu'en F, et en le tenant toujours
tendu, faites glisser la pointe de F en A, puis de F en B;
dans ce mouvement, la pointe tracera la moitié de l'ovale; on
aura l'autre moitié en tendant ensuite le cordeau vers E, et
en faisant glisser la pointe de E en A, puis de E en B.

25° *Seconde manière de tracer une ellipse.* — On trace
d'abord les deux axes perpendiculaires A B, D E, pour
marquer les sommets A et B, le centre C, et la dimension en
longueur et en largeur; ces lignes sont perpendiculaires, et
chacune coupe l'autre par moitié. (Voyez *fig. i, pl.* 1re.)

Sur le bord d'une règle M N ou d'une bande de papier, portez les longueurs M I, M K, à partir du bout M, ces longueurs étant celles des demi-axes A C, C D, vous aurez les points K et I; cela fait, présentez la règle ou la bande de papier de façon que le point K tombe quelque part sur le grand axe A B, et le point I sur l'un des points du petit axe D E; l'extrémité M sera sur l'ellipse. En tournant la règle M N de toutes les manières possibles sans cesser de satisfaire à cette condition, le bout M tracera toute l'ellipse.

26° *Troisième manière de tracer une ellipse.* — Tracez d'abord les deux axes comme dans le cas qui précède, puis du centre C (*fig. j, pl.* 1re), décrivez deux cercles C D, C B, qui aient ces axes pour diamètre; c'est entre ces deux courbes qu'est enfermée l'ellipse qu'on veut tracer. Menez un rayon C N et une perpendiculaire P N sur l'axe A B; ces lignes passant en un point quelconque de la grande circonférence par le point Q, où ce rayon rencontre le petit cercle, menez Q M parallèle à l'axe A B, vous aurez un point de cette ligne qui sera dans l'ellipse; ce sera celui où elle coupera la perpendiculaire P N. En répétant cette opération, vous obtiendrez successivement un grand nombre de points de l'ellipse que vous réunirez ensuite par un trait continu.

Comme pour faire avec précision les opérations que nous venons de décrire il faut prendre quelque soin, la paresse ou d'ignorance des ouvriers et des artistes les porte, dit M. Francœur, à préférer une courbe qu'on nomme *anse de panier.* Elle est formée d'arcs de cercle ajustés bout à bout, sans jarret et imitant la figure ovale de l'ellipse. Mais cette dernière courbe, continue cet auteur, à un contour gracieux qui manque à l'autre; il faut donc, dans tous les cas, accorder la préférence aux tracés qu'on vient de donner, et particulièrement lorsqu'on veut faire des voûtes *surbaissées* ou *surmontées :* on donne ce nom aux voûtes dont la forme est celle d'arcs d'ellipses portés sur les extrémités du petit ou du grand axe. On appelle *un plein ceintre* les voûtes qui sont circulaires. Voici au reste, la règle pour décrire l'anse de panier.

27° *Manière de décrire une anse de panier.* — Tracez les deux axes rectangulaires A B, D C (*fig. k, pl.* 1re). C'est le centre, C D la montée; menez les cordes B D, A D, et portez C D en C F : A F sera la différence des demi-axes que vous prendrez en D O et D H. Aux milieux K et I de B H et A O élevez les perpendiculaires K E, I E, qui iront concourir en un point E de l'axe C D prolongé; ce point E sera le centre de l'arc de cercle M D N ; les points G et L de rencontre de ces dernières droites avec l'axe A B, seront les centres des deux arcs B M, A N, qu'on verra se raccorder assez bien avec le premier M N. Cependant, si la courbe était très sorbaissée, si C D, par exemple, était moindre que la moitié de A C, les trois arcs de cercle formeraient un jarret prononcé vers leur jonction, et leur courbe serait défectueuse.

28° *Manière de tracer un arc rampant.* — Lés extrémités d'un centre ne partent pas toujours de la même hauteur, et la ligne qui va de l'une à l'autre est souvent inclinée à l'horizontale; c'est ce qui arrive pour les arcades destinées à soutenir des rampes. La courbe suivant laquelle on est alors obligé de tracer l'arcade, prend le nom d'*arc rampant.* Voici la manière de le tracer entre deux lignes parallèles l'une à l'autre.

Dans la *fig. l*, (*pl.* 1ʳᵉ) les lignes parallèles entre lesquelles il faut tracer l'arc, sont désignées par les lettres C B, A K; et les lettres A, B désignent les points où doit commencer l'arc. Tirez les lignes A C et B G perpendiculaires aux lignes A K, B C, unissez les points A et B par une autre ligne, et par le point E, milieu de la-ligne A B; menez E D parallèle à A K ou à B C; cette ligne E D doit être égale en longueur à E A ou à E B. Tirez une ligne du point A au point D; sur le milieu de A D, élevez la perpendiculaire F L que vous prolongerez jusqu'à ce qu'elle coupe A C en L; le point L est le centre de l'arc A D, et le point où la ligne D L coupe la ligne B G sera le centre de l'arc B D : ces deux arcs formeront l'arc rampant demandé.

§. III. *Manière de mesurer les surfaces.*

Ce paragraphe sera court, et puisque j'ai dû m'interdire le développement des théories, je n'aurai à indiquer qu'un petit nombre de règles, dont l'application facile ne permettra pas à l'ouvrier de se tromper dans l'évaluation des quantités de bois qui doivent entrer dans les travaux qu'il projette.

Il doit d'abord examiner la forme de la paroi qu'il veut revêtir, du parquet qu'il veut faire, etc.; car l'opération serait différente suivant qu'il s'agirait d'un rectangle, d'un triangle, d'un trapèze ou d'un losange.

Si on veut toiser un rectangle, ou savoir combien il renferme de mètres ou de décimètres carrés, il faut, puisqu'il a deux côtés d'une même longueur et deux côtés d'une longueur différente, mesurer avec un instrument quelconque combien de mètres a le côté le plus long, combien de mètres a le côté le plus court; multiplier ces deux longueurs l'une par l'autre, et le résultat indiquera le nombre de mètres ou de décimètres carrés contenus dans le parallélogramme. Donnons un exemple qui aura l'avantage de rendre cela encore plus clair et de rappeler en même tems la manière de faire cette opération arithmétique. Supposons que le rectangle à toiser ait 49 mètres 54 centimètres par le plus long côté, et par le plus petit, 15 mètres 27 centimètres : c'est 49,54 mètres à multiplier par 15,27. Faisons comme on le fait toujours en pareil cas, supprimons la virgule qui sépare les décimales ou les portions de mètre, des mètres, et multiplions tout simplement 4954 par 1527 : nous aurons pour résultat 7564758. Pour trouver dans ce nombre les chiffres qui indiquent les fractions du mètre et ceux qui marquent le nombre des mètres, tous ceux de mes lecteurs qui ont les premières connaissances d'arithmétique décimale savent déjà qu'il faut séparer à droite, par une virgule, autant de chiffres qu'il y en avait dans le multiplicande et le multiplicateur réunis, pour marquer les fractions de mètre. Dans l'exemple que nous avons choisi, il y avait d'un côté 27, de l'autre 54, c'est-à-dire quatre chiffres. Nous écrirons donc 756,4758. Mais qu'indiquent ces quatre derniers chiffres ? non pas seulement 4758 dix millièmes de mètre carré, ce serait une erreur de le croire; mais un résultat bien plus fort, c'est-à-dire 47 décimètres carrés et 58 centimètres carrés. Pour le faire connaître, il faut séparer de deux en deux par d'autres virgules les chiffres décimaux, et écrire 756,47,58. Si, dans le principe, on avait eu des chiffres décimaux en nombre impair, on les eût transformés en nombres pairs en y ajoutant un zéro, ce qui ne change pas la valeur et rend l'opération plus facile. Si donc on avait eu 7,25 à multiplier par 3,7, on eût changé ce dernier nombre en 3,70. On calcule d'ailleurs de même dans toutes les opérations. Si on veut calculer en toises, pieds et pouces, il y a une autre précaution à prendre dans le cas où chaque côté ne contient pas un nombre exact d'unités. Il faut transformer tout en unités de la plus petite espèce. Supposons un rectangle de

2 toises 3 pieds 5 pouces de long, sur 4 pieds 6 pouces de large ; je commence par réduire les deux toises en pieds, en multipliant 2 par 6 ; au produit, qui est 12, j'ajoute les 3 pieds : total 15 pieds, que je multiplie par 12 pour les convertir en pouces ; et en ajoutant au produit les cinq pouces de hauteur du rectangle, j'ai un total de 185 pouces. Je répète la même opération pour la largeur. Les 4 pieds me donnent 48 pouces, auxquels je dois en ajouter 6 autres, ce qui fait 54. Je multiplie ce total par 185, et j'ai pour produit 9990 pouces carrés. Puisque le pied carré contient 144 pouces carrés, pour réduire mes 9990 pouces carrés en pieds carrés, je divise 9990 par 144, et je trouve 69 pieds carrés, et 54 pouces carrés de reste. Pour réduire les pieds carrés en toises carrées, je divise 69 par 36, nombre des pieds carrés contenus dans la toise carrée. J'ai pour quotient 1 toise, et 33 pieds carrés de reste. Mon rectangle a donc une toise carrée, 35 pieds et 54 pouces carrés. Cette manière d'opérer est, comme on le voit, beaucoup plus compliquée que la précédente, et l'avantage est, dans ce cas comme dans tous les autres, en faveur du système métrique.

Pour toiser un triangle. — On commence par abaisser une perpendiculaire de son sommet sur sa base, en prolongeant pour cela cette base idéalement, dans le cas où cette précaution est nécessaire, ce qui arrive toutes les fois qu'un des angles du triangle est obtus. Cette perpendiculaire donne la hauteur du triangle ; on la mesure. On mesure aussi la base du triangle, sa base réelle, et sans tenir compte du prolongement idéal dont je viens de parler. Cela fait, on multiplie la base par la moitié de la hauteur, ou la hauteur par la moitié de la base. Quel que soit le parti qu'on choisisse, on arrive toujours au résultat cherché. Soit la hauteur 20 mètres, la base 50, on multiplie 50 par 10, ou 20 par 25, et dans tous les cas on arrive à 500.

Pour toiser un parallélogramme. — On sait déjà comment il faut opérer dans le cas où c'est un parallélogramme rectangle ; mais si c'est un losange, la marche n'est plus la même. On le divise en deux triangles, en tirant intérieurement une ligne d'un angle à l'autre : on mesure les deux triangles et on ajoute les produits ; ou bien encore d'un point quelconque d'un des cotés du parallélogramme, on abaisse une perpendiculaire sur le côté opposé qu'on considère comme la base. On mesure cette perpendiculaire, qui indique la hauteur; on mesure aussi la base, et on multiplie l'un par l'autre.

Pour toiser un trapèze. — On mesure séparément les deux cotés qui sont parallèles, et on ajoute ensemble les produits On abaisse une perpendiculaire de l'un de ces côtés sur l'autre; on la mesure, puis on multiplie par la moitié de cette mesure les mesures additionnées de deux côtés parallèles. Soit 10 mètres la longueur d'un de ces côtés, 15 mètres celle de l'autre, 20 mètres la hauteur, on ajoute ensemble 10 et 15 = 25 qu'on multiplie par 10, moitié de la hauteur, ou bien on multiplie 20 par 12,50. On peut encore, si on veut, diviser le trapèze en deux triangles, les toiser séparément, et ajouter ensemble les résultats des deux opérations.

Pour mesurer la surface d'un cercle. — On peut d'abord le diviser en un certain nombre de triangles en tirant des rayons également espacés du centre à la circonférence, et mesurer séparément ces triangles; mais il est un moyen bien plus expéditif. On mesure le diamètre, et on calcule la circonférence par le moyen indiqué au §. précédent, n° 9, puis on multiplie la longueur de la circonférence par le quart du diamètre; ou bien encore, la longueur de la circonférence étant connue, on calcule celle du diamètre, et on multiplie le premier nombre par le quart du second.

A l'aide de ce petit nombre de procédés il est possible de mesurer les surfaces les plus irrégulières, les polygones les plus compliqués, car il n'en est pas qu'on ne puisse diviser idéalement en triangles dont on calcule séparément les surfaces. Peu importe que quelques-uns soient terminés en certains points par des lignes courbes, puisque les planches qu'on a employées étaient droites, et qu'il a fallu leur donner par les côtés cette forme courbe qui a fait perdre du bois.

CHAPITRE II.

DE LA MANIÈRE DE DÉBITER ET COUPER LES BOIS.

On entend par *débiter les bois* l'opération de les scier ou refendre, soit dans la largeur, soit dans l'épaisseur; de les diviser , en un mot, en pièces de diverses dimensions et dont la longueur, la largeur ou l'épaisseur soient convenables pour les ouvrages qu'on se propose de faire.

La scie est l'instrument qu'on emploie à cet usage. On lui donne plus ou moins de voie suivant le degré de dureté du bois qu'on débite; mais il faut qu'elle en ait beaucoup et que les dents soient longues et bien espacées quand on travaille sur du bois vert; sans cela la sciure s'accumule entre les dents et gêne la marche de l'instrument ou le fait aller de travers. On est sûr de ne jamais aller droit quand on veut couper des bois tendres et verts avec des scies à dents courtes, fines et ayant peu de voie. On ne réussirait pas mieux en employant pour. des bois durs les scies dont je viens de recommander l'usage pour les bois verts. La raison en est simple : dans ce cas on a une résistance plus forte à vaincre, il faut donc agir sur une ligne plus étroite. Dans le cas précédent, au contraire, le bois étant peu compacte, la fibre étant plus molle, on ne coupe pas net; la fibre cède et se déchire plutôt qu'elle n'est coupée, et la sciure plus grosse aurait bientôt empâté les dents si on ne leur donnait pas une plus grande longueur.

Il est d'autres précautions indispensables pour scier bien droit. Il faut affûter avec soin la scie, et ne pas plaindre le tems qu'on y met ; la célérité avec laquelle marchera l'ouvrage en aura bientôt dédommagé. Frottez-la aussi de tems en tems avec un corps gras, soit du suif, ou un morceau de lard. Quand vous voulez scier, présentez l'instrument bien perpendiculairement à la pièce de bois, en lui faisant suivre bien exactement le trait qu'on a tracé pour le guider ; effacez un peu votre corps pour qu'il ne gêne pas le mouvement des bras, et poussez bien droit et sans balancer. L'impulsion que vous donnez doit communiquer à la scie un mouvement de va et vient franc, net et sans hésitation. Il ne faut pourtant pas aller trop vite ni trop appuyer sur la scie, car la résistance pourrait devenir trop grande; la lame ne pouvant plus aller d'arrière en avant, se courberait brusquement, et si ce mouvement se répétait plusieurs fois, le trait prendrait nécessairement de la courbure. En outre, cette manière de procéder détériorerait promptement l'instrument. Quant à la manière de tenir la scie, chacun sait qu'on la prend à deux mains par une des traverses, et que la pointe des dents doit toujours être poussée en avant quand cette pointe est inclinée. Chacune de

ces dents est un petit coin armé latéralement d'un biseau, et
la puissance de la scie vient de ce qu'elle en présente un grand
nombre qui pénètrent dans le bois et le coupent simultanément. Quand une scie a plus de voie d'un côté que de l'autre,
on s'en aperçoit à ce qu'elle tend toujours à tourner de ce
côté. Quand une scie s'échauffe trop, c'est qu'elle ne convient
pas à l'ouvrage; il faut en changer, sans quoi elle se dé-
tremperait.

Mais pour *débiter* convenablement le bois, il ne suffit pas
de savoir bien diriger la scie, il faut encore connaitre la
manière de diviser une pièce, de manière à n'en rien perdre,
et à en tirer tout le parti possible; et lorsqu'il est question
d'entamer des bois précieux, il faut aussi savoir s'y prendre
de façon à faire ressortir tous les beaux accidens qu'ils peuvent renfermer. Dans ce dernier cas surtout, il faut long-
tems hésiter à mettre la scie dans un morceau de bois; on
doit le bien examiner, car le mal serait grand et irréparable
si on sacrifiait un beau veinage.

Il y a diverses manières de débiter le bois. Quand on veut
obtenir des pièces minces, telles que des panneaux, on le divise sur son épaisseur, ce qui s'appelle *scier* ou *débiter sur le
champ.*

Quand au contraire on veut obtenir des pièces fortes et
peu longues ou peu larges, alors on divise la longueur ou la
largeur en faisant mouvoir la scie parallèlement à la longueur
ou à la largeur, et perpendiculairement à la plus grande surface; c'est ce qu'on appelle *scier* ou *débiter sur le plat.*

Il est essentiel de choisir pour les débiter *sur le champ*, des
planches sans nœuds, sans gales, sans défauts, puisque les
parties qu'on en tire sont celles qui, dans l'ouvrage occupent
le plus de surface. On donne aussi la préférence à celles qui
ont une belle couleur, où qui sont nuancées de veines, ce
dont on s'assure en *sondant le bois*, c'est-à-dire en donnant
sur sa superficie un ou deux coups de riflard ou demi-varlope, pour la mettre à découvert.

On préfère aussi pour cela celles qui sont sur la maille du
bois, c'est-à-dire celles dont la surface est oblique aux rayons
qui s'étendent du centre à la circonférence. Le bois coupé en
ce sens est moins sujet à se tourmenter. Cependant il se polit
plus difficilement; mais il produit un bien plus bel elfet pour
les bois qui ne sont que vernis.

On *débitera sur le plat* les planches qui ont des fentes ou des nœuds, parce qu'il sera bien plus facile de faire disparaître ces défauts dans les différentes coupes, et de s'arranger de manière à perdre, par suite, le moins de bois possible. Si d'ailleurs on était obligé d'en conserver quelques-uns, le mal serait moins grand, car ces imperfections sont bien moins en évidence, bien moins désagréables à l'œil sur un montant ou une traversé, qu'elles ne le seraient sur un panneau d'une bien plus grande surface.

Avant d'entreprendre de débiter du bois pour un ouvrage quelconque, il faut commencer par se rendre compte du nombre et de la nature des pièces dont on a besoin, calculer combien il faut de battans, combien de montans, de traverses, de panneaux; quelles seront leurs dimensions, les moulures dont on veut les orner. Ce dernier point n'est pas sans importance, car il est bon de réserver pour les pièces qui doivent porter des moulures, les côtés où le bois est moins dur et qui était le plus voisin de l'aubier, afin qu'on puisse les pousser plus commodément.

Cela fait, on établit l'ouvrage, c'est-à-dire qu'on indique par des marques, sur la pièce de bois à débiter, les battans, les montans, les traverses, etc. On choisit à cet effet des planches ou autres pièces de dimensions convenables. S'il s'agit de faire de grands battans, il faut prendre des planches longues, bien droites et de fil. Si la planche avait des fentes ou d'autres défauts, on tâcherait de prendre des battans de moyenne grandeur dans la partie qui en serait exempte, et on emploierait le reste à faire de petites pièces, telles que des traverses.

Pour établir l'ouvrage, on choisira la rive ou l'arête du bois la plus droite, et l'on marquera sur chaque face les largeurs dont on a besoin, en tirant des parallèles à cette arête, ce qu'on exécutera sans peine à l'aide du trusquin. Mais, dans cette opération, il faut avoir soin de mettre environ trois lignes de trop à chaque largeur, parce que le passage de la scie fait perdre une partie de cet excédant et que le corroyage a bientôt enlevé le reste.

Si la pièce qu'on veut employer n'a aucune arête passablement droite il faut en dresser une avec la varlope, ou, si l'on aime mieux, tracer une ligne qui suive le plus près possible les parties centrales afin de perdre moins de bois. Cette première ligne servira de guide pour mener les parallèles; mais dans ce cas, on ne pourra pas se servir du trusquin.

Si les arêtes ou les côtés d'une planche étaient par trop courbes, il faudrait bien se garder de sacrifier toutes les parties excédantes d'un côté ou de l'autre. Il serait bien plus économique de la diviser en plusieurs longueurs et de se servir de chacune de ces portions, que l'on couperait de manière à ce que toutes fussent à peu près droites, pour faire des traverses ou des montans de même grandeur.

Il est superflu d'ajouter qu'il faut toujours proportionner la longueur des pièces que l'on emploie à la longueur des morceaux qu'on veut en retirer. Par exemple, il ne faudrait pas, à moins qu'il n'y eût à l'une des extrémités des nœuds ou des fentes, employer une planche de six pieds pour couper un montant de cinq. Il resterait un bout de planche long d'un pied dont on ne saurait plus que faire.

Il ne faut pas, au reste, que le menuisier se contente de débiter au jour le jour les bois dont il a besoin. Il doit au contraire s'en faire une provision. D'une part, ce sera une bonne manière d'employer le tems de morte saison où l'on manque d'ouvrage; d'autre part, le bois débité sèchera mieux et l'ouvrage en sera plus solide.

On trouve d'ailleurs dans le commerce, sous le nom de *bois d'échantillon*, des bois qu'on a sciés et débités dans les forêts pour des usages déterminés. Ces différentes espèces de bois prennent divers noms suivant leurs dimensions.

On réserve spécialement le nom de *planches* à des portions d'arbres très minces relativement à leurs autres dimensions, longues de six à vingt-cinq pieds, larges de neuf pouces à un pied.

Quand la planche a deux pouces d'épaisseur, on l'appelle *dcubette*. Si elle est épaisse de trois à cinq pouces on la nomme *table*.

La *membrure* a de quinze à vingt pieds de long, cinq ou six pouces de large et trois d'épaisseur.

Les *chevrons* ne diffèrent de la membrure que parce qu'ils ont environ quatre pouces d'équarrissage.

L'*entrevoux* à jusqu'à dix pieds de long sur une épaisseur de neuf lignes.

La *volige* n'a que six lignes d'épaisseur; le *feuillet* n'en a que trois.

L'ouvrier qui n'aura que de grosses pièces de bois et voudra en avoir de plus minces, fera bien de se régler en les débitant sur ces dimensions, qui sont commodes et satisfont à tous les besoins. Ainsi, s'il veut faire des *voliges*, il prendra pour cela une *doubette* qu'il refendra en trois, en la divisant sur son épaisseur par deux traits de scie. Au premier coup d'œil il semble que les *voliges* ainsi obtenues devraient être trop épaisses; mais il faut tenir compte des deux ou trois lignes que fait perdre chaque passage de la scie.

Il faut faire des observations analogues lorsqu'on débite les pièces de bois dans tout autre sens. Si donc on veut trois traverses de deux pieds, il faudra scier en trois un chevron de six pieds de longueur. De cette manière on ne souffrira aucune perte. Je ne conseille pas, au reste, de débiter à l'avance les bois relativement à la longueur. Cette dimension est trop variable dans les différens ouvrages; et par cette opération on activerait peu la dessiccation des bois. Il en est autrement lors qu'il s'agit de *débiter sur le champ*, parce qu'alors les pièces de bois sont rendues plus minces, qu'on met à découvert une bien plus grande surface, et que par conséquent le desséchement s'opère avec une tout autre rapidité.

CHAPITRE III.

NOTIONS D'ARCHITECTURE.

On pense bien que, dans un ouvrage de la nature de celui-ci, je ne veux pas donner des notions complètes d'architecture; elles seraient déplacées. D'ailleurs je n'ai pas la prétention de faire toute une encyclopédie à propos de l'art du menuisier. Mais il est des choses qui ne peuvent être ignorées même par l'ouvrier le plus ordinaire; telles sont les notions de l'architecture qui servent à régler les proportions des différens ouvrages.

Ce n'est pas que ces proportions soient rigoureusement déterminées; mais en comparant les plus beaux ouvrages, ceux qui méritaient le mieux d'être pris pour modèles, on a remarqué entre leurs diverses parties des proportions ou rapports qui ont servi de règles pour les imiter. Ce n'est pas qu'on soit rigoureusement astreint à suivre ces rapports; mais ceux qui s'en écarteront renoncent à profiter de l'expérience de leurs devanciers. Ils subiront toutes les chances du hasard; et risquent de s'en trouver fort mal; tandis qu'ils se mettent à l'abri de toute critique en se conformant à des règles dont une longue expérience a prouvé le mérite; ils ne courent plus le risque de faire des ouvrages dénués de grâce, ridicules ou grossiers.

On compte cinq ordres d'architecture, savoir : l'ordre *toscan*, l'ordre *dorique*, l'*ionique*, le *corinthien* et le *composite*.

On distingue dans chacun trois parties principales : la *colonne*, l'*entablement* qui la surmonte, et le *piédestal* qui la supporte. Cette dernière partie manque souvent, et est remplacée par une seule plinthe; l'ordre est alors réduit aux deux autres parties. Quelquefois même un ouvrage ou un édifice n'ont pas de colonnes, ce qui n'empêche pas qu'ils ne soient construits suivant tel ou tel ordre, à cause des proportions qu'on y a observées.

L'ordre *corinthien* se distingue par la richesse des sculptures qui décorent sa frise; le chapiteau des colonnes est aussi revêtu de deux rangs de feuilles et de huit volutes.

L'ordre *ionique* est remarquable par les volutes de son chapiteau.

L'ordre *dorique* a sa frise ornée de triglyphes et de métopes.

L'ordre *toscan*, le plus simple et le plus solide de tous, n'admet aucun ornement.

Outre ces caractères, les divers ordres sont encore distingués par les proportions qui en règlent les parties.

Il est inutile d'entretenir mes lecteurs de divers ordres particuliers qui ne leur apprendraient presque rien et qui nous entraîneraient dans de trop longs détails. Voici les relations qu'on doit établir entre les parties principales des ordres d'architecture.

Dans tous les ordres, l'entablement a pour hauteur le quart de la colonne, le piédestal, le tiers. Chacune de ces trois parties est sous-divisée elle-même en trois, savoir :

Le piédestal en *corniche*, *dé* et *base*.

La colonne en *base*, *fût* et *chapiteau*.

L'entablement en *architrave*, *frise* et *corniche*.

On a soin de proportionner la grosseur de la colonne à son ordre, à sa hauteur et à l'élévation total de l'édifice.

La colonne toscane, en y comprenant sa base et son chapiteau, a pour hauteur sept fois son diamètre; la dorique, huit fois; l'ionique, neuf fois, la corinthienne; dix fois.

Les sous-divisions sont également réglées sur cette échelle, ce qui a fait donner le nom de *module* au rayon de la colonne, ou à sa demi-grosseur, qui, une fois déterminée, donne à son tour la hauteur de la frise, de la corniche, du fût, etc. Ce module se divise en douze longueurs égales, dans les deux premiers ordres, et en dix-huit dans les deux autres : ces fractions sont nommées des *parties*.

Voici les nombres de modules qui, pour chaque ordre, conviennent aux sous-divisions.

Ordre toscan.

COLONNE.................... 14 modules.

Base...	1	⎫
Fût...	12	⎬ 14
Chapiteau......................................	1	⎭

ENTABLEMENT................... 3 modules $\frac{1}{2}$

Architrave..............................	1	⎫
Frise.................................	1 $\frac{1}{6}$	⎬ 3 $\frac{1}{2}$
Corniche..............................	1 $\frac{1}{3}$	⎭

PIÉDESTAL.................... 4 modules $\frac{2}{3}$

Corniche....................................	$\frac{1}{2}$	⎫
Dé..	3 $\frac{2}{3}$	⎬ 4 $\frac{2}{3}$
Base..	$\frac{1}{2}$	⎭

En tout 22 mod. $\frac{1}{6}$; et sans piédestal, 17 mod. $\frac{1}{2}$.

L'intervalle des colonnes, qui se nomme *entrecolonnement*, est de 4 modules $\frac{2}{3}$.

Ordre dorique.

COLONNE.................... 16 modules.

Base......................................	1	⎫
Fût.......................................	14	⎬ 16
Chapiteau................................	1	⎭

ENTABLEMENT................... 4 modules.

Architrave............................. 1 ⎫
Frise................................ 1 $\frac{1}{2}$ ⎬ 4
Corniche............................. 1 $\frac{1}{2}$ ⎭

PIÉDESTAL.................... 6 modules $\frac{2}{5}$.

Corniche........................ o m. 14 p. ⎫
Dé............................... 5 m.   4 p. ⎬ 6 $\frac{2}{5}$
Base................................... $\frac{2}{5}$ ⎭

En tout 26 modules $\frac{2}{5}$.
L'entrecolonnement est de 4 modules $\frac{2}{5}$.

Ordre ionique.

COLONNE..................... 18 modules.

Base............................. 1 ⎫
Fût...16 m. et 6 parties (1)............. 16   6 ⎬ 18
Chapiteau......................... » 12 ⎭

ENTABLEMENT.................... 4 m. 9 p.

Architrave....................... 1 m. 4 p. $\frac{1}{2}$ ⎫
Frise............................ 1   9 ⎬ 4 9
Corniche......................... 1 13 $\frac{1}{2}$ ⎭

PIÉDESTAL.................... 6 modules.

Base............................ o m. 10 p. ⎫
Dé............................. 4   16 ⎬ 6
Corniche.........................   10 ⎭

Ces mesures ne sont pas invariables : le dé se fait un peu
plus, un peu moins haut.

Hauteur totale de l'ordre, 28 m. 9 p.

Ordre Corinthien.

COLONNE.................... 28 modules.

Base............................. 1 m. ⎫
Fût.............................. 16   12 ⎬ 20
Chapiteau........................ 2   6 ⎭

(1) A partir de cet ordre, le module se divise en 18 parties.

ENTABLEMENT................. 5 modules.

Architrave.....................	1 m. 9 p.	⎫
Frise........................	1 9	⎬ 5
Corniche.....................	2	⎭

PIÉDESTAL.......... 6 modules 12 parties.

Base...........................	0 m. 14 p. ½	⎫
Dé............................	5 1	⎬ 612
Corniche......................	14 ½	⎭

Hauteur totale de l'ordre, 31 modules 12 parties.

Ordre Composite.

« On a mis le composite (dit M. Paulin Desormeaux) au rang des ordres, bien qu'il ne soit réellement que l'ordre corinthien auquel on ajoute les caractères distinctifs du chapiteau ionien (les volutes) ou tous autres ornemens suivant le goût et le caprice. L'ordre composite a été le premier pas fait vers la décadence; l'homme qui ne peut s'arrêter dans ses desirs, n'a pu se contenter long-tems du beau simple : il lui a fallu le beau surchargé.

« Le piédestal de cet ordre est en tout semblable à celui de l'ordre précédent. La base corinthienne ou la base attique s'emploie de même pour cette colonne, et le fût s'élève dans les mêmes proportions : c'est par le chapiteau seulement que l'ordre composite diffère du corinthien...... Le fût peut être également orné de canelures qui peuvent être au nombre de vingt ou 24 comme dans l'ordre ionique; mais le module étant plus petit, les cannelures seront conséquemment plus petites pour répondre au reste de la composition. Le menuisier aura peu souvent l'occasion de canneler des colonnes : il sera plutôt appelé à pratiquer cette opération sur des pilastres, et alors il pourra le faire aisément en construisant une espèce de bouvet à joue mobile, armé d'un fer arrondi, etc., etc. On met 7 cannelures sur chaque pilastre, et l'intervalle ou listel qui les sépare doit être d'un tiers ou d'un quart de la cannelure..... S'il y a des cablins, ils seront d'un tiers ou d'un quart de la hauteur.... Le menuisier ne doit point mettre de cannelures sur les côtés du pilastre faisant saillie, etc., etc. »

Pour élever un ordre d'une hauteur donnée, on divise cette

hauteur, exprimée en mètres, par le nombre de modules dont est formé l'ordre dónt il s'agit; le quotient sera le module, ou le demi-diamètre du *bas* de la colonne. Nous disons le *bas*, parce qu'on trouve que la colonne a plus de grâce, en l'amincissant, vers son sommet, et insensiblement d'un tiers de module dans les deux tiers súpérieurs de son fût. Le module ainsi déterminé, on compose sur cette unité une échelle, qui sert à donner les hauteurs de toutes les sous-divisions. On trace une verticale, sur laquellé on porte successivement les lougueurs de la corniche, de la frise, de l'architrave, etc.; par les points ainsi fixés, on trace des parallèles horizontales, entre lesquelles seront comprises toutes les moulures de l'ordre.

L'ébéniste veut-il, par exemple, soutenir le marbre d'une commode par des colonnes corinthiennes, sans piédestal ni entablement : en supposant que la hauteur du meuble soit de 12 décimètres, il divise 12 par 20, nombre des modules de la colonne, et trouve que le module aura 6 centimètres, ce sera l'unité de l'échelle : la colonne aura 12 centimètres d'épaisseur par le bas; le fût, dix décimètres de hauteur; la base, 6 centimètres; et le chapiteau, 14 centimètres.

Réciproquement, si l'on entoure le bas d'une colonne d'un fil, pour en mesurer la circonférence, en multipliant par 0,159, on en conclura le rayon ou module, et par suite les hauteurs de l'édifice entier, et de toutes ses parties, selon l'ordre observé dans sa construction. C'est sur ces principes que s'exécutent toutes les compositions d'architecture.

Les *Frontons* sont des constructions triangulaires, dont la hauteur peut beaucoup varier selon l'étendue. Il y en a de petits dont la hauteur est le tiers de la base; d'autres sont construits sur le quart, le cinquième, ou le sixième. Cette dimension dépend du goût de l'artiste. Il en est à peu près de même des diverses moulures qui composent les corniches, chapiteaux, etc.

Les *pilastres* sont des colonnes carrées (des parallélipipèdes) rarement isolées : on les engage dans les murs ou boiseries, et on les fait saillir à peu près d'un tiers ou d'un quart de module. D'ailleurs, les ornemens, les chapiteaux, la base, toutes les proportions enfin y sont réglées d'après les préceptes de l'ordre qu'ils représentent.

CHAPITRE IV.

DU DESSIN ET DU TRAIT DU MENUISIER.

Après avoir exposé avec les détails nécessaires les principes de la géométrie pratique, la manière de tracer toute espèce de figure régulière, de mesurer toute espèce de surface ; après avoir donné, à l'aide de quelques notions d'architecture, les proportions qui doivent régler les compositions du menuisier, il me reste pour compléter tout ce que j'ai à dire sur les connaissances préliminaires indispensables au menuisier, à entrer dans quelques détails sur le dessin.

On sent bien que je n'ai pas la prétention de donner aux ouvriers des moyens de se passer de l'habitude et du travail nécessaires pour faire à *la main* de beaux dessins ; aussi tel n'est pas mon projet. « Suivez les écoles gratuites qui se sont multipliées dans toutes les villes importantes : » tel est le seul conseil que je peux donner à cet égard.

Mais il est une espèce de dessin qui s'exécute avec la règle et le compas, que l'on sait déjà presque en entier quand on sait faire les opérations que j'ai enseignées pour tracer les diverses figures ; une espèce de dessin qui n'a pas pour lui l'avantage de la beauté, mais celui de la régularité, et l'exactitude ; c'est là celui dont je voudrais exposer les principes fondamentaux.

« Un dessin ordinaire, dit M. Francœur, quelque fidèle qu'il soit, peut bien donner l'idée de la forme extérieure des corps et de leur situation mutuelle ; mais ne saurait servir de guide assuré à l'ouvrier qui veut en déduire la figure et les dimensions des pièces qui entrent dans leur construction. » L'examen de la majeure partie des figures de la planche IV, rendra cela sensible ; un grand nombre de pièces n'y sont pas vues sous leur véritable forme, et le raccourci de la perspective en altère les dimensions véritables. Cependant, fait observer l'auteur que je viens de citer, un comble en charpente, une porte, sont composés de pièces d'assemblage dont chacune doit être taillée et préparée d'avance, de manière à n'avoir besoin d'aucune correction pour occuper sa place dans l'ensemble et se lier avec ses voisines .... Or comment espérer qu'un dessin qui ne montre le plus souvent que les parties extérieures, et qui ne donne aux lignes que des longueurs et des positions apparentes, puisse fournir à l'artiste des mesures assez précises pour que chaque pièce fabriquée à part entre dans la construction générale au lieu qu'elle y doit occuper, et avec les formes et dimensions rigoureusement convenables à son emploi?

Ce qu'on ne peut obtenir d'un dessin ordinaire se trouve aisément par les *projections*.

Malheureusement la théorie des projections est bien difficile à mettre à la portée de ceux à qui mon ouvrage est destiné. Néanmoins, grâce aux travaux de M. Francœur, et en mettant à profit son ouvrage, j'espère venir à bout d'exposer ce qui peut être le plus utile, et mettre mes lecteurs en état de tracer le plan de tous les ouvrages qu'ils voudront entreprendre.

On appelle PROJECTION *d'un point sur une ligne ou sur un plan, le pied de la perpendiculaire abaissée de ce point sur cette ligne ou sur ce plan.*

La projection d'une droite sur un plan est une autre droite, de longueur et de directions différentes, que déterminent les projections de ses deux extrémités; ou de deux de ses points pris où l'on voudra sur sa longueur.

La longueur de toute droite dans l'espace est le plus grand côté d'un triangle rectangle dont les deux côtés de l'angle droit sont, l'un la projection horizontale de la droite, l'autre la différence de niveau des deux bouts, ou sa projection verticale.

Lorsqu'on projette une ligne, ou un cercle, ou une courbe quelconque, sur un plan qui lui est parallèle, cette figure s'y transporte avec la même forme et la même grandeur.

Tels sont les quatre premiers principes que pose M. Francœur. Je n'ai pas voulu le suivre dans la démonstration qu'il en a donnée, cela m'eût entraîné dans des détails déplacés dans un ouvrage de la nature de celui-ci; mais tenons ces principes pour démontrés, et voyons quelles en seront les conséquences.

Grâce à ces principes, nous savons projeter des lignes; nous savons aussi, au moyen du quatrième principe, obtenir une ligne absolument semblable à la ligne projetée; il suffit pour

cela de faire la projection sur un plan parallèle à cette ligne.
Mais comme tous les objets peuvent être décrits par des
lignes, nous en obtiendrons une figure parfaitement exacte
en projetant ces objets, ou les lignes qui les représentent, sur
un plan qui leur est parallèle.

Rendons ceci sensible par un exemple : soit la porte d'une
armoire ; supposons que nous avons posé en face une table
plus grande et dont la surface est bien parallèle à celle de la
porte. Si de chacun des points de la porte on pouvait amener
une série de lignes perpendiculaires sur la table, il est clair
que les points qui terminent ces lignes traceraient sur la surface unie une figure tout-à-fait semblable à la porte ; il est
clair aussi que les proportions étant par suite parfaitement observées, les dimensions de chacune des parties de la porte seraient parfaitement conservées sur la figure, qu'on pourrait
les mesurer sur la figure comme sur la porte, et avec la
figure exécuter une porte parfaitement semblable à celle qui
a servi de modèle.

Mais pour obtenir ces figures, on ne peut pas procéder
comme je viens de le dire, ce serait chose trop embarrassante.
Heureusement le second des principes que nous venons d'indiquer nous fournit un moyen de parer à cet inconvénient.

Nous savons que les projections des lignes sont déterminées par celles des deux points extrêmes ; nous savons aussi
que la position des lignes entre elles est réglée par la mesure
de leurs angles.

Cela établi, revenons devant la porte dont nous voulons
avoir la figure.

Je remarque que cette porte (voy. *fig.* 84, *pl.* 2e) a une
forme parallélogrammique. Je mesure la ligne que forme la
partie inférieure et horizontale, et je la figure sur la table où
je veux la dessiner, par une autre ligne pareillement horizontale et de même longueur. Les lignes qui terminent les montans paraissent verticales ; je m'en assure avec l'équerre, je
les mesure, et je les figure par deux lignes d'égale longueur
élevées verticalement à chaque extrémité de la ligne horizontale par laquelle j'ai complété mon tracé. Le parallélogramme
est bientôt complet. Je porte sur la ligne du haut et sur la
ligne du bas la largeur des battans, puis je porte sur mon
dessin l'épaisseur des montans, puis celle des traverses, ce qui
me donne aussi la dimension des panneaux. Alors mon dessin

est tracé; il est semblable à la figure 84. Si au lieu d'avoir affaire à des lignes se coupant à angles droits, j'avais rencontré quelque angle plus aigu ou plus obtus (voyez, par exemple, *fig*. 81), je n'aurais pas été embarrassé, car je sais déjà faire un angle égal à un autre angle. Ma figure ainsi tracée ne me donne que l'apparence extérieure, et certaines parties de diverses pièces de bois restent cachées; mais rien ne m'empêche de les rendre sensibles et de figurer les tenons et les mortaises comme on l'a fait pour les divers panneaux représentés *fig*. 86, en me servant de lignes ponctuées ou tracées avec un crayon d'une autre couleur.

Jusqu'à présent mes dessins sont d'une grandeur égale à l'objet représenté; mais cela est embarrassant dans un très grand nombre de cas, et dans plusieurs impossible. Je m'affranchirai de cette gêne en réduisant proportionnellement mes dessins; en représentant dans mes figures les pieds par des lignes, les mètres par des centimètres, etc; en traçant, par exemple, une ligne de 12 centimètres pour une ligne de 12 mètres et ainsi de suite. On sent en effet que si l'on fait subir la même réduction à toutes les parties du dessin, les proportions restant les mêmes, le dessin rendra les mêmes services, et qu'à l'aide de ce dessin il sera facile de reproduire dans les mêmes dimensions l'objet représenté, pourvu qu'on soit averti que les centimètres du dessin sont tous la représentation d'un mètre, ou les lignes la représentation d'un pied.

Il ne suffit pas d'avoir un dessin commode, il faut encore avoir le nombre de dessins nécessaires. Il est certain objets qu'on a besoin de voir sous différentes faces pour pouvoir les exécuter, et par conséquent il faut avoir les dessins de ces diverses faces. S'il s'agit d'un secrétaire, par exemple, il ne suffit pas d'avoir le dessin du devant, ou la projection sur un plan vertical de toutes ses parties antérieures (ce qu'on appelle l'*élévation*); il faut avoir aussi la projection du fond sur un plan horizontal (ce qu'on appelle spécialement le *plan*). Enfin il est des ouvrages pour lesquels il faut avoir le dessin du devant, le dessin du derrière et le dessin du côté, ce qu'on appelle l'élévation *antérieure, latérale* et *postérieure*. Enfin il est encore des cas très nombreux où l'on a besoin de connaitre les détails intérieurs de l'objet qu'on veut faire; alors on suppose qu'il est coupé soit horizontalement, soit verticalement, et l'on dessine ce qu'on appelle la *coupe*, comme nous l'avons fait pour la croisée de M. Saint-Amand, voy. *pl.* 3ᵉ *fig.* 15, et pour la traverse inférieure du pupitre portatif, voy. *fig.* 18, même planche. Les *fig.* 4 et 4 *bis* de la même planche représentent le même objet; mais l'une reproduit le *plan*, c'est-à-dire la projection horizontale, et l'autre l'*élévation*, c'est-à-dire la projection verticale de l'escalier.

On sent qu'un dessin de cette nature ne sert pas seulement à refaire un ouvrage déjà exécuté; il sert aussi a arrêter à l'avance les dimensions de chacune des parties d'un ouvrage qu'on n'a pas encore fait.

Par exemple, veut-on faire un secrétaire? on fera bien d'en tracer l'élévation, pour régler les proportions de la plinthe, de l'abattant, des tiroirs, etc., pour fixer sa hauteur; on fera bien d'en dresser le plan pour marquer l'arrondissement des coins ou le diamètre des colonnes; une coupe verticale indiquera la position des tiroirs et des parties intérieures; et sur ces différens dessins on réglera facilement la dimension de chacune des pièces de bois qui doivent entrer dans l'ouvrage, de manière qu'on puisse les exécuter séparément, et assembler ensuite l'ouvrage à coup sûr.

Ce genre de dessin s'emploie avec grand succès quand on a à revêtir de boiserie des surfaces courbes, des voûtes et autres ouvrages de ce genre. Donnons-en deux exemples.

Je suppose que nous avons à revêtir de boiserie un plafond à plein cintre, droit en plan. Je remarque que l'élévation est un demi-cercle et que les pieds droits de ce plafond sont d'équerre à sa face. Pour tracer le dessin je m'occupe d'abord du plan. Je le ferai sans peine en formant un parallélogramme rectangle dont deux côtés seront égaux à la longueur et deux autres à la profondeur de la niche à revêtir. Sur ces quatre premières lignes je marquerai l'épaisseur du bois, et en cas de besoin la place des traverses, des mortaises et des tenons. Pour avoir l'*élévation*, je trace d'abord une ligne horizontale égale à la longueur du plan, et sur le milieu de laquelle j'abaisse une verticale dont la hauteur est égale à celle de la voûte au-dessus de la naissance du centre; puis du point où ces deux lignes se coupent, je trace un demi-cercle qui va de l'extrémité de la verticale aux deux extrémités de l'horizontale. Du même centre, pour marquer l'épaisseur du bois, je trace un autre demi-cercle intérieur, de façon que l'intervalle des deux cercles règle cette épaisseur. Ces deux cercles ayant ainsi réglé l'épaisseur des courbes, serviront pour tailler les pièces qui les composent et dont la longueur est aussi marquée. Enfin, deux demi-cercles entre les deux premiers règlent la largeur de la rainure dans laquelle doivent s'ajuster les panneaux.

J'emprunte mon deuxième exemple à M. Désormeaux, et je choisis parmi ceux qu'il a compilés çà et là. La *fig*. 85, *pl*. 2, rendra clair ce qu'il peut y avoir d'obscur dans le texte. Elle représente une arrière voussure dite de Marseille, plan en biais, et élévation surbaissée par devant, plein-cintre par derrière, droite en coupe du milieu, l'embrasure en quart du cercle.

Cette arrière-voussure, dit cet auteur, dont l'embrasure est terminée en arc, a été imaginée dans le dessein de loger dans cette embrasure l'un des vantaux ouvrans d'une porte ou d'une croisée. C'est pourquoi le plus bas de la courbe de devant y doit être à la hauteur du point le plus élevé de celle du fond.

Pour faire le plan de cette voussure, il faut que sa profondeur soit de même mesure que la moitié de la largeur du fond, et que le cintre de l'ébrasement soit en hauteur égal à celui de la courbe du fond, afin que l'on puisse y loger un des vantaux des portes, des croisées ou des volets.

Faites donc le plan à volonté, avec l'attention que la distance AB soit égale à AC. Faites la courbe d'élévation du fond demi-cercle, en sorte que $t s$ soit égal à $p q$.

Divisez le plan et la coupe du milieu en quatre parties de joints de panneaux; faites-les horizontales en plan; élevez ces lignes sur le quart de cercle de l'embrasure, et faites-y les courbes qui démontrent les joints. Divisez la moitié de la largeur en six parties égales, sur la courbe du fond, et tendez au centre les lignes des coupes 1, 2, 3, 4, 5, 6.

Pour exécuter ces courbes, on prend leur largeur en plan, et l'on tire leur longueur de leurs lignes respectives : on élève perpendiculairement la seconde de ces dimensions sur la première, ce qui détermine l'étendue de la ligne oblique de chaque coupe (voy. *iiii*). Les lignes de divisions du plan et celles de l'élévation étant portées, les unes horizontalement, les autres perpendiculairement, sur la longueur et la largeur de chaque coupe, donnent, par leur rencontre sur la ligne oblique, les joints des panneaux.

Pour avoir le développement de la courbe d'embrasure, tirez parallèlement à la ligne biaise AB la ligne *ab*; élevez perpendiculairement les angles formés par les courbes du devant et par celles du fond, ainsi que par les lignes de joints; prenez la hauteur de la courbe sur son élévation *p q*; prenez-y aussi la longueur des joints 7, 8, 9, que vous menerez parallèlement à *a b*; faites passer à leur rencontre avec les perpendiculaires *x*, *x*, les lignes des angles intérieurs de la courbe, et celles qui marquent son épaisseur : les rencontres de celles-ci avec les horizontales du plan donneront les lignes des angles extérieurs.

Ces exemples et les principes qui précédent doivent suffire pour guider le menuisier intelligent, et le mettre en état d'exécuter le plan de tous les ouvrages pour lesquels on n'est pas obligé de recourir spécialement à l'appareilleur.

CHAPITRE V.

DU CORROYAGE DES BOIS.

ON entend par *corroyer* les bois l'opération d'aplanir, de dresser leurs surfaces, de les rendre bien parallèles entre elles, ce qui s'exécute à l'aide de la varlope et de plusieurs autres outils que j'ai déjà fait connaître.

Après avoir choisi une planche d'une grandeur proportionnée à l'ouvrage qu'on veut faire, on examine, quand on veut la corroyer, quelle est celle de ses surfaces qui est le plus de fil, et qui présente le moins de défauts, ou celle qui est convexe. On pose la planche à plat sur l'établi, de manière que cette surface soit en haut et qu'on puisse la travailler librement. On appuie l'extrémité de la planche par le milieu de son épaisseur contre le crochet, et on donne à l'autre extrémité un coup de maillet qui fait pénétrer les dents dans le bois et assujettit la planche d'une manière stable.

S'il y a de trop fortes inégalités, on commence par les faire sauter avec le fermoir et le maillet, en ayant soin d'incliner bien exactement le fermoir suivant l'angle de son biseau.

On prend ensuite la demi-varlope ou riflard, et avec cet instrument on commence à dresser la surface, à faire disparaître les autres fortes inégalités; en un mot on dégrossit l'ouvrage. Le riflard est l'instrument le plus commode pour cette opération, parce qu'il est moins pesant, plus facile à manœuvrer, et que son fer à tranchant un peu arrondi sur les angles pénètre plus aisément dans le bois et enlève les copeaux plus épais. Mais cet instrument ne saurait suffire; et quand il a découvert toute la surface du bois, quand il l'a mise à peu près de niveau, et lorsque les aspérités ont disparu, on le remplace par la grande varlope. La grande étendue du fer de cet instrument, la forme parfaitement droite de son tranchant, la longueur de son fût, qui lui fait suivre toujours une direction bien horizontale, le rendent éminemment propre à terminer le corroyage, à faire disparaître les plus petites inégalités, à obtenir des surfaces bien dressées et aussi unies qu'il est possible de le désirer.

Quelque simple que soit l'opération de pousser la varlope ou le riflard, il ne faut pas croire pourtant qu'elle ne demande aucune précaution. Il arrive souvent à l'apprenti inattentif et qui ne se rend pas compte de ses mouvemens, de n'obtenir qu'une surface courbe avec une varlope des mieux dressées. Le plus ordinairement la planche se trouve bombée au milieu et plus élevée sur ce point qu'aux deux extrémités. Il est facile de trouver la cause de ce défaut et d'y remédier. L'apprenti tient la varlope avec les deux mains; il saisit la poignée de la main droite, appuie la main gauche sur l'extrémité antérieure de l'instrument, qui souvent est garnie d'un bouton, et pousse l'outil sur la planche, en le dirigeant du côté du crochet de l'établi; arrivé jusqu'au bout, et lorsque le fer a dépassé la planche, il ramène la varlope à reculons jusqu'à l'autre extrémité, et recommence à pousser.

Maintenant, qu'on fasse bien attention à ce qui se passe dans cette opération. Lorsque l'ouvrier pose pour la première fois la varlope sur la planche, il faut que le fer touche la tranche de l'extrémité par laquelle il commence; il en résulte que la moitié postérieure du fût est en l'air, et pour peu alors qu'il appuie avec la main droite, il fait baisser cette partie, élève la partie antérieure; dans cette position le fer se trouve nécessairement un peu plus bas. Bientôt la varlope, portant par tous les points sur la planche, ce défaut d'horizontalité cesse. Mais, dès que l'outil touche à la fin de sa course, ce même effet se reproduit, puisque l'extrémité antérieure du fût ne porte plus sur la planche, et s'abaisse pour peu que l'on presse avec la main gauche. Il en résulte qu'à chaque mouvement de la varlope, le degré d'inclinaison du fer varie trois fois, et de telle sorte que le tranchant pénètre plus aisément dans le bois au commencement et à la fin de la course qu'au milieu.

La cause du mal étant bien connue, il est facile de trouver le remède. Puisque tout provient d'un léger défaut d'horizontalité dans la varlope, défaut qui produit peu d'effet à chaque fois, mais qui finit par être bien sensible par suite du grand nombre de courses qu'on fait faire à l'outil, il faut mettre tous les soins possibles à l'éviter. Pour cela, en commençant la course, il faut appuyer fortement avec la main gauche, ne pas presser du tout avec la droite, et n'employer cette main qu'à pousser, jusqu'à ce que tout le fût repose sur la planche. Au contraire, quand on touche au terme de la course, quand l'extrémité inférieure du fût commence à dépasser la pièce de bois qu'on travaille, la main gauche ne doit plus appuyer. La main droite seule presse et pousse; la gauche ne sert plus qu'à maintenir et diriger l'instrument dans la droite ligne. Cette manière de procéder paraît dans les commencemens embarrassante et minutieuse; mais toutes ces précautions sont indispensables chaque fois qu'on veut se servir d'un outil à fût. Heureusement les apprentis contractent bientôt l'habitude de ces mouvemens intermittens, et finissent par les exécuter sans s'en apercevoir. Par une raison semblable à celle que je viens de faire connaître, quand on approche du bord de la planche, un côté seulement de l'outil est soutenu, et la planche serait convexe sur sa largeur, si on ne soutenait l'outil en penchant la main à droite quand on est près du bord gauche, et à gauche quand on est à droite.

Indépendamment de ces précautions, il faut avoir soin de bien mettre en fût, c'est-à-dire de donner au fer le degré de pente convenable, et de le disposer de telle sorte que la petite surface inclinée du biseau soit parallèle avec la surface inférieure de la varlope, et en forme, pour ainsi dire, la continuation. Il ne faudrait pas croire avancer davantage et mieux faire en donnant beaucoup de fer, et en le faisant sortir par-dessous, de manière à prendre beaucoup de bois à la fois, ce serait une erreur : il faut, au contraire, que le fer soit peu saillant. Sans cette précaution il pénètre trop profondément, éprouve une trop forte résistance, ne peut la vaincre, s'ébrèche ou ressaute sur la planche, et la couvre de profondes et irrégulières entailles. Il arrive tout au môins que les copeaux étant trop gros, ne peuvent plus sortir d'eux-mêmes de la lumière, ils s'y accumulent, s'engorgent ; on est forcé de les retirer avec une pointe de fer, et l'on perd plus de tems qu'on n'espérait en économiser. On prévient en partie cet inconvénient en graissant l'intérieur de la lumière : quand il y a trop de fer, on le fait entrer en donnant un ou deux coups sur le derrière du rabot, et en frappant ensuite sur le coin pour l'assujettir. Au contraire, pour faire sortir le fer, on frappe sur le devant ou sur le talon du fer. On doit, en frappant à droite ou à gauche du talon du fer, mettre la courbure de ce fer bien au milieu du fût.

Quand on a usé de tous ces soins, il n'est pas encore sûr que l'ouvrage soit parfaitement dressé. Il l'est bien dans le sens de la longueur ; mais on peut ne pas être sûr d'avoir passé partout la varlope un même nombre de fois ; on n'est pas sûr de l'avoir poussée toujours bien en droite ligne ; par conséquent, il n'est pas certain qu'on ait bien dressé le bois en travers. Il y a plus : quelquefois la planche est convexe à l'une de ses extrémités, et concave à l'autre ; il faut donc connaître le moyen de s'assurer de ces imperfections. Il y en a un bien simple ; il consiste à *bornoyer*, comme on dit ordinairement. Cette opération consiste à fermer un œil, en plaçant l'autre très près du bord de la planche ; et dans une direction bien parallèle à sa surface. Alors, comme tout ce qui est dans la ligne droite doit être caché par le bord, on s'aperçoit des plus petites inégalités ; s'il n'y avait cependant qu'un léger degré d'inclinaison à une des extrémités, on pourrait ne pas s'en apercevoir, mais on peut aisément rendre ce défaut beaucoup plus apparent. Pour cela, appliquez à chaque extrémité deux longues règles ; elles prendront nécessairement la même inclinaison que l'extrémité qui ne serait pas bien dressée en travers, et leur longueur rendra sensible à l'œil le moins exercé le défaut de parallélisme. On peut aussi (et c'est peut-être le meilleur moyen) appliquer en tous les sens, sur la surface, une très bonne règle ou un chevron bien dressé par un de ses côtés. Si en regardant à contre-jour entre ces deux objets, on aperçoit à peine ou pas du tout la lumière·, le travail a été bien fait; il est imparfait si la lumière paraît plus dans un point que dans un autre. On se sert avec beaucoup d'avantage pour cela des *réglets* dont j'ai donné la description.

Quels que soient les défauts qu'annonce la vérification, il faut se remettre à raboter de manière à les faire disparaître, et passer suffisamment la varlope sur les parties saillantes ou convexes ; mais lorsqu'on approche de la fin de l'opération, il faut souvent en venir à vérifier de nouveau.

Telles sont les règles générales pour dresser la surface d'une planche; mais on sait déjà, d'après ce que j'ai dit en décrivant les outils, que lorsqu'il s'agit de dresser des morceaux de peu d'étendue, et de faire de petits ouvrages, on substitue à la varlope, trop embarrassante dans ce cas, une petite varlope désignée sous le nom spécial de *varlope-onglet,* ou des *rabots de différentes formes.* On sait aussi que quand les bois sont durs, noueux, on se sert de fers moins inclinés, dont le biseau est plus fort, moins aigu, et prend moins de bois à la fois. Je dois ajouter que lorsque les bois sont *rebours*, c'est-à-dire formés de fibres non parallèles entre elles, mais entrelacées et croisées en différens sens, on *traverse* le bois, c'est-à-dire qu'on pousse le rabot ou la varlope transversalement à la longueur. Il est dans ce cas trop difficile de faire courir le fer sur une grande surface. Heureusement on n'emploie guère ces sortes de bois qu'à des ouvrages petits et destinés à être polis.

Quand on a bien dressé une première surface, le plus difficile de l'ouvrage est fait, car celle-là sert à dresser toutes les autres, dont il ne faut s'occuper qu'après avoir fini la première. Pour peu que la planche soit épaisse, on fait sur chacun des bords, avec le trusquin, un trait que l'on suivra en corroyant la seconde surface, et qui règle son parallélisme avec la première; pour cela, on fait glisser la tête du trusquin sur la surface dressée, et l'on a soin de ne pas faire varier dans chacune des deux opérations la longueur de la partie de la tige qui dépasse la tête, afin que l'épaisseur soit la même des deux côtés.

Cela fait, on retourne la planche sur l'établi, on met en l'air la surface non corroyée, et après avoir fixé l'ouvrage avec le crochet, on dresse cette seconde surface comme la première.

Cette opération faite, il faut songer à dresser le côté ou la rive de la planche. Pour cela si l'extrémité de la planche est bien droite, avec une équerre on trace sur la surface de la planche, et le plus près du bord possible, une ligne perpendiculaire à cette extrémité. C'est cette ligne qui doit servir de guide. Si l'extrémité de la planche n'était pas coupée bien droit, il faudrait alors tirer le long d'un des bords longitudinaux, une ligne droite, en veillant uniquement à ce qu'elle suivît aussi près que possible les enfoncemens du bord, afin d'avoir à couper moins de bois.

Si on a beaucoup de bois à retrancher, si le bord est très inégal, on fixe la planche sur l'établi à l'aide du valet, puis avec un fermoir et un maillet on enlève çà et là toutes les parties les plus saillantes, et l'on met la rive à peu près de niveau sur tous les points, avec le trait qu'on a tracé. Il faut cependant ne pas trop enlever de bois et en laisser au contraire un peu en avant du trait, afin que les premiers coups de la varlope ne le fassent pas disparaître.

Après ce travail préliminaire, on pose la planche de champ sur le côté de l'établi, en tournant en haut la rive qu'on veut dresser. Si on n'a pas oublié la description que j'ai donnée de l'établi, à peine est-il besoin que je dise comment la planche doit être fixée dans cette position. On voit déjà qu'elle est prise par un bout dans la presse de côté ou dans le crochet latéral, et soutenue à l'autre bout par un valet de pied. Il arrive cependant quelquefois que cette méthode doit subir une modification. Cela est indispensable quand la planche est trop courte, et qu'elle ne peut être appuyée sur le valet. Dans ce cas, il n'y a pas d'autre moyen que de remplacer le valet de pied par une sorte de crochet mobile et temporaire. On fait dans une traverse en bois une entaille latérale triangulaire et un peu profonde. On fixe cette traverse, qu'on appelle *pied de biche*, sur le dessus de l'établi, à l'aide du valet ordinaire; et, comme ce valet peut être mis tantôt dans un des trous de la table, tantôt dans l'autre, on s'arrange de manière que le *pied de biche* vienne se présenter à côté de l'extrémité de la planche; on l'assujettit fortement dans cette position, après qu'avec le maillet, on a serré le bout de la planche contre l'entaille.

On corroie la tranche, on la rifle comme les plus grandes surfaces; et avec bien plus de facilité, puisqu'à raison de leur peu d'épaisseur, on n'a pas à craindre qu'elles ne soient pas bien dressées dans le sens de la largeur. Comme il serait difficile de maintenir, sur une superficie si étroite, un instrument à fût aussi long que la varlope, on se sert de préférence, pour cette opération, du rabot ou de la varlope onglet. Lorsqu'on s'est assuré avec une règle ou bien en bornoyant, que la tranche est bien dressée sur sa longueur, il ne reste plus qu'à vérifier si la surface nouvellement dressée fait un angle bien droit avec la première, ou lui est bien perpendiculaire, ce dont on s'assure aisément en faisant glisser d'un bout à l'autre l'angle qu'elles forment dans l'angle rentrant d'une bonne équerre.

L'autre tranche doit être corroyée de la même manière ; mais il faut auparavant prendre une précaution indispensable pour *mettre la planche de largeur,* c'est-à-dire pour s'assurer qu'elle est aussi large à une de ses extrémités qu'à l'autre, et que ses deux tranches sont bien parallèles entre elles. On pousse la tige du trusquin de manière que la pointe soit séparée de la tête, d'un intervalle égal à la largeur que doit partout avoir la planche. On applique la tête de l'outil contre la tranche, et on le fait glisser d'un bout à l'autre, de façon qu'il trace une longue ligne au bord opposé d'une des grandes surfaces ; on en fait autant sur l'autre surface, et les deux traits qui en résultent, qui sont tous les deux bien parallèles entre eux et avec la tranche déjà dressée, qui sont aussi également éloignés de cette première tranche, servent de guide quand on corroie la seconde.

Quelquefois il arrive que les deux tranches ou les deux grandes surfaces d'une planche doivent être inclinées entr'elles et non parallèles. Dans ce cas on règle les degrés d'inclinaison sur toute l'étendue de la surface avec la *sauterelle* ou *fausse équerre.* Si ce sont les deux faces de la planche qui ne doivent pas être parallèles, il faut, après avoir dressé l'une, dresser de suite la tranche le long de laquelle on fera glisser la *sauterelle,* pour vérifier.

Si les deux surfaces devaient former entr'elles un angle de quarante-cinq degrés, il vaudrait mieux se servir de l'*équerre d'onglet,* qui donne invariablement cet angle.

CHAPITRE VI.

MANIÈRE DE CHANTOURNER, CINTRER ET COURBER
LE BOIS.

Toutes les pièces de bois que l'on emploie dans la menuiserie ne sont pas planes. Souvent on en emploie qui présentent des courbures très variées ; il est donc essentiel de savoir quelle est la manière de tailler et de corroyer ces bois; je ferai ensuite connaître en détail un procédé pour se dispenser de ces opérations difficiles.

La première opération à faire lorsqu'on veut *chantourner*, c'est-à-dire tailler des bois courbes, est de faire un *calibre*. On donne ce nom à des morceaux de bois minces, taillés conformément à la courbe que l'on veut obtenir, et qui servent ensuite de règles pour tracer l'ouvrage. On emploie ordinairement pour cela des voliges de bois blanc, qu'on taille aisément après avoir marqué la courbe avec un compas, ou après l'avoir dessinée quand elle ne forme pas une portion de cercle. Indépendamment de ce moyen, qui est connu, il en est un autre très commode, que je n'ai jamais vu employer de nos jours, quoiqu'il fût bien usité autrefois, et dont je conseillerais d'adopter de nouveau l'usage. Quand on veut imiter un meuble qu'on a sous les yeux et dont les courbes sont déjà déterminées dans les proportions convenables, au lieu de tâtonner long-tems pour arriver à faire des calibres qui aient exactement les mêmes courbures, pourquoi n'essaierait-on pas de les calquer pour ainsi dire, avec une règle de plomb, ni trop mince ni trop épaisse, et à laquelle on ferait prendre toutes les formes désirables. Il suffirait, pour réussir parfaitement, de presser la règle contre les diverses surfaces du meuble qu'on voudrait imiter. Si c'était un fauteuil, par exemple, on l'appliquerait d'abord sur le dossier, puis sur les bras, puis sur le montant qui les supporte, puis sur les pieds de derrière. A mesure qu'on prendrait ainsi l'empreinte de chacune de ses parties, on se servirait de la règle de plomb pour tracer toutes les courbes sur une volige, et quand ensuite on aurait suivi tous ces traits avec une scie à chantourner, on se trouverait muni, sans tâtonnemens, sans essais infructueux et presque sans peine, d'une ample provision de calibres. La même règle pourrait servir un bon nombre de fois. C'est avec la scie à chantourner qu'on évide les parties concaves des pièces cintrées; mais il faut d'abord prendre la précaution de tracer deux traits parallèles qui indiquent et la courbure de la pièce et son épaisseur.

Il y a deux modes différens de courbure. Certaines pièces courbes sont peu larges, et alors leur courbure est prise aux dépens de la largeur de la planche qui les fournit. Il suffit alors, pour tracer, d'appliquer le calibre sur la surface supérieure de la planche, et de tirer l'un après l'autre deux traits dont l'intervalle règle l'épaisseur de l'ouvrage.

Si, au contraire, la pièce courbe a une grande largeur, la courbure doit être prise dans l'épaisseur de la planche qui sert de matière première; alors au lieu de deux traits, il faut en tracer quatre sur chaque tranche de la planche qu'on a préalablement dressée. On trace deux traits de chaque côté, et ils doivent être également espacés; car ce sont eux qui déterminent l'épaisseur, qu'il est nécessaire de rendre égale sur chaque rive. On sent que, dans ce cas, si la courbure de l'ouvrage doit être très forte, il y de l'avantage à faire la pièce courbe de plusieurs morceaux, parce que l'on n'aura pas besoin de prendre des planches aussi épaisses, ce qui entraînera une grande économie de bois.

Quand on a ainsi cintré approximativement la pièce, il faut l'achever en la corroyant. Cette opération est d'autant plus indispensable que la scie suit rarement avec une parfaite régularité les traits qu'on a tracés, et que le rabot corrige ces légères imperfections. Par ce motif, il est bon de tracer de nouveau.

On dresse d'abord les pièces sur la tranche. On les met d'équerre par les deux bouts, c'est-à-dire qu'on s'assure que les quatre côtés de la pièce font entre eux des angles bien droits. Ensuite on corroie l'intérieur et l'extérieur de la courbe avec des rabots cintrés.

Lorsque les pièces courbes sont très larges on a à craindre de gauchir les extrémités en les mettant d'équerre, c'est-à-dire de leur donner d'un côté ou de l'autre une inclinaison vicieuse, ce qui suffirait seul pour empêcher de bien dresser les grandes surfaces de la pièce. Pour éviter cet inconvénient, il faut ti-

rer sur le plat de la courbe, et à son extrémité, deux traits
d'après lesquels on donne deux coups de guillaume qui y font
une rainure. On y pose deux morceaux de bois un peu longs,
et qui rendent sensibles toutes les irrégularités d'inclinaison.

Il y a des pièces d'une forme et d'une courbure telles,
qu'on ne peut pas les corroyer avec le rabot cintré. Alors il
n'y a pas d'autre ressource que de les corroyer du mieux qu'on
peut avec le ciseau, la râpe, ou le *racloir* (1).

Procédé d'Isaac Sargent pour courber les bois.

Jusqu'ici les moyens que je viens de décrire étaient les seuls
fréquemment employés pour se procurer des pièces de bois
courbes; ils étaient à la fois à l'usage du menuisier et du charron, du charpentier et de l'ébeniste. Presque toujours les pièces
cintrées étaient prises dans un plus fort morceau de bois qu'on
était obligé de débiter avec la scie ou avec le ciseau pour obtenir la forme convenable. Il était impossible de ne pas couper
le fil du bois; les mêmes fibres cesseraient d'aller d'un bout à
l'autre; de sorte que plus on cherchait à amincir l'ouvrage,
afin de lui donner de la grâce, plus on le rendait fragile; et
pour conserver la solidité nécessaire, on était forcé de laisser
des pièces lourdes.

Tous ces inconvéniens cesseront d'exister quand on emploiera habituellement le procédé suivant.

Un ingénieux artiste avait, comme je l'ai déjà dit, imaginé en France de ramollir les bois en les faisant bouillir dans
l'eau, et de les contourner ensuite dans des moules disposés
exprès, suivant la forme déterminée. Il réussissait parfaitement; mais la grandeur des chaudières nécessaires, d'autres
difficultés d'exécution, avaient empêché ce moyen d'être fréquemment usité. Un Anglais a récemment rajeuni en France
cette même méthode, mais avec des modifications qui en rendent l'exécution bien plus facile. Voici les moyens qu'il emploie. Il fait travailler le bois à droit fil, en lui donnant la

---

(1) Les raclons sont des outils dont je n'ai pas encore parlé. On donne
ce nom à des morceaux d'acier de deux ou trois pouces de long sur environ un pouce de large. Ils entrent en entaille dans un morceau de bois
qui sert à les tenir. On affûte le fer de ces outils à l'ordinaire, puis avec la
quarre d'un ciseau, on replie le tranchant à contre-sens du biseau, en
sorte qu'en le passant sur le bois il enlève des copeaux très minces.

ferme et la longueur qu'il doit avoir après qu'il sera courbé ; on ne lui conserve que la force nécessaire. Ensuite on l'expose à la vapeur de l'eau bouillante assez long-tems pour qu'il soit ramolli au point de pouvoir être plié ou courbé sans se rompre. Si on n'a pas oublié ce que j'ai dit dans la première partie de cet ouvrage sur la manière dont M. Neuman s'y prend pour dessécher plus promptement et améliorer les bois, on verra que le procédé que je décris maintenant réunit à ces avantages spéciaux tous ceux que M. Neuman se propose d'obtenir; on verra aussi que pour l'exécuter il n'est pas nécessaire de se pouvoir de vastes chaudières.

Quand le bois est assez ramolli, on le contourne dans un moule disposé convenablement. Rien n'empêche de le faire en bois : pour peu qu'on ait à faire un certain nombre de pièces de la même forme, on sera bien dédommagé de la peine qu'on prendra pour cela. Ces moules sont ordinairement formés de deux pièces. On laisse les bois sécher à l'ombre sans les sortir des moules. Quand ils sont bien secs, ils ont acquis invariablement la forme qu'on leur a fait contracter, et, pour la leur enlever, il faudrait les ramollir de nouveau. Ces bois, ainsi préparés à droit fil, ne perdent rien de leur souplesse ni de leur élasticité. L'ébéniste, le menuisier pourront faire désormais leurs meubles à formes courbes plus légers et moins lourds; la construction des sièges y gagnera surtout prodigieusement, et il n'est pas douteux que M. Isaac Sargent, en naturalisant ces procédés en France, n'ait rendu un éminent service à notre industrie.

Les ébénistes qui n'emploient pas ce procédé, savent très bien que leurs pièces chantournées manquent de force quand la courbure est un peu forte. Dans ce cas, en effet, la pièce est sciée presque à bois de travers, et la fibre manque de longueur. Pour remédier un peu à ce défaut, ils creusent au bout et au centre de la pièce, des mortaises aussi profondes que possible, et les remplissent par des morceaux de bois de fil collés solidement.

CHAPITRE VII.

Il ne suffit pas de savoir dresser et chantourner les différentes pièces de bois qui composent un ouvrage, il faut connaître l'art de les unir entre elles, de les entailler de manière que leurs extrémités s'emboîtent les unes dans les autres. C'est là ce qu'on appelle *assembler*, et il n'est pas douteux que cette opération ne constitue une des parties les plus importantes de l'art du menuisier; sans elle on ne ferait jamais que des pièces épaisses, des fragmens, jamais un ouvrage complet; et si on la négligeait, si les joints étaient mal faits, le meuble d'ailleurs le mieux fait deviendrait grossier, commun et ridicule. C'est de la perfection des assemblages que dépendent la solidité et l'élégance des travaux du menuisier. On ne saurait donc y apporter trop de soin et de précision.

Il y a plusieurs espèces d'assemblages qu'il est essentiel de connaître, afin de pouvoir les employer à propos; mais ordinairement ils sont composés de *tenons* et de *mortaises*.

1° De la Mortaise.

On entend par *mortaise* une cavité longitudinale dont l'ouverture a la forme d'un parallélogramme rectangle, et qui est creusée dans une pièce de bois. La mortaise est presque toujours beaucoup plus longue qu'elle n'est large, et la définition que je viens d'en donner indique suffisamment qu'elle a quatre parois.

2° De l'Enfourchement.

La mortaise prend le nom d'*enfourchement* quand une des parois manque, c'est-à-dire quand l'entaille est prolongée jusqu'à l'extrémité de la pièce de bois dans laquelle on l'a creusée; de telle sorte que si la mortaise pénètre cette pièce de bois de part en part, cette extrémité forme une espèce de fourche composée de deux planchettes parallèles, saillantes au bout de la pièce de bois et faisant corps avec elle.

3° *Du Tenon.*

On appelle *tenon* l'extrémité de l'autre pièce de bois qui loit entrer dans la *mortaise*. Pour que ces deux parties s'alaptent exactement l'une dans l'autre, il convient, on le sent léjà, qu'elles aient les mêmes dimensions; par conséquent, si les deux pièces de bois à assembler, ont un égal volume, il faut, de nécessité absolue, que pour former le tenon on amincisse l'une d'elles à son extrémité. On fera cet amincissement en entaillant d'abord la pièce de bois perpendiculairement à chacune de ses faces d'une profondeur déterminée, puis en enlevant l'excédant du bois depuis le fond de ces entailles jusqu'à l'extrémité de la pièce de bois, de telle sorte que l'amincissement commence brusquement et non par gradation, et que le tenon ait la forme d'une petite planchette adaptée à l'extrémité de la pièce de bois. Les faces de cette planchette font un angle droit avec l'excédant d'épaisseur de cette extrémité, et cet excédant qu'on appelle *arrasement*, s'applique exactement sur la surface de l'autre pièce de bois quand le tenon est entré dans la mortaise.

La *fig.* 43, *pl.* 2ᵉ, représente un tenon et une mortaise placés en face l'un de l'autre.

Ce que je viens de dire indique déjà deux espèces différentes d'assemblages; l'*assemblage en enfourchement* et l'*assemblage à mortaise.*

4° *Assemblage en enfourchement.*

On sait donc que l'assemblage en enfourchement est celui dans lequel la mortaise n'a que trois parois et règne jusqu'à l'extrémité du bois, ce que l'on exprime encore en disant qu'elle n'a pas d'*épaulement;* car on donne ce nom à la petite portion de bois qui sépare une mortaise d'une autre mortaise ou qui tient lieu d'extrême paroi. Dans l'*assemblage en enfourchement* le tenon n'a point d'arrasement du côté où la mortaise n'a pas d'épaulement, et, dans ce point, il est de niveau avec tout le reste de la pièce de bois.

5° *Assemblage carré.*

L'assemblage à mortaise se subdivise lui même en plusieurs espèces qui portent différens noms.

On l'appelle *assemblage carré* quand les *arrasemens* sont

égaux de chaque côté. Tel est celui dont nous avons représenté déjà la disposition (*fig.* 43, *pl.* 2ᵉ).

6° *Assemblage d'onglet.*

On emploie l'*assemblage d'onglet* quand il est question d'u-
nir des pièces de bois ornées de moulures sur les bords. A
cet effet on prolonge l'arrasement' du tenon du côté de la
moulure et de manière à ce qu'il soit égal à celle-ci ; dans ce
cas, au lieu de tailler latéralement cet arrasement, de façon
qu'il soit perpendiculaire au tenon , on le coupe d'onglet, ou
de façon que ses deux surfaces forment ensemble un angle de
43 degrés. D'un autre côté on coupe aussi la moulure sur la
pièce de bois qui forme la mortaise, de façon à ce qu'elle soit
saillante en avant de l'épaulement, et fasse avec lui un angle
de 135 degrés. Il en résulte que lorsque ces deux pièces sont
assemblées, les deux moulures semblent ne faire qu'un, et
rien ne nuit à son effet (*voyez fig.* 44. *pl.* 2ᵉ). Quand les
traverses qu'on assemble portent des moulures des deux côtés,
alors il faut de chaque côté prendre cette précaution et couper chaque moulure d'onglet comme l'indique la *fig.* 47 ,
pl. 2ᵉ.

7° *Assemblage à bois de fil.*

Cette manière de procéder n'est pourtant pas encore la
meilleure ; il convient de ne jamais l'employer quand on
joint à angles droits les pièces d'un ouvrage soigné, qui sera
simplement recouvert d'un vernis transparent. Dans ce cas,
en effet, les fibres de l'une des traverses viendraient faire
un angle droit avec les fibres de l'autre. Il faut nécessairement employer l'*assemblage à bois de fil*, à l'aide duquel les
fibres se joignent bout à bout, ont l'air de se replier elles-
mêmes pour faire l'angle droit que forment les pièces. Dans
cet assemblage, représenté *fig.* 45, *pl.* 2ᵉ, le tenon est bien
dans la même direction que la traverse qu'il termine; la mortaise est bien creusée perpendiculairement à la longueur de
l'autre traverse, ainsi que cela a lieu dans les assemblages ordinaires; mais les arrasemens et les épaulemens ont une direction tout-à-fait différente. On coupe d'onglet non seulement la moulure, mais toute la traverse, le tenon excepté ,
de telle sorte que la ligne d'assemblage coupe exactement en
deux l'angle droit que forment les deux pièces quand elle

sont jointes ; de cette façon l'arrasement forme , avec la tranche
interne de la traverse , un angle de 45 degrés , et il en est de
même de l'épaulement de la mortaise et de toute la portion de
la petite surface dans laquelle elle est creusée.

8° *Assemblage à fausse coupe.*

Lorsqu'on a des pièces de bois d'une largeur inégale et
qu'on veut les assembler à bois de fil , on commence par couper la moulure d'onglet , puis , avec un compas, prenant la
largeur de la pièce la plus étroite, on porte cette étendue sur
l'extrémité de la plus large , à partir de sa tranche intérieure
ou du bord de la moulure. On marque avec un point l'endroit
de sa largeur, qui correspond à la largeur de la plus étroite,
et on coupe d'onglet depuis la moulure jusqu'à ce point (*fig.*
46, *pl.* 2e ; c'est ce qu'on appelle *assemblage à fausse
coupe.*

Lorsque, dans cet assemblage ou dans l'assemblage à bois
de fil, la coupe est trop grande après l'épaulement de la mortaise et tout à l'extrémité des traverses, on peut faire un petit assemblage à enfourchement qui empêche les pièces de varier, et les fixe plus solidement entre elles.

9° *Assemblage à demi-bois.*

Il y a une autre espèce d'assemblage sans tenon ni mortaise, qui est peu solide, mais promptement fait, et qu'on
emploie avec avantage dans les ouvrages communs; c'est l'*assemblage à demi-bois.* Chacune des deux pièces qu'on assemble de cette manière (*fig.* 48, *pl.* 2e) porte un tenon
qui n'a d'arrasement que d'un seul côté. On entaille pour
cela chacune des traverses qu'on veut assembler ainsi perpendiculairement à sa grande surface, à une distance de son extrémité égale à la largeur de l'autre traverse. Cette entaille on
trait de scie descend jusqu'à moitié de l'épaisseur; puis on
refend, par le milieu de l'épaisseur, l'extrémité de cette
même traverse , parallèlement à sa surface et jusqu'à ce que
ce trait de scie vienne joindre le premier trait de scie perpendiculaire. Cela fait, on applique l'une contre l'autre les
extrémités des deux traverses, en opposant les angles rentrans aux angles rentrans, puis on fixe le tout avec des chevilles ou des clous.

Il arrive quelquefois qu'on doit assembler des pièces de différentes largeurs, et que les deux premières qu'on a jointes ensemble sont d'une dimension égale à la longueur de la pièce dans laquelle on les assemble ; alors il faut faire une mortaise d'une longueur capable de contenir les tenons des deux pièces qu'on a d'abord unies et qu'on ne considère plus que comme si elle n'en faisait qu'une seule.

Quand on a une épaisseur suffisante, on peut rendre l'ouvrage très solide en pratiquant l'un au-dessus de l'autre deux tenons séparés par un court intervalle.

10° Assemblage à clé.

Les divers assemblages que je viens de décrire sont principalement employés à unir les pièces qui doivent faire entre elles un angle ; mais souvent on est obligé d'en joindre d'autres, parallèlement à leur longueur ou à leur largeur ; par exemple, d'unir ensemble plusieurs planches pour former un dessus de table. Dans ce cas, on ne peut agir de même.

Je ne parlerai pas du moyen vulgaire et grossier, de corroyer les planches sur la tranche, de les placer à côté l'une de l'autre, et de superposer transversalement une autre planche beaucoup plus étroite, et qu'on fixe avec des clous.

Mais il est deux procédés plus délicats, sur lesquels je dois m'étendre davantage.

Lorsque les planches ont suffisamment d'épaisseur, on creuse dans leur rive des mortaises placées en face l'une de l'autre ; on coupe alors de petites planchettes en bois dur, ayant des dimensions en largeur telles qu'elles entrent juste dans les mortaises, et d'une largeur un peu moins grande que la profondeur des deux mortaises réunies. Ces tenons forment des espèces de tenons rapportés, qu'on appelle *clés*, on les enfonce par un bout dans chacune des mortaises opposées, et quand les planches sont bien rapprochées, on fixe le tout avec des chevilles.

11° Assemblage à rainure et languette.

On assemble enfin les planches à *rainure et languette*, c'est-à-dire qu'avec le bouvet d'assemblage on creuse dans toute la longueur de la tranche cette espèce de gouttière ou de mortaise, sans épaulement à aucune de ses extrémités, qu'on appelle *rainure*. Avec l'autre portion du même instrument on fait sur la tranche opposée de la planche à assembler avec la première, un tenon peu saillant, régnant d'un bout à l'autre sans arrasement aux extrémités, et qu'on fixe dans la rainure avec de la colle forte. (voyez *fig.* 79, *pl.* 2ᵉ).

12° *Assemblage et Emboîtage.*

Quelquefois on emploie simultanément ces deux espèces d'assemblage pour leur donner plus de solidité ; mais dans ce cas encore ils sont insuffisans. On est souvent obligé de les fortifier, en réunissant en outre les planches par dessous avec une traverse clouée. Mais il vaut mieux donner la préférence aux *assemblages à emboîtage* (*fig.* 49, *pl.* 2ᵉ).

Aprés avoir assemblé parallèlement à leur longueur un certain nombre de planches, par exemple celles qui doivent composer le dessus d'une grande table, il faut les réunir transversalement à leur extrémité par un assemblage à rainure et à clé. Pour cela, dans une traverse de longueur convenable et bien corroyée, on creuse une rainure, et, en outre autant de mortaises qu'il y a de planches. On fait une languette à l'extrémité de toutes ces planches, et au milieu de chacune d'elles on creuse une mortaise qui correspond à une des mortaises de la traverse. On place des clés dans les mortaises, qui doivent être suffisamment profondes, et on termine en collant les languettes dans la rainure et en chevillant les mortaises. Si l'on veut atteindre le dernier degré de perfection dans ce genre, il faut laisser un petit arrasement à chaque extrémité de la languette, et un petit épaulement à chaque extrémité de la rainure.

Il importe cependant de remarquer que les fibres de la traverse d'emboîtage sont forcément perpendiculaires aux fibres des planches, ce qui serait défectueux dans un ouvrage soigné ; pour corriger ce défaut, il faudrait assembler, avec la tranche longitudinale des planches, et de chaque côté du dessus de table, une traverse de même longueur, d'une largeur égale à la traverse d'emboîture, à qui on l'unirait par un assemblage de bois de fil. Par ce moyen, les deux traverses longitudinales et les deux traverses d'emboîture formeraient un encadrement autour de l'ouvrage.

Le plus ordinairement on se dispense de tous ces soins pour les dessus de table. On se contente d'un assemblage à rainure et à languette, et pour plus de solidité, on cheville le dessus de la table dans les traverses qui unissent les pieds.

13° *Assemblage à feuillure.*

Plus communément encore on a recours à l'*assemblage à feuillure*, qui est entièrement semblable à *l'assemblage à demi-bois;* il n'y a de changé que la destination et la longueur de l'entaille.

14° *Assemblage à queue d'aronde.*

Mais il est une espèce d'assemblage bien plus important, servant également pour les bois à unir angulairement, et pour les planches à joindre bout à bout. Je veux parler de l'*assemblage à queue d'aronde* (*fig.* 50, *pl.* 2ᵉ); il est formé de tenons évasés, plus larges à leur extrémité qu'au point où ils joignent l'arrasement, et pénétrant dans des entailles qui, au contraire, vont en s'élargissant à mesure qu'elles s'éloignent du bout de la planche. On voit que cet assemblage a cet avantage spécial, que les pièces ainsi réunies ne se séparent jamais quand on les tire en sens contraire, sans que, pour obtenir cet effet, il soit besoin de les coller ou cheviller.

Quand on fait servir cet assemblage à unir des pièces de bois destinées à être fréquemment tirées dans un sens, comme le seraient des tiroirs, il faut user d'une précaution spéciale. Les tenons dont la longueur est alors égale à la largeur de la planche qui porte les entailles, sont pratiqués dans la pièce que l'on doit tirer en avant, dans le devant du tiroir, par exemple. Ils n'éprouvent aucun rétrécissement dans leur longueur, qui est uniforme partout, mais la face antérieure est beaucoup moins large que la face postérieure, et les surfaces latérales sont inclinées, de sorte que le rétrécissement a lieu d'arrière en avant, tandis que dans le cas précédent, le tenon avait plus de volume à l'extrémité que vers l'arrasement (voyez *fig.* 51, *pl.* 2ᶜ). Le simple examen des figures fera sentir mieux que tous les raisonnemens la nécessité de cette modification.

15° *Assemblages à queues perdues.*

Ordinairement les tenons de l'assemblage à queue d'aronde diffèrent des tenons ordinaires en ce point qu'il n'y a pas d'arrasement parallèle à l'épaisseur de la pièce, et qu'ils sont aussi épais qu'elles ; mais dans un petit nombre de cas, où l'on veut que l'assemblage paraisse encore moins, on ne donne au tenon que les deux tiers ou les trois quarts de l'épaisseur. Le reste est coupé d'onglet, c'est ce qu'on appelle *assemblage à queues perdues.*

16° *Assemblages composés.*

Peut-être pourrais-je m'arrêter là, car j'ai fait connaître toutes les espèces d'assemblages fréquemment usitées, et de celles-là on pourrait conclure aisément toutes les autres, qui n'en sont que des combinaisons. Cette matière est pourtant si importante, qu'au risque d'avoir été, à l'avance, deviné dans tout ce que je vais dire, je crois devoir ajouter encore quelques détails et conserver quelques mots à un petit nombre de ces espèces d'assemblages.

Il arrive quelquefois de faire deux rainures parallèles à une des deux planches qu'on veut assembler, et deux languettes parallèles à la planche correspondante. C'est, en quelque sorte un double assemblage, qui par cette raison, est bien plus solide; mais il faut des planches fort épaisses pour qu'on puisse l'employer.

D'autre fois et dans le même but, sur la rive d'une des planches on creuse une première rainure plus large qu'elles ne le sont d'ordinaire; puis au fond de celle-ci, une autre rainure plus étroite. L'autre planche est pareillement armée de deux languettes superposées.

Dans quelques autres cas, on fait un assemblage à rainure et languette avec feuillure; ce sont deux modes divers d'assemblages combinés ensemble.

D'autres moyens sont employés lorsqu'il faut assembler des pièces de différentes épaisseurs, ce qui arrive souvent dans la menuiserie en bâtimens.

Alors, on bien on creuse dans la rive de la plus épaisse une feuillure ou angle droit rentrant et parallèle au fil du bois, puis on loge la rive de la pièce la plus mince dans cette feuillure, et on l'y assujettit avec des chevilles.

Ou bien on fait une feuillure à chacune des deux planches, et on les applique l'une contre l'autre, en faisant joindre ensemble la face interne des feuillures (*fig.* 52, *pl.* 2°). Dans ce cas, comme dans le précédent, comme dans ceux qui suivent, la planche la plus épaissse forme une saillie dans l'ouvrage.

Quelquefois on creuse dans la rive des deux planches une rainure, et l'un des rebords des rainures sert de languette et pénètre dans l'autre rainure (voyez *fig.* 53, *pl.* 2°). Dans

ce cas une des planches est saillante d'un côté, l'autre est saillante de l'autre.

On emploie cependant de préférence l'assemblage à languette
et rainure, même dans le cas où les planches diffèrent d'épaisscur, mais, dans ce cas, on sent que si on veut que la saillie
soit tout d'un côté, il faut creuser la languette ou la rainure,
non plus au milieu de son épaisseur, mais plus loin de la face,
qui doit être saillante.

Dans certaines circonstances, il est bon de faire dans la
tranche de la planche la plus épaisse, une feuillure égale en
largeur à l'épaisseur de l'autre planche. C'est au fond de cette
feuillure qu'on creuse la rainure et qu'on fait l'assemblage
(*fig.* 52, *pl.* 2ᵉ); il en résulte que l'excédant d'épaisseur de
l'une des planches, destiné à faire saillie d'un coté, avance
de ce côté sur la planche la plus mince et en cache le joint.

On donne à cette combinaison le nom d'*assemblage à recou-
vrement*, (voyez *fig.* 52, *pl.* 2ᵉ).

Je ne dois pas omettre de dire que lorsqu'on veut assembler
à angle droit des pièces de bois minces, des planches dans
lesquelles on ne pourrait pas creuser des tenons et des mortaises à la manière ordinaire, on se sert de l'assemblage à rainure et à languette, ou d'un assemblage particulier à feuillure
et rainure.

La tranche d'une des planches porte une languette; on
creuse une rainure au bord de la grande surface de l'autre, et
on colle la languette dans la rainure; mais il faut bien faire
attention à la manière de combiner l'une et l'autre. Car si l'une
des pièces était exposée à être souvent mise en mouvement et
tirée, ce n'est pas dans celle-là qu'il faudrait creuser la rainure, car alors toutes les fois qu'on la tirerait en avant, on
tendrait à séparer l'assemblage; il faut au contraire que cette
pièce porte la languette. Un exemple fera mieux connaître
ceci. Supposons qu'il s'agisse de faire un tiroir. Si on creusait
la rainure de chaque côté sur le plat de la pièce de devant,
qui porte le bouton, et que les pièces latérales s'y enfonças-
sent à languette, le bois ne présenterait pas de résistance quand
on ouvrirait le tiroir, la colle seule unirait ces pièces, les rainures et les languettes seraient superflues. Il n'en serait pas
de même si les rainures avaient été creusées dans les pièces
latérales, et si le devant du tiroir s'y enfonçait à languette. Il
est évident que, dans ce cas, le devant serait enclavé dans les

côtés qui présenteraient un point de résistance, De même, quand on ferait le fond du tiroir, ce serait encore sur les côtés qu'il faudrait creuser les rainures dans lesquelles pénètrerait le fond aminci par les côtés. Si on agissait autrement, le poids des objets amoncelés dans le tiroir ne tarderait pas à l'enfoncer. Agissez de même dans tous les cas analogues. C'est surtout quand il s'agit de régler le choix et la disposition de ses assemblages que le menuisier a besoin de raisonner ses travaux.

On peut remplacer la languette par une feuillure dont la partie amincie et saillante s'enfonce dans la rainure creusée sur le plat de l'autre pièce de bois.

Quand on emploie un de ces moules d'assemblage, il est facile, en approchant ou éloignant la rainure d'une pièce, de rendre l'autre rentrante ou saillante relativement à la première.

17° Assemblages à trait de Jupiter.

Les détails dans lesquels je viens d'entrer seraient néanmoins bien incomplets si je ne parlais pas des articles destinés à ralonger les pièces de bois. Jusqu'ici, en effet, j'ai fait connaître seulement les moyens d'assembler parallèlement ou sous un angle quelconque. L'assemblage à queue d'aronde peut servir, il est vrai, à ralonger les bois; mais il en est de beaucoup plus solides, dont je vais m'occuper. Quelquefois on se contente de faire, à l'extrémité de chaque pièce, des entailles à demi-bois, et de les armer en outre de rainures et de languettes; on unit ensuite le tout avec de la colle et des chevilles; mais ce moyen est encore défectueux. Il vaut mieux employer le *trait de Jupiter* ou l'assemblage auquel on donne le nom de *flute* ou *sifflet*.

Pour l'assemblage à *trait de Jupiter* (*fig.* 54, *planche* 2°), on commence par faire une feuillure à une extrémité de l'une des pièces de bois; sur la face opposée à celle dans laquelle on a creusé cet angle rentrant, et à quelques pouces du même bout, on creuse une entaille aussi longue qu'il y a de distance de l'extrémité de la pièce de bois au commencement de l'entaille; elle a une profondeur égale à peu près aux deux tiers de l'épaisseur de la pièce de bois, et on a soin de la faire bien parallèle aux surfaces. Cela fait, on diminue d'un tiers environ, et du côté opposé à la feuillure, l'épaisseur de l'extrémité de la pièce de bois, à partir de l'entaille. Enfin, dans la paroi latérale la plus éloignée de l'extrémité, on creuse tout auprès du fond de l'entaille une rainure aussi profonde que la partie saillante de la feuillure est alongée, et aussi large qu'elle.

On fait un travail semblable sur l'autre pièce de bois, en creusant l'entaille dans la face par laquelle les pièces doivent se toucher, et la feuillure sur la face opposée. Dans tous les cas on a bien soin de donner la même dimension à toutes les parties correspondantes des deux morceaux.

Alors il ne reste plus qu'à faire glisser la feuillure de l'un des bouts dans la rainure pratiquée dans la paroi de l'entaille de l'autre, et réciproquement la feuillure du second morceau dans la rainure du premier. Dans cette position, l'extrémité de la première pièce se trouve logée dans l'entaille creusée dans la seconde, et l'extrémité de la seconde est logée dans l'entaille de la première. Comme le bout taillé en feuillure s'enfonce dans les rainures, les entailles se trouvent un peu plus grandes que la portion de bois qu'elles doivent recevoir. Il en résulte un intervalle vide, dans lequel on enfonce une clé ou planchette de bois dur, plus large à un bout qu'à l'autre, et qui fixe irrévocablement les pièces en place (voyez *fig.* 55 , *pl.* 2ᵉ). Plus on enfonce la clé, mieux on assujettit l'assemblage, mieux les joints se rapprochent. On scie alors de part et d'autre les extrémités saillantes de cette planchette.

Dans tous les ouvrages ordinaires on fait l'assemblage à trait de Jupiter d'une manière bien plus simple. Le fond de l'entaille, au lieu d'être parallèle à la surface de la pièce de bois, est oblique, de telle sorte que l'entaille devienne de plus en plus profonde à mesure qu'elle est plus proche de l'extrémité de l'ouvrage. Les parois de l'entaille sont obliques au lieu d'être verticales, de telle sorte que l'entaille est plus longue au fond qu'à son ouverture. Le bout de la pièce de bois va en outre en diminuant d'épaisseur depuis l'entaille jusqu'à l'extrémité, dans une proportion analogue à la diminution de profondeur de l'entaille. Enfin, au lieu de creuser une feuillure tout à l'extrémité, on se contente de faire un biseau incliné du côté opposé à l'entaille. L'inclinaison de ce biseau doit être proportionnée à l'obliquité des parois de l'entaille, puisque le biseau doit s'appliquer contre la paroi. La manière de rapprocher les

pièces et de poser, la clé est d'ailleurs entièrement la même.
(Voyez *fig.* 56 , *pl.* 2ᵉ).

On peut employer l'assemblage à trait de Jupiter pour ralonger les pièces ornées de moulures; mais, dans ce cas, il faut avoir soin de faire l'entaille après la rainure ou après la profondeur de la moulure s'il n'y a point de rainure, afin que la clé ne se découvre point.

Mais dans ce cas, on se sert de préférence du second de ces assemblages que nous venons de décrire et qu'on nomme aussi *flûte* ou *sifflet*. Il convient surtout de l'employer quand toute la largeur de la pièce doit être occupée par des moulures, parce que dans ce cas, quand on vient à pousser les moulures, on a moins à craindre que le bois éclate.

18° *Assemblage à flûte ou sifflet.*

On désigne encore plus spécialement sous le nom de *flûte* ou *sifflet*, un autre assemblage plus grossier, mais qu'on peut employer sans inconvénient dans le même cas, c'est-à-dire lorsque la largeur de la pièce est toute couverte de moulures et que les autres surfaces sont peu apparentes. Il consiste à entailler les deux pièces à demi-bois, comme le présente la fig. 57, pl. 2ᵉ; l'entaille va jusqu'au bout de la pièce, mais en suivant une ligne oblique. La pièce de bois est par conséquent moins épaisse à son extrémité qu'au commencement de cette espèce d'entaille ou feuillure. L'unique paroi de l'entaille est à angle droit avec le fond, et par conséquent est oblique à la surface de la pièce de bois. Le bout de la pièce est taillé en biseau parallèle à la paroi de l'entaille. On applique les deux pièces bout à bout en tournant l'une contre l'autre les entailles; on fait pénétrer le biseau dans l'angle rentrant de la paroi, et on assujettit le tout avec de la colle et des chevilles.

19° *Assemblage à enfourchement pour ralonger.*

On emploie dans le même but de ralonger les pièces de bois, un assemblage à enfourchement semblable à celui que nous avons décrit; il ne diffère que par la direction des morceaux qui, au lieu de former un angle, sont assujettis bout à bout. Le tenon a une longueur exactement égale à la profondeur de l'enfourchement.

20° *Assemblage à pate et à queue d'aronde.*

Enfin on fait quelquefois un assemblage *à pate et à queue d'aronde* (fig. 58 *bis*, pl. 2ᵉ). Les deux pièces sont entaillées à demi-bois; mais l'une porte en outre, dans sa partie amincie, une entaille plus étroite à son ouverture que dans son intérieur, et dans l'angle rentrant de l'autre pièce on a ménagé une espèce de tenon en forme de trapèze, tenant au bois par deux de ses surfaces; et s'élargissant à mesure qu'il approche de l'extrémité. Ce tenon pénètre dans l'entaille dont nous venons de parler. La fig. 58' pl. 2ᵉ, représente un assemblage analogue, mais plus simple.

Quand les pièces à ralonger sont cintrées, la manière de procéder est la même, et on emploie de préférence à tout autre l'assemblage à trait de Jupiter; mais quand la courbure des pièces cintrés sur le plan est un peu trop prononcée, on doit les joindre à l'aide de tenons rapportés, qu'on fixe dans des enfourchemens de largeur convenable, à l'aide de deux ou trois chevilles. En jetant les yeux sur la planche 2ᵉ, on verra d'autres assemblages représentés sous les nᶜˢ 59 et 60. La figure suffit pour les faire comprendre parfaitement.

Manière de faire les assemblages.

Après avoir fait connaître la forme des différens assemblages et leur destination spéciale, je dois, pour compléter cette importante partie de mon travail, entrer dans les détails nécessaires sur ce qui est relatif aux moyens d'exécution. Il me suffira néanmoins de donner ces détails pour un petit nombre d'assemblages; ils indiqueront bien suffisamment la manière de procéder pour les autres.

Quand on veut faire des mortaises, on trace leur largeur avec le trusquin d'assemblage qui donne deux lignes bien parallèles, séparées entre elles de la largeur déterminée. Leur longueur fixe la longueur de la mortaise. On assujettit alors la pièce de bois sur l'établi avec le valet, puis on s'arme d'un bédane d'une largeur égale à la largeur de la mortaise. On pose son tranchant à l'extrémité des deux lignes, le biseau étant tourné du côté de la mortaise on frappe alors avec un maillet pour faire pénétrer l'outil. On le tient d'abord d'aplomb, puis en revenant à soi pour approfondir la mortaise. On fait cette opération à chaque bout des lignes qu'on a tracées, et si la mortaise doit pénétrer de part en part, après avoir suffisamment approfondi, on retourne la pièce pour en faire autant de l'autre côté.

Les enfourchemens se font avec plus de rapidité encore : après avoir donné deux coups de scie des deux côtés, à la profondeur nécessaire et en maintenant bien le parallélisme, ce qui n'est pas difficile si on a commencé par tracer avec le trusquin, on enlève avec le bédane et le maillet le bois compris entre les deux traits de scie.

Quant aux tenons, après avoir tracé leur épaisseur sur la tranche de la pièce de bois qu'ils doivent terminer, en tirant au trusquin deux lignes parallèles, fixé leur longueur par la longueur de ces lignes, et tiré transversalement sur chacune des deux surfaces une ligne qui détermine la direction de l'arrasement, ou donne, en suivant les lignes parallèles, deux traits de scie de la longueur déterminée, en se servant pour cela d'une scie très fine. Jusque-là tout va comme pour l'enfourchement ; mais au lieu d'enlever le bois compris entre les deux traits de scie, il faut le réserver, et abattre au contraire ce qu'on conserve quand on fait l'enfourchement. Pour cela on donne un autre trait de scie de chaque côté en suivant les lignes transversales à la surface. Ces deux traits de scie doivent être bien perpendiculaires aux premiers ; si on s'écartait de la perpendicularité, ou si le tenon était plus épais à une extrémité qu'à l'autre, on le ramènerait à la dimension nécessaire à l'aide du feuilleret et du guillaume : on s'assure qu'il n'est pas bien taillé à l'aide d'un compas à branches courbes, ou mieux encore en essayant de le faire pénétrer dans la mortaise. Il ne faut pas attendre le dernier moment pour faire cette vérification car si le tenon était trop mince, il n'y aurait plus de ressource. Par la même raison, quand on tire les lignes qui règlent son épaisseur, il ne faut pas oublier de tenir compte de la diminution causée par le trait de scie ; il vaut donc mieux les espacer un peu trop que pas assez, sauf à terminer avec le guillaume, à moins qu'on soit assez adroit pour suivre exactement en dehors de la ligne tracée, de telle sorte que la scie ne diminue pas l'épaisseur du tenon.

On peut opérer beaucoup plus vite que cela et peut-être aussi avec plus de sûreté avec la scie à arraser que j'ai décrite, puisqu'on scie toujours bien parallèlement à la surface contre laquelle on appuie sa joue ; mais il est indispensable d'en avoir

un assortiment de diverses grandeurs. Quand on l'emploie il
est presque inutile de tracer au trusquin. On commence par
scier l'arrasement de chaque côté, en appuyant la joue contre
l'extrémité de la pièce de bois ; puis avec une autre scie, dont
la lame est plus large et moins éloignée de la joue, on abat
l'excédant d'épaisseur jusqu'à l'arrasement, en appuyant la joue
d'abord sur la surface supérieure, puis sur la surface inférieure
de la pièce de bois.

Quand le tenon et la mortaise, ou le tenon et l'enfourchement sont taillés, on les fait entrer l'un dans l'autre, on les
assujettit momentanément avec soin dans la position qu'ils
doivent occuper ; puis on les perce l'un et l'autre de part en
part, et à deux endroits, à l'aide du vilbrequin. Dans chacun
des trous on enfonce à coups de maillet un de ces petits cylindres en bois qu'on appelle *chevilles.* En perçant, il faut
avoir soin de ne pas trop suivre le fil du bois, sans quoi on ferait fendre. On finit par scier l'excédant des chevilles.

La manière de procéder est la même pour les assemblages
d'onglet, à bois de fil, à fausse coupe ; sauf que l'arrasement
étant oblique est tracé avec l'équerre d'onglet, et que la surface dans laquelle on creuse la mortaise est aussi tracée de
même.

Quand il s'agit d'un assemblage à rainure et à languette, on
fait avec le bouvet la languette. Pour cela, après avoir dressé
la planche sur la tranche, on abat les angles avec le rabot,
et on fait ensuite aller et venir le bouvet creux. Pour s'assurer
qu'on atteint juste la dimension convenable, et qu'on ne s'est
écarté ni à droite ni à gauche, on a un petit morceau de bois
dur dans lequel on a creusé une rainure conforme à celle qu'on
veut faire sur la tranche de l'autre planche, et de tems en
tems on présente cette courte rainure à la languette commen-
cée, en la faisant courir d'un bout à l'autre ; c'est ce qu'on
appelle *mettre au molet.* La manière de procéder est la même
pour les rainures, sauf qu'après avoir dressé la tranche, on
n'abat pas les angles ; qu'on emploie l'autre moitié du bouvet ; celle dont le fût semble armé d'une languette, et que si
l'on veut vérifier de tems en tems la rainure, on se sert, au
lieu de *molet,* d'un morceau de bois sur lequel on a taillé
une courte languette.

Ces préliminaires terminés, on place les planches transversalement sur l'établi les unes à côté des autres, on frotte avec

de la colle chaude la languette et l'intérieur de la rainure; on les fait entrer l'une dans l'autre et on les maintient serrés ensemble à l'aide du sergent. Il arrive quelquefois que l'on n'a pas d'intrument de ce genre assez long pour embrasser la largeur de toutes les pièces qu'on ajuste ainsi ensemble; on y supplée à l'aide de l'*entaille à ralonger les sergens*. On donne ce nom à une tringle de bois longue de quatre où cinq pieds, large de trois ou quatre pouces, épaisse d'un pouce et demi. Sa tranche inférieure est armée d'un mentonnet, tandis que la tranche supérieure est taillée en crémaillère comme la tige d'une servante, ou porte plusieurs entailles transversales à angles aigus, dans l'une desquelles on pose la pate mobile du sergent. L'ouvrage est pris alors par ses deux extrémités, entre le mentonnet ou pate fixe du sergent, et le mentonnet de l'entaille à ralonger.

Il faut agir à peu près de même pour l'assemblage à clé; après avoir creusé les mortaises, taillé et placé les clés d'un côté, on les fixe avec des chevilles. On frotte les deux tranches et les clés avec de la colle; on rapproche les deux planches en faisant pénétrer les clés dans les mortaises de la seconde planche; on serre avec le sergent, et l'on enfonce des chevilles dans l'extrémité des mortaises où on n'en avait pas encore placé.

Il ne me reste plus que deux mots à dire sur l'assemblage à trait de Jupiter. Pour le tracer on se sert du trusquin et du compas; le feuilleret sert à faire des feuillures; quant à l'entaille du milieu, on coupe ses parois avec la scie. Le fond peut se faire aussi avec une très petite scie à arraser dont on applique la joue contre un des côtés de la pièce de bois; mais le plus souvent après avoir commencé l'entaille avec un ciseau, on la termine avec la scie ordinaire; plus souvent encore on la taille tout entière avec le fermoir et le ciseau. La rainure creusée dans la paroi de l'entaille est faite avec le bédane.

L'équerre d'onglet fournit les moyens de tracer aisément l'assemblage à trait de Jupiter oblique, le sifflet ou l'assemblage à queue d'aronde.

Je dois dire en finissant, que le tracé exact est la chose la plus essentielle à faire pour bien assembler; qu'on ne doit pas craindre de multiplier les précautions et d'employer trop de soin. Un bon assemblage, sans lequel il n'y a pas de menuiserie bien faite, est le chef-d'œuvre des meilleurs ouvriers, et c'est la perfection de ce genre de travail qui, de l'aveu des ébénistes et des menuisiers de province, constitue la supériorité des ébénistes et des menuisiers de Paris.

CHAPITRE III.

DES MOULURES; DE LA MANIÈRE DE LES FAIRE, ET DU MOULAGE DES BOIS.

§ I. *Des Moulures.*

J'AI déjà dit ce qu'on entend par moulures; je répète qu'on donne ce nom à des saillies ou à des rainures de diverses formes, qui servent d'ornement à l'ouvrage. Il faut maintenant que je fasse connaître celles de ces moulures qui sont le plus fréquemment employées. Pour les représenter dans les figures, je les supposerai coupées transversalement à leur longueur. Les lignes ponctuées indiqueront les parties par lesquelles elles tiennent au corps de l'ouvrage.

On désigne par le nom de *gorge* et de *feuillure* les deux moulures les plus simples de toutes; nous en avons déjà parlé bien des fois. La première est une espèce de canal ou de rainure en forme de demi-cylindre creux. La seconde a la forme d'un angle droit rentrant, régnant tout le long d'une pièce de bois, et dont les parois sont parallèles aux surfaces de cette planche. La feuillure a une importante variété qu'on appelle *plate-bande;* elle diffère de la feuillure parce qu'elle règne ordinairement sur les quatre côtés d'un panneau, et que la paroi perpendiculaire à la grande surface a bien moins de hauteur que l'autre paroi n'a de largeur.

Le *réglet,* qu'on appelle aussi *listel* ou *bandelette,* a précisément la forme d'une règle attachée par une de ses tranches à l'ouvrage, et faisant saillie tout le long (*fig.* 61, *pl.* 2e).

Le *boudin* (*fig.* 62, *pl.* 2e) n'en diffère que parce que ses angles son arrondis. On appelle *baguette* un boudin moins épais.

L'*astragale* (*fig.* 63, *pl.* 2e) est un réglet ou listel sur la face antérieure duquel règne une petite baguette. Cette moulure ressemble assez bien à la tranche d'une planche ornée d'une languette.

La *nacelle* ou *trochile* (*fig.* 64, *pl.* 2ᵉ) est une gorge demi-circulaire comprise entre deux réglets d'égale saillie. La *scotie* (*fig.* 65, *pl.* 2ᵉ) en diffère parce que le réglet inférieur est beaucoup plus saillant, et que la courbe de la gorge s'alonge par le bas.

Le *quart de rond* (*fig.* 66, *pl.* 2ᵉ) est en tout l'inverse de cette dernière moulure. Le réglet supérieur est bien plus long que le réglet inférieur; et ces deux réglets comprennent entre eux non plus une gorge demi-circulaire, mais un quart de cylindre.

La doucine (*fig.* 67, *pl.* 2ᵉ), moulure fréquemment employée, dont la forme ne peut être dépeinte par des mots, est composée, pour ainsi dire, d'un quart de cylindre, au bas duquel se rattache en saillie une gorge en quart de cercle; ou de deux parties de cercle placées en sens inverse. On l'appelle aussi *bouvement*.

Le *congé* (*fig.* 71, *pl.* 2ᵉ), parfaitement semblable à la moitié supérieure d'une gorge ou rainure demi-circulaire.

La *coque composée* (*fig.* 69, *pl.* 2ᵉ) est une large bandelette peu détachée du corps de l'ouvrage, et chargée elle-même d'une saillie elliptique.

Le *rond* est un long cylindre, ne tenant à l'ouvrage que par une ligne aussi étroite que possible.

On appelle *ellipse*, *œuf*, *poire coupée*, des moulures dont la coupe retrace la forme d'une moitié d'ellipse, de poire ou d'œuf vue de profil (*fig.* 73, 73 *bis*, *pl.* 2ᵉ).

Les *grains d'orge*, qu'on appelle aussi *dégagement* ou *tarabiscot*, sont des moulures dont les points détachés figurent des grains d'orge.

Les *filets* ou *carrés* sont des moulures lisses et plates qui servent à séparer les autres moulures.

Ces moulures, que l'on peut considérer comme simples, et qui du moins ont toutes un nom technique, servent à en composer un grand nombre d'autres, aux plus importantes et aux plus usitées desquelles nous consacrerons encore quelques lignes et figures.

Ainsi, quelquefois un *œuf* est surmonté dans son milieu par une *bandelette* ou *listel*; d'autres fois il est au contraire échancré par une petite gorge demi-circulaire.

Il est deux autres de ces moulures que je ne peux guère indiquer que par les *fig.* 68 et 70, *pl.* 2ᵉ, qui les représentent;

l'une a quelque analogie avec un *congé* terminé en bas par un *quart de rond* ou une baguette peu saillante; l'autre est plus semblable à une doucine renversée, au bas de laquelle on aurait creusé un filet pour séparer cette moulure supérieure d'une très petite baguette; on l'appelle dans quelques livres *talon renversé à baguette.*

Enfin, j'ai représenté, dans la *fig.* 72, *pl.* 2ᵉ, un boudin entre deux doucines. Cette moulure est d'un effet agréable quand les courbes, bien tracées, se dégagent vivement des carrés; mais elle ne peut être exécutée que sur des bois qui se laissent couper sans peine en tout sens, et ne convient que sur les pièces qui ont une forme cylindrique.

Les figures 87 et suivantes présensent d'autres modèles de moulures composées.

§ II. *Manière de tracer géométriquement les principales moulures.*

Mon projet n'est pas de donner de grands détails sur la manière de tracer toutes les moulures. Il en est d'extrêmement simples, telles que le *congé* et le *quart de rond*, qu'on exécutera sans peine à l'aide des notions de dessin géométrique que j'ai données plus haut. Mais sous le nom de *talon*, de *doucine*, *bec de corbin*, *scotie*, M. Desnanot a décrit le tracé de diverses moulures assez compliquées; je vais exposer ce tracé d'après lui, parce que l'étude de ce petit nombre de procédés enseignera à tracer aisément toute autre espèce de moulure.

Tracé du talon (fig. m, pl. 1ʳᵉ).

Les points A et B marquent dans la figure ceux où l'on veut faire commencer et finir la moulure; unissez ces deux points par la ligne A B; cherchez le milieu de cette ligne que nous désignons par la lettre C dans la figure; sur le milieu de A C élevez une perpendiculaire E F que vous prolongerez jusqu'à ce qu'elle coupe la droite A F parallèle à I B; sur le milieu de C B élevez une perpendiculaire G D que vous prolongerez jusqu'à sa rencontre avec B I; le point D sera le centre de l'arc B C, et le point F celui de l'arc A C.

Tracé de la doucine (fig. n, pl. 1ʳᵉ).

On trace cette moulure comme la précédente, seulement les centres des deux arcs sont sur la ligne D F parallèle à B I;

ils sont placés l'un d'un côté, l'autre de l'autre de A B. Pour tracer commodément les perpendiculaires E F, G D; on décrit un cercle du point C pris pour centre avec un rayon C B; ensuite avec le même rayon, des points A et B pris pour centré on trace des arcs qui coupent la circonférence aux points H, L, O, P; ces lignes H L et O P qui unissent ces points deux à deux, sont les perpendiculaires demandées, élevées sur le milieu des deux parties de A B.

Tracé du talon ou de la doucine.

Par deux arcs de cercle inégaux (*fig. m* et *n, pl.* ɪ^{re}) divisez A B en neuf parties égales (prenez-en cinq pour B C et quatre pour A C; terminez ensuite la construction à la manière ordinaire.

Autre manière de tracer le talon et la doucine (*fig. n, pl.* ɪ^{re}).

Si vous voulez faire une doucine, opérez comme nous l'avons dit, avec cette différence qu'au lieu de tracer les arcs des points F et D, vous les tracerez des points P et L.

Pour le talon, opérez comme pour la doucine; mais tracez les arcs des points H et O.

Tracé du bec de corbin (*fig. q, pl.* ɪ^{re})

A E marque les deux points auxquels la moulure doit commencer et finir; prenez E D un peu plus petit que le tiers de la ligne A E; menez D B parallèle à A N; faites D C égal à D E et C B égal à C D; tirez A B et menez C K parallèle a A E; sur le milieu de A B élevez une perpendiculaire qui coupe D B au point H; prenez C F égal au tiers de C K; tirez F G parallèle à D B; le point H sera le centre de l'arc A B; le point C le centre de B K; et le point F le centre de K G.

Tracé de la scotie (*fig. r, pl.* ɪ^{re}).

Faites A C égal à un tiers de A D, AD étant perpendiculaire à D B; faites aussi D B égal à D C, tirez A B et menez C E parallèle à D B, et B G parallèle à A B; du point C comme centre décrivez l'arc A I; portez E I de B en F sur B G et menez E F; sur le milieu de E F élevez la perpendiculaire H G que vous prolongerez jusqu'à ce qu'elle coupe B G, et tirez G E que vous prolongerez vers L; le point E est le centre de l'arc I L, et le point G celui de l'arc L B.

§ III. *Manière de faire les moulures..*

J'ai décrit les outils à fût qui servent à cet usage et les molettes, auxquelles on a recours dans le même but. Leur emploi
est tellement facile que peu de détails sont nécessaires. Le premier soin doit être de bien dresser la tranche ou la partie de
la planche sur laquelle on veut pousser les moulures. Il faut
dresser aussi, avec non moins de soin, la partie contre laquelle
on fera glisser plus tard la joue de l'outil à moulures. Il est
indispensable que ces deux surfaces soient bien d'équerre ensemble. Après ce préliminaire on pourrait de suite attaquer le
bois avec l'outil à moulures; mais ce serait se donner beaucoup de peine que l'on peut éviter. Il vaut mieux, après avoir
examiné la nature de la moulure qu'on veut faire abattre,
ôter avec un rabot les parties que l'on doit évidemment enlever. Par exemple, s'il s'agit d'une moulure approchant de la
forme cylindrique, on enlève les deux angles de la rive sur
laquelle on veut la profiler. Si on veut faire, au contraire, une
doucine ou toute autre moulure présentant un plan incliné,
on taille en biseau la rive de la planche en faisant partir un de
ses angles; alors on est débarrassé du plus pénible de l'ouvrage,
et l'outil à moulure a une résistance beaucoup moins grande
à vaincre. On l'emploie en le faisant passer et repasser à plusieurs reprises comme un rabot; mais il faut avoir bien soin
que la joue s'appuie toujours bien exactement contre la surface
de l'ouvrage qui lui sert de guide, sans quoi la moulure cesserait d'être parallèle à cette surface.

Lorsqu'il y a une trop forte résistance à vaincre, on est forcé
de se mettre à deux après l'outil; l'un pousse par derrière,
l'autre tire par le devant.

Lorsqu'une moulure règne tout autour d'une pièce de bois
carrée, par exemple autour d'un panneau, il faut avoir bien
soin que les moulures de chaque côté se joignent très régulièrement ensemble, qu'elles soient bien d'onglet, c'est-à-dire
que chaque partie de la moulure forme, avec la partie correspondante de l'autre moulure, un angle de 45 degrés. Si l'on-
til à moulure ne donnait pas tout-à-fait ce résultat, ce qui
arrive rarement quand on sait bien s'en servir, il faudrait réparer l'ouvrage avec le ciseau, la gouge et le fermoir.

On se sert encore de ces derniers outils pour continuer la
moulure dans le cas où une surface perpendiculaire à celle que

l'on travaille ne permet pas à l'outil à fût de la pousser jusqu'au bout. On les emploie en outre à réparer les légères défectuosités que le premier travail a pu laisser, à fouiller au fond des angles rentrans, à rendre les arêtes bien vives et bien tranchantes.

Lorsqu'il y a des parties circulaires recourbées en dessous comme dans le *rond*, on va fouiller au fond de ces parties avec le *bec de cane*.

L'usage des plates-bandes est si fréquent que des détails plus étendus sur la façon de les faire ne seront pas inutiles. Après avoir équarri les panneaux, c'est-à-dire les avoir mis à la largeur et à la longueur convenables, on fait la plate-bande sur chacun des côtés avec le guillaume spécialement consacré à cet usage. Si le bois est trop de rebours, on le reprend en sens contraire avec le guillaume *à adoucir*, dont les arêtes sont arrondies. Quand il le faut, on fait la plate bande sur les deux faces du panneau, et on s'assure qu'elle est aussi profonde sur une face que sur l'autre, et que les dimensions sont les mêmes des quatres côtés, en mettant au molet l'espèce de languette qui en résulte. J'ai déjà fait connaître cette opération en parlant de la manière de faire l'assemblage à rainure et languette.

Après avoir poussé les plates-bandes autour des panneaux avec le guillaume à plates-bandes, si on veut bien soigner l'ouvrage, on le replanit, c'est-à-dire, qu'on enlève toutes les irrégularités, toutes les aspérités qu'a laissées le premier outil, avec un rabot ordinaire, ou mieux encore avec un rabot à deux fers.

Lorsque l'on veut orner de moulures des pièces qu'on doit ensuite assembler, il faut que l'assemblage ait toujours lieu à bois de fil; pour cela, après avoir fait les moulures, on coupe les arrasemens et les épaulemens en onglets ou sous un angle de 45 degrés. On recale ensuite les onglets avec le ciseau ou le guillaume, c'est-à-dire qu'on achève de les unir ou de les dresser pour qu'ils joignent bien. On emploie, dans le même but, la varlope d'onglet et la *boîte à recaler*. Cette boîte, que je n'ai pas encore décrite, est composée de trois morceaux de bois joints à trois angles droits ou d'équerre. Un des bouts de cette boite est coupé d'onglet. Pour en faire usage, on place sur l'établi la pièce de bois qu'on veut recaler, on applique la boîte sur cette pièce, de manière que la partie coupée d'onglet affleure le trait de l'arrasement; on assujettit le tout avec le valet, puis on recale avec la varlope d'onglet que l'on fait glisser le long de la boite.

Les molettes, avons-nous dit-, agissent par impression. Elles portent en creux la partie de la moulure qui doit être saillante, afin d'enfoncer et de refouler le bois qui entoure ces portions. Elles permettent donc de faire des moulures qu'aucun autre outil ne pourrait donner, telles que des cordons de perles ou de losanges, des cordes à puits, etc., qu'il serait infiniment trop long de sculpter au ciseau. La manière de se servir de cet outil n'est pas difficile : il suffit de commencer par pousser, avec un outil à moulures ordinaire, une baguette ou un listel d'une largeur égale à la largeur de la molette ou du cordon qu'on veut obtenir; cela fait, on appuie le fer de la molette sur le listel et on frappe à coups de marteau sur le manche jusqu'à ce que le fer, en s'enfonçant, soit descendu au niveau du plat de l'ouvrage au-dessus duquel s'élevait la bandelette. Le cordon est terminé dans ce point; on reporte le fer à côté et on recommencé l'opération, ce qui produit une autre petite portion de cordon contigu avec la première. On continue toujours ainsi jusqu'à ce que tout soit terminé.

Machine propre à faire des moulures en bois, et à les préparer à la dorure.

Nous empruntons la description de cette machine à la collection des brevets expirés (tome XVI, page 176, pl. 18.), machine pour laquelle son auteur, M. Hacks, de Paris, a pris un brevet d'invention, le 12 mai, 1823, sous le N° 1454. Cette construction a pour objet de faire des moulures en bois, et de les préparer à la dorure pour l'encadrement des glaces et tableaux, et pour la décoration des appartemens.

Cette machine se compose d'un banc à tirer, soutenu par six pieds, dont deux sont placés verticalement au milieu de la machine pour soutenir un tambour et une grande roue, et dont les quatre autres sont disposés un peu obliquement vers les deux extrémités. Ces quatre pieds soutiennent, savoir : les deux de devant, une poulie de renvoi, et les deux de derrière une roue, aussi de renvoi. Ces pieds sont maintenus et assemblés par différentes traverses, dont l'une qui est placée à un pied au-dessus de la table du banc, y compris son épaisscur, supporte la poulie et la roue de renvoi dont on vient de parler.

Sur cette traverse et contre la roue de renvoi est une autre petite traverse dans laquelle se trouve taraudée une vis en bois pour la tension des cordes qui s'enroulent sur le tambour.

Le tambour qui est en bois a vingt-deux pouces de diamètre sur huit pouces de large, il est soutenu par un arbre en fer ajusté sur les deux pieds du milieu du bâtis; cet arbre porte à l'une de ses extrémités une roue de six pieds, placée extérieurement contre le bâtis.

Sur la table du banc à tirer est ajusté un châssis mobile de la même longueur que la table, et portant à chaque côté une règle destinée à augmenter ou diminuer l'emplacement de la pièce de bois qui doit recevoir la moulure. Ces règles sont retenues sur le châssis, chacune par dix boulons, à l'endroit desquels elles se trouvent fendues de manière à ce qu'on peut les éloigner ou rapprocher l'une de l'autre.

Le châssis marche entre deux coulisses qui se trouvent fixées sur la table du banc.

Sur l'extrémité de devant du banc à tirer, s'élève une cage en fer fondu, de quatorze pouces de large sur un pied de hauteur, arrêtée sur le banc par quatre boulons, dont deux sur le devant sont incrustés dans la cage.

Cette cage est traversée au milieu, par une pièce de fer ajustée à coulisse et soutenant, au moyen de deux boulons placés verticalement, un outil tranchant en acier, taillé de manière à produire les moulures que l'on veut faire.

Ce porte-outil est dirigé par trois vis de pression, dont l'une est placée en dessus et au milieu, et les deux autres en dessous de chaque côté: au moyen de ces vis qui sont taraudées à travers la cage, l'outil monte et descend selon que l'ouvrage l'exige.

Une manivelle placée extérieurement à côté de cette cage est soutenue par un arbre qui traverse le banc à tirer, et qui porte à l'autre bout une poulie en bois de cinq pouces de diamètre.

Trois cordes distinctes impriment le mouvement à la machine; la première qui est une corde sans fin, fait deux tours sur la dernière poulie dont on vient de parler, et embrasse la grande roue au moyen de laquelle elle fait tourner le tambour.

La seconde corde est attachée d'un bout sur le tambour,

remonte sur la roue de renvoi et revient s'attacher au châssis. mobile, à trois pieds environ de son extrémité; cette corde en se reployant sur le tambour par l'effet du mouvement imprimé par la première corde, fait retirer en arrière le châssis à coulisse.

La troisième corde qui est également attachée au tambour par l'une de ses extrémités remonte sur la poulie de renvoi placée sur le devant, et son autre extrémité va s'attacher à la partie postérieure du châssis mobile ; cette dernière corde en s'enroulant sur le tambour rappelle le châssis en avant.

Ces deux dernières cordes sont disposées sur le tambour, de manière que l'une s'enroule pendant que l'autre se déroule.

Au moyen des trois cordes ci-dessus, le châssis mobile sur lequel se trouve placé le bois à travailler, allant en avant et en arrière, fait passer le bois sur l'outil qui produit la moulure.

Lorsque cette moulure est faite, on la garnit de blanc d'Espagne, et on la fait repasser de nouveau sous l'outil.

Explication des figures qui représentent cette machine.

Planche 8 , fig. 45, vue de face.

Fig. 46 , vue du côté droit.

Fig. 47, plan ou vue par dessus.

f, banc à tour, soutenu par six pieds a b : les deux pieds a du milieu sont placés verticalement et portent l'arbre d'un tambour horizontal c sur lequel sont enroulées deux cordes d e : les quatre autre pieds b sont obliques sur deux sens. Les six pieds a b réunis par des traverses g composent le bâtis sur lequel est monté le mécanisme.

h, poulie de renvoi, montée sur un châssis mobile i placé sur le derrière de la machine; les tourillons de l'axe de cette poulie tournent dans des coussinets l fixés sur le châssis mobile i.

k, autre poulie de renvoi placée sur le devant de la machine, l'axe m de cette poulie tourne dans des coussinets n fixés sur les traverses supérieures du bâtis.

o, fig. 46 et 47, traverse fixée à la partie supérieure du bâtis.

p, vis en bois, à laquelle la traverse o sert d'écrou; le bout de cette vis appuie contre le châssis i, sur lequel est établie la poulie h.

q, manivelle dont l'axe porte une poulie à gorge r, sur laquelle s'enroule, sur deux tours, une corde *s* qui passe sur une grande poulie *t* en bois, montée sur l'un des bouts de l'axe du tambour *c*, auquel elle imprime le mouvement de rotation.

u, cage en fonte de fer, portant l'outil en acier *y*, fig. 45, qui fait les moulures.

v, trois vis de pression à l'aide desquelles on règle l'outil à volonté.

x, pièces de fer mobiles portant ledit outil.

z, châssis allant et venant, et relevant la baguette sur laquelle on veut pratiquer une moulure quelconque. L'une des extrémités de chacune des cordes *d e* est attachée à ce châssis aux deux points *a'b'*, fig. 46; l'autre extrémité de chacune de ces cordes est fixée sur le tambour *c*.

c', deux règles en bois entre lesquelles se trouve placée la baguette à moulure : ces deux règles peuvent s'éloigner ou s'approcher l'une de l'autre suivant la largeur de la languette qui doit être serrée entre ces deux-règles.

Procédé de M. Straker pour faire des reliefs sur le bois.

L'emploi de la molette est très limité. On ne peut y recourir commodément pour de petits ouvrages, et quand les formes sont un peu compliquées. Le moyen découvert par M. Straker est beaucoup plus puissant, et applicable à un bien plus grand nombre de cas. La méthode de travailler le bois en relief est fondée sur ce fait : que si l'on creuse la surface du bois avec un outil sans tranchant, la partie ainsi déprimée reprendra son premier niveau lorsqu'on-la plongera dans l'eau.

Pour mettre cette propriété à profit, on travaille d'abord le bois dont on doit se servir, on lui donne la forme convenable, et on le prépare à recevoir le dessin qu'on veut y imprimer. Après avoir déterminé la place où il doit être, on y applique un instrument sans tranchant, une espèce de refouloir en acier, qu'on enfonce à coups de marteau jusqu'à une certaine profondeur. Cet outil peut bien être concave en quelques points comme les molettes, mais il faut avoir bien soin que ses arêtes et les angles formés par les parties concaves ne soient pas tranchans. Cet instrument doit avoir à son extrémité la forme du dessin que l'on veut obtenir, de telle sorte qu'en s'enfonçant il produise en creux ce que plus tard on veut produire en relief. Cette opération doit être faite avec beaucoup de ménagement, et peut-être au lieu de la percussion, vaudrait-il mieux employer une pression graduée, ce qui ne serait pas impossible. Il suffirait pour cela de placer l'outil et la pièce de bois sous la traverse mobile de la troisième espèce de presse que j'ai décrite. Dans tous les cas on prend beaucoup de précautions pour ne pas rompre les fibres du bois avant que la profondeur de la dépression soit égale à la hauteur que l'on veut donner au relief des figures. On retire ensuite l'instrument, et à l'aide du rabot ou de la râpe, on réduit la surface du bois au niveau des parties déprimées; on plonge ensuite la pièce de bois dans de l'eau froide ou chaude, les parties qui avaient été comprimées reprennent leur premier niveau, et forment ainsi un relevé en bosse, qu'on peut ensuite aisément terminer avec un petit fermoir. On pourrait, si la pièce de bois était trop grande, se dispenser de la plonger dans l'eau, et se contenter de la frotter à plusieurs reprises avec une éponge imbibée d'eau chaude, ce qui produirait un effet suffisant.

§ V. *Du Moulage du bois.*

C'est encore une opération entièrement nouvelle, et qui, non plus que les précédentes, n'a été décrite dans aucun ouvrage sur l'art du menuisier ou de l'ébéniste. Dans ces deux arts on peut en faire de fréquentes applications, et notamment elle fournira les moyens d'embellir à très peu de frais la menuiserie en bâtimens et soignée, et les meubles de prix, de rosaces et autres ornemens en bois rapportés. Le tabletier en a déjà tiré un grand parti; et c'est à cet art qu'il doit toutes ces tabatières dont le couvercle est orné de portraits et de paysages en relief.

Nous devons commencer par faire observer que les bois dont le fil suit une direction constante, sont peu propres à être moulés, surtout quand on veut faire des ouvrages délicats, car les fibres peuvent se rompre par suite de la pression, et il en résulterait des défauts nuisibles à la perfection du dessin. Les loupes de frêne, d'érable, celles de buis surtout, sont bien préférables, parce que les fibres y sont croisées dans tous les sens. Néanmoins on peut employer aisément dans les ouvrages communs certains bois tendres, tels que le tilleul. En revanche, on doit s'abstenir toujours de mouler les bois résineux, parce que la résine ou huile essentielle qu'ils renferment entre leurs fibres, entrant en ébullition par l'effet de la cha-

leur pendant l'opération du moulage, il s'y forme des boursou-
flures, qui, venant à crever, font des taches désagréables sur
la pièce.

La presse est le principal instrument pour le moulage du bois;
elle est tout en fer et d'une seule pièce. Sur une forte base ou
semelle en fer s'élèvent deux montans, qui, par en haut, se
réunissent en formant une espèce d'arcade. Au centre de l'arcade est un œil dans lequel on ajuste un écrou ou canon taraudé en cuivre dans lequel se meut une forte vis, qui, par
conséquent, est verticale. La tête de la vis est carrée; elle est
séparée du filet par une embase ou anneau circulaire. On la
tourne avec un fort levier percé à son extrémité d'un trou
carré dans lequel entre exactement la tête.

Cette presse se monte sur un établi, de manière qu'on puisse
l'ôter et la remettre à volonté. Pour cela on emploie ordinairement un établi spécial haut de deux pieds, très massif et très
solide, dans lequel la presse glisse à coulisse; mais je conseil-
lerai de préférence au menuisier ou à l'ébéniste qui ne font
pas un fréquent usage de cet outil, d'enfoncer tout simplement dans leur établi, ou mieux encore dans un billot pesant qu'on peut consolider et rendre tout-à-fait inébranlable
avec quelque peu de maçonnerie, deux forts boulons ou cylindres de fer d'un bon pouce au moins de diamètre, s'élevant
au-dessus de l'établi de trois pouces au moins, et pénétrant de
cette longueur dans deux trous percés à chaque extrémité de
la base de la presse. Cette base ne doit pas avoir une moindre
épaisseur, et les trous n'étant ni trop grands ni trop petits, on
peut ôter à volonté, en la soulevant, la presse qui n'en est
pas moins très solide. On peut même, si on veut ne jamais
mouler que du bois, se borner à fixer la presse où l'on voudra, et même dans le plancher, avec deux fortes vis, ou la
sceller avec du plomb dans une pesante pierre de taille.

Les autres instrumens nécessaires sont, 1° un assortiment
de plateaux circulaires en fer, épais d'un pouce au moins; il
faut en avoir plusieurs paires, à moins qu'on ne veuille mouler que des pièces d'un même diamètre.

2° Plusieurs anneaux aussi de différentes dimensions. Ils
sont faits en fer, garnis intérieurement de viroles en cuivre
entrées de force et rivées de haut en bas sur une feuillure
qu'on a fait tout autour du bord intérieur de l'anneau. Le dedans de ces anneaux ou de la virole en cuivre doit être bien

uni , et leur diamètre est un peu plus grand d'un côte que de l'autre. Il est bon de faire une marque à la plus grande ouverture, afin de la reconnaître de suite.

3° Des matrices gravées. On les fait ordinairement en cuivre fondu , et elles portent en creux ce que le bois doit reproduire en relief. Ces empreintes sont creusées sur des plateaux circulaires en cuivre, de la grandeur des anneaux dont nous venons de parler.

4° Un tasseau ou espèce de cube en fer, parfaitement dressé par-dessous, un peu creux par-dessus et pénétrant sans peine dans les anneaux.

5° Des tampons en bois dur passant librement par les anneaux , et destinés à en faire sortir la pièce qu'on a moulée.

6° Un autre tampon en fer , d'un diamètre presque aussi grand que celui du plus petit anneau.

7° Enfin , plusieurs rondelles en cuivre qu'on nomme *galets*, épaisses de trois ou quatre lignes et passant librement par le plus petit anneau.

Voici maintenant la manière de se servir de ces outils. On prendra une rondelle de bois de la grandeur convenable, arrondie, modelée sur le diamètre intérieur de l'anneau dont on veut se servir et bien dressée sur ses surfaces. C'est cette rondelle qui doit recevoir l'empreinte, et il faut lui laisser au moins cinq lignes d'épaisseur. Lorsque les fibres du bois sont parallèles à son diamètre, elle prend plus aisément les empreintes, les conserve moins bien , et ne reçoit pas celles des traits trop délicats, ce qui importe assez peu dans les ouvrages de menuiserie. Lors, au contraire, que les fibres ont été sciées transversalement, l'empreinte est plus parfaite, mais il faut employer une pression beaucoup plus considérable; on peut, si on veut, au lieu de dresser entièrement la surface qui doit porter les reliefs, y laisser quelques saillies dans les parties correspondantes aux creux les plus profonds de la matrice. L'ouvrage en réussit beaucoup mieux.

On chauffe deux des plateaux de fer ; pendant ce tems, on met dans un des anneaux une des matrices gravées, l'empreinte étant tournée en dessus. On met par-dessus la rondelle de bois, et sur cette rondelle on applique un des galets en cuivre. Toutes ces pièces doivent être mises par le côté le plus large de l'anneau, et aller très juste jusqu'au fond.

Lorsque les plateaux en fer sont suffisamment chauds, ce

qu'on reconnaît en y faisant tomber une ou deux gouttes d'eau qui s'évaporent rapidement et en pétillant, on en met un sur la base ou platine de la presse. On pose sur cette plaque le moule ou anneau rempli de toutes les pièces dont je viens de parler. On met dans l'anneau la seconde plaque aussi chaude que la première, en se servant, pour les poser l'une et l'autre avec célérité, des pinces plates de forgeron. Sur la dernière plaque on met le tampon en fer, par-dessus on pose le tasseau carré, sa concavité étant tournée en dessus. On fait descendre la vis jusqu'à ce qu'elle joigne bien le tasseau, puis on donne un ou deux tours pour presser un peu fort. On laisse le tout dans cette position pendant deux minutes, en attendant que la chaleur des plateaux se soit communiquée aux autres pièces; puis en se faisant aider au besoin par une ou deux personnes, on serre avec beaucoup de force. On attend encore quelques minutes, puis, après avoir desserré d'environ un quart de vis, on serre encore autant qu'il est possible de le faire. On laisse ensuite refroidir le tout, ou, pour avoir plus tôt fait, si la presse peut se séparer de l'établi, on la plonge dans l'eau froide. Il ne reste plus alors qu'à sortir du moule la pièce gravée; pour cela on desserre la vis, on ôte le tasseau, le tampon, la plaque en renversant l'anneau. On le place sens dessus dessous sur la platine, sa plus grande ouverture étant tournée en bas. Dans cette situation, la matrice gravée est en dessus au lieu d'être comme auparavant en dessous. On place le tasseau sur cette matrice, et on fait de nouveau descendre la vis. Alors la rondelle de bois est chassée jusqu'à l'ouverture la plus large, et en soulevant l'anneau, on la retire aisément chargée de tous les reliefs donnés par le creux.

En opérant, il faut avoir grand soin de ne pas trop faire chauffer les plaques, car si elles étaient rouges ou presque rouges, le bois se carboniserait. Malgré cette précaution, le bois est toujours un peu bruni; mais peu importe, puisqu'on n'a plus à le polir, le poli étant naturellement donné par la matrice, quand elle a été convenablement polie elle même, ce qu'on ne manque jamais de faire. Il arrive d'ailleurs très souvent que la couleur brune survenue par suite de la chaleur; disparaît après une longue exposition à l'air. Mais comme cela peut ne pas arriver, il faut éviter de retoucher la rondelle, car cette couleur ne pénètre pas avant, et les parties que ce travail mettrait à nu seraient d'une nuance différente.

CHAPITRE IX.

CE chapitre pourrait être aisément supprimé si je n'écrivais que pour le menuisier des grandes villes, qui a l'avantage de trouver toujours à côté de lui un tourneur qui lui fait les pièces cylindriques dont il peut avoir besoin, beaucoup plus rapidement et à moindres frais qu'il ne pourrait les faire lui-même. Il vaut mieux, en ce cas, recourir au voisin et profiter de l'économie qui provient toujours de la grande habitude due à la division du travail. Mais dans toutes les petites villes, dans les villages, on ne jouit point de la même commodité; l'ouvrage abonde rarement assez pour que le menuisier n'ait pas des momens libres, pendant lesquels il est bien aise de savoir faire tout ce qui se présente, et j'ai cru devoir décrire la manière dé faire les deux ou trois pièces dont le menuisier a le plus souvent besoin et qu'on ne peut exécuter que sur le tour.

§ I. *Manière de tourner un cylindre ou un fût de colonne.*

On prend un morceau de bois équarri, d'une grosseur un peu plus forte que le cylindre ou la colonne qu'on veut obtenir; on abat ses quatre angles avec le couteau à deux mains ou le rabot, de manière qu'il ait huit pans; enfin, avec les outils de menuisier, on émousse encore ses huit angles pour le rapprocher grossièrement de la forme cylindrique.

A l'extrémité et au centre de son épaisseur, on fait de chaque côté, avec un poinçon, un trou profond d'une ligne; on place la pointe des poupées dans ces creux, on rapproche les poupées, on les fixe avec les coins ou avec la vis de pression, suivant qu'on emploie l'un ou l'autre de ces moyens. On place la barre d'appui à environ un pouce de la surface extérieure du morceau; on fait faire à la corde qui va de la perche ou de l'arc à la pédale, deux tours de gauche à droite autour du morceau de bois, et on rattache son extrémité au bout de la pédale. Quand les choses sont ainsi disposées, le mouvement du pied placé sur la pédale doit communiquer au morceau de bois un mouvement de rotation régulier et alternatif d'arrière en avant et d'avant en arrière. Ce mouvement ne doit pas être trop rude, ce qui arriverait si la corde était trop tendue.

On prend alors une gouge de tourneur, différente de la gouge de menuisier, en ce sens que son biseau est en dehors de la cannelure. On attaque le morceau de bois avec la gouge qui repose sur la barre d'appui et que l'on tient de la main droite par le manche, tandis que les doigts de la main gauche dirigent le fer de l'instrument. On incline un peu le taillant de l'outil, pour qu'il morde mieux et on ne le présente pas trop directement au centre, parce qu'il ne ferait que gratter, mais un peu au-dessus de la ligne centrale, qui est supposée aller d'une pointe à l'autre. On doit attaquer le bois avec l'outil, en faisant faire au biseau un angle de soixante degrés ou égal aux deux tiers d'un angle droit. On reconnaît que la gouge mord bien quand les copeaux sont uniformes, continus et d'une ligne environ d'épaisseur.

Quand on aura fait de cette manière une première entaille, et que l'on aura mis la pièce au rond dans un endroit quelconque, c'est-à-dire quand on verra que l'outil touche le bois d'une manière continue, il ne restera plus qu'à poursuivre de la même manière sur toute la surface du cylindre, et à élargir l'espèce de gorge qu'on a d'abord creusée. Pour cela, on tient l'outil de sorte que sa cannelure soit tournée vers l'intérieur de la gorge déjà creusée ; et, en outre, si c'est le côté gauche que l'on attaque, on dirige un peu le manche vers le côté gauche afin que le copeau soit plus aisément rejeté en dedans de la gorge. Quand ensuite on voudra attaquer à droite, il faudra tourner, au contraire, la cannelure vers la gauche, puis on dirigera un peu le manche vers la droite. A chaque fois on ne prend qu'une ligne de bois environ, et on porte l'outil plus à droite ou plus à gauche, dès qu'on atteint le rond.

Cette manière de travailler sillonne d'abord le bois de gorges circulaires ; avec la gouge on abat les côtes qui les séparent, et on rend le cylindre aussi uni qu'il est possible de le faire avec un instrument qui n'est pas plane. On prend alors un fermoir affûté obliquement ; on le présente comme la gouge, dans une situation un peu inclinée, sans cependant faire pencher le manche ni à droite ni à gauche. C'est avec cet outil qu'on fait disparaître les côtes que la gouge avait laissées, et on s'assure que le but est bien atteint en passant la main fermée sur le cylindre ; car des inégalités qui seraient inaperçues par l'œil, se font sentir au toucher. La difficulté de tourner bien rond n'est pas la seule qu'on aurait à surmonter; il en est une autre non moins grande, celle de donner le même dia-·mètre au cylindre, d'un bout à l'autre. On s'en assure, et l'on vérifie l'ouvrage en le faisant glisser entre les pointes d'un compas à branches courbes. Quand on a bien jaugé le cylindre, et qu'on est assuré de l'exactitude de ses dimensions, il ne reste qu'à le couper aux deux bouts, ce à quoi on parvient ai-sément avec l'angle d'un ciseau. Pendant le cours de ces opé-rations, il est évident qu'il faut de tems en tems changer la corde de place, afin de couper là où elle était d'abord.

§ II. *Manière de tourner une boule.*

Cette opération est souvent nécessaire pour former des pommes de lit ou d'autres ornemens semblables, et n'est guère plus difficile que de tourner un cylindre. La manière de pro-céder est d'abord la même. On taille grossièrement un mor-ceau de bois, de façon à lui donner approximativement la forme d'un court cylindre, plus long cependant d'un pouce et demi environ que la pomme qu'on se propose de faire. On met la corde à l'extrémité droite du cylindre placé entre les pointes ; puis, à son extrémité gauche, on creuse avec la gouge une gorge ou bobine à bords relevés, de huit à dix li-gnes de large, et dans laquelle on place ensuite la corde pour ne plus l'en ôter jusqu'à ce que l'ouvrage soit terminé. Cela fait, on tourne en cylindre le restant du morceau de bois ; puis, quand il est bien ébauché à la gouge, on trace vers son extrémité droite, des gorges de plus en plus profondes, de manière à lui donner de ce côté une forme demi-sphérique. On en fait ensuite autant de l'autre côté, en séparant par gradation la boucle de la bobine; et l'on continue graduelle-ment les gorges du milieu aux extrémités, de manière à at-teindre peu à peu la forme d'une sphère. Quand on a fait avec la gouge ce qu'il est possible d'en obtenir, on continue avec le fermoir et l'on perfectionne de plus en plus l'ouvrage. Enfin, on finit par séparer tout-à-fait avec le ciseau la bobine de la sphère ; ou bien, après avoir ôté la pièce de bois sur le tour, on taille la bobine en cheville, qui sert à fixer la boule là où on veut l'adapter en guise de pomme.

Celui qui sait bien exécuter un cylindre et une boule sur

le tour à pointe, sait tout faire; car tout est une variation de ces deux formes. C'est en approfondissant les gorges par des gradations plus ou moins ménagées, égales ou inégales aux deux extrémités, qu'on obtient tour-à-tour la forme d'une sphère, d'un œuf ou d'une poire. Il n'est pas difficile non plus avec des gouges de diverses grandeurs, l'angle d'un fermoir ou d'un ciseau, et un petit nombre d'autres outils, de tracer toute espèce de moulure sur une pièce circulaire, ou de ménager une embase plus ou moins ornée à une pomme. Les détails qu'il faudrait ajouter ne sont plus de mon ressort, et il me suffira de renvoyer au *Manuel du Tourneur*. Néanmoins je dois décrire encore deux opérations importantes, dont l'une donne le moyen d'obtenir très aisément un résultat qu'on n'obtiendrait qu'avec beaucoup de peine sur le tour, et dont l'autre n'est qu'une application fort éloignée de cet instrument.

§ III. *Manière de canneler une colonne.*

Cette opération est souvent nécessaire pour la menuiserie en bâtimens; une colonne également cannelée est un des ornemens les plus riches qu'il soit possible d'employer pour un devant d'alcove ou une devanture de boutique; mais, en revanche, rien n'est plus difficile à exécuter par les procédés ordinaires. On a inventé, pour faire plus simplement ce travail, des machines bien compliquées, ce qui était substituer un inconvénient à un autre; et tout le monde a trouvé plus court de se passer de colonnes. Pour moi, je crois rendre service à l'art de la décoration, en indiquant ici le procédé si simple que M. P. Désormeaux a proposé en 1824.

« Cette opération n'exige pas tant de frais, dit-il, et, à moins qu'on ne soit obligé de la pratiquer souvent, on fera bien de se contenter des outils dont je vais donner la description.

» Le premier est une roue crénelée à vingt dents. On la fait soi-même en cuivre; ou plutôt, comme on en rencontre assez communément chez les marchands de férailles, on en achète une toute faite, la plus exactement divisée qu'il sera possible. La division de vingt est de règle; mais on peut, sans nuire à l'effet de la colonne, prendre, faute de mieux, une division approximative, comme 16, 17, 18, 19, 21, 22, 23, 24. On tournera une portée aux deux extrémités de la colonne, de manière à ce que la roue dentée puisse s'y monter de façon à tenir ferme; puis on fera un ressort coudé dont l'extrémité, qui sera limée en tenon, puisse entrer juste dans l'entre-deux des dents de la roue. Ce ressort se fixera à l'aide de deux ou trois vis derrière la poupée gauche, à pointe fixe, du tour à pointes, et sera destiné à empêcher la roue crénelée et, par conséquent, la colonne qu'elle emboîte de tourner entre ces pointes. »

Le troisième instrument dont on a besoin, d'après la méthode de M. Désormeaux, est un rabot à fer terminé par un tranchant arrondi, ou rond entre deux carrés, suivant qu'on veut compliquer la cannelure. Jusque-là il n'y a pas de différence entre cet outil et les outils à moulure ordinaire; mais il y en a une grande, quant à la position de la joue. Cette joue, au lieu d'être parallèle au fer et de continuer, pour ainsi dire, la hauteur du fût, est perpendiculaire au fer et forme la continuation de ce qui serait le dessus du fût dans un rabot ordinaire; de sorte que l'angle droit que forme ordinairement la joue, au lieu d'être sous l'outil, est par côté. La *fig. 74, pl.* 2ᵉ, donne une idée de ce fût, supposé coupé transversalement à sa longueur. Enfin on peut remplacer au besoin le fer arrondi du rabot par un fer se terminant en pointe et auquel o donne le nom de grain d'orge. Laissons maintenant M. Désor meaux nous enseigner lui-même la manière de se servir de ce outils.

« Après que la colonne sera tournée et finie, on marquer par deux traits de crayon l'endroit où l'on veut que commen cent les cannelures et l'endroit où l'on veut qu'elles finissent Puis mettant en place de la barre d'appui une règle dont l' tranche devra être parfaitement lisse et droite, et appuyant l joue du rabot sur cette barre, de sorte que le grain d'orge aill effleurer la colonne, on poussera l'outil de manière à tracer un ligne d'un coup de crayon à l'autre. Levant alors le ressort, o fera tourner la roue d'un cran; puis après avoir lâché le ressor et s'être bien assuré que son tenon a pénétré dans l'entre-deu des dents, on tracera une seconde ligne parallèle à la première en veillant toujours à ce que la joue du rabot plaque bien con tre la traverse du support; on répétera cette opération autant d fois qu'il y aura de dents sur la roue crénelée.

» On mettra alors dans un vilbrequin une fraise ou tige d'acier terminée par une sphère sillonnée de tranchans semblables

ceux d'une lime (voy. *fig.* 75, *pl.* 2ᵉ) et avec cet instrument
on fera un petit trou rond, au commencement et à la fin de
chacune des lignes tracées par le rabot. Cela fait, on mettra
dans le rabot le fer rond, et on creusera les cannelures en suivant la même marche qu'on a suivie pour le tracé. Quand les
cannelures seront creusées, on les polira avec un morceau de
bois tendre, arrondi sur sa tranche et saupoudré de ponce pul-
vérisée, ou bien avec un papier de verre bien fin, collé sur un
bois arrondi.

» On conçoit qu'il faut que le fer du rabot soit de calibre
avec la fraise qui a commencé et fini chaque cannelure, et
que chaque diamètre de colonne exige un fer différent. Ces fers
se font avec des lames de fleuret ou de la petite bande d'acier,
Ils doivent être trempés bleu-foncé ou couleur d'or. On fera
bien aussi de tenir la coupe du rabot un peu droite, afin d'é-
clater le bois le moins possible. Si la colonne allait en amincissant du haut, comme cela a lieu ordinairement, il faudrait
incliner la traverse du support suivant la courbure de la colonne. (1) Il est bon d'observer que le fer doit être rapproché le plus possible du nez du rabot, et qu'il ne doit jamais être trop saillant. S'il est bien coupant, sa cannelure
sera presque polie par sa seule action.

» Si on voulait canneler un fût de colonne fait d'un seul
morceau avec la base et le chapiteau, il faudrait alors changer
la forme du rabot, et faire en sorte qu'il ait peu de devant et
peu de derrière, afin qu'il ne puisse gâter les moulures de
cette base et de ce chapiteau.

« Si on voulait faire des cannelures pleines par le bas, (2)
comme on le remarque assez souvent, on remplacerait le fer
à tranchant arrondi par un fer échancré en forme de croissant.
Mais dans ce cas il ne faudrait creuser avec la fraise qu'à l'endroit où la cannelure pleine se transforme en cannelure creuse ;
ce serait avec une gouge qu'il conviendrait de commencer la
première. »

Tel est le détail d'un ingénieux procédé qui lève presque
toutes les difficultés, suppléé par des moyens bien simples à

(1) Il n'est point nécessaire, à la rigueur, de changer la direction du
support : la colonne s'éloignant du support dans sa partie la plus mince,
le fer du rabot mordra moins profondément, et fera une cannelure moins
large. Ainsi les cannelures auront naturellement leur décroissance.
(2) Ce qu'on nomme *Cablins* en terme d'architecture.

des appareils excessivement compliqués. Celui à qui l'art en est redevable, a enrichi de même de plusieurs découvertes les métiers dont il s'est occupé en habile amateur.

§. IV. *De la filière à bois.*

Manière de faire les vis sans le secours du tour.

La description de cet outil ne se rattache au chapitre qui nous occupe que d'une manière bien accessoire, et seulement parce qu'il dispense d'un travail très difficile qui ne s'exécute que sur le tour. Cet instrument est un de ceux dont l'usage est le plus décisif; quand il est bien fait, le commençant le moins habile peut du premier effort faire une vis et son écrou aussi bien que l'ouvrier le plus expérimenté. On voit dès-lors quelle est son importance, puisqu'il met le menuisier en état de faire toutes les vis dont il a besoin pour ses instrumens et mille autres ouvrages.

La filière se compose de deux parties différentes, le taraud, qui fait l'écrou, et la filière proprement dite, qui fait la vis correspondante. La manière de s'en servir est également simple. Quand vous voulez faire un écrou, percez avec le vilbrequin la planche où il doit être, d'un trou égal en diamètre à la partie la moins volumineuse du taraud, la mesure étant prise entre les filets de vis; alors introduisez, en le tournant, votre taraud dans ce trou, et quand il sera passé de l'autre côté de la planche, l'écrou sera fait.

Pour tailler la vis, arrondissez grossièrement avec le fermoir ou la râpe l'extrémité du morceau de bois que vous voulez changer en vis; faites en un cylindre d'un diamètre à peu près égal à celui de la vis, puis faites-le passer en tournant dans la filière, la vis sera terminée; toute la perfection de l'ouvrage dépend de la perfection de l'instrument.

La forme des tarauds a beaucoup varié, on a long-tems cherché avant d'avoir obtenu d'eux tout le service qu'on en attendait. Je n'en décrirai pourtant que deux espèces, la plus ancienne et la plus nouvelle. L'une est la plus simple, l'autre la plus parfaite; la première est en bois, la seconde en fer.

Le taraud en bois peut être fait facilement partout, et c'est pour cela que j'en parle. Quand on s'est procuré une vis en buis bien faite et de la grosseur convenable, on enlève une portion des huits ou dix filets de l'extrémité, parallèlement à l'axe de la vis, et de manière que chaque portion de filet qui reste sur la vis après cette opération, soit plus grande à chacun des tours qui s'éloignent de l'extrémité. (Voy. *fig.* 76, *pl.* 2ᵉ) Puis on remplace une partie du bois coupé par des clous enfoncés dans le bois, et dont on lime la tête, de manière qu'ils forment, pour ainsi dire, une continuation du filet. On a soin que le premier qui doit entrer dans l'ouvrage soit **un peu** moins saillant que le second, le second, un peu moins que le troisième. Le quatrième est aussi saillant que le filet. Cet instrument, d'ailleurs très simple et très bon, a ce grave inconvénient que, dès que la vive arrête des fers est usée, le taraud ne coupe plus net, les écuelles des filets de l'écrou sont inégales et raboteuses, le bois est plutôt déchiré que taillé.

Le taraud en fer n'a pas cet inconvénient, surtout s'il est construit d'après la forme que je vais décrire, et qui est la meilleure et la plus récente.

On tourne un morceau de fer auquel on laisse un bourrelet saillant destiné à faire des filets; on dessine sur ce bourrelet la vis qu'on veut exécuter, et on la taille ensuite à la lime. Cette opération exige un habile ouvrier. On donne à cette vis une forme un peu conique, et le premier filet à l'extrémité est moins haut d'un cinquième que le second filet, celui-ci est moins haut dans la même proportion que le troisième, et ainsi de suite jusqu'au cinquième, qui a toute la hauteur de ceux qui le suivent. Ensuite on fait à la vis quatre entailles parallèles à sa longueur, larges d'un huitième de la circonférence, et également espacées (Voy. *fig.* 77, *pl.* 2ᵉ). Quand on veut faire un écrou avec ce taraud, on fait un trou d'un quart de ligne plus petit que la circonférence du premier filet, et, en tournant le taraud dans le trou, l'écrou se fait dans la perfection; mais, pour bien réussir, il faut avoir eu soin, en limant les entailles longitudinales, de les faire un peu plus larges au fond qu'à leur ouverture, et de les couper un peu à angle rentrant, de façon que chaque dent présente de chaque côté de l'entaille une espèce de biseau. De cette façon, le bois est sans cesse coupé en montant comme en descendant, et le copeau se dégage par les ouvertures longitudinales.

La filière est encore plus difficile à bien faire que le taraud ; les espèces ne sont pas moins nombreuses, et il n'y en a que deux qui rendent un véritable service. De ces deux filières je ne décrirai que la plus simple, qui est aussi une des plus nouvellement imaginées.

La principale pièce de cette filière représentée (*fig.* 78, *pl.* 2ᵉ) est une planchette de bois dur, épaisse d'un pouce environ, d'une forme à peu près parallélogramique et terminée à ses deux extrémités par un prolongement parallèle à l'axe, qui sert à la tenir et à la tourner avec force. Au centre est creusé un écrou qui doit servir de moule à la vis qu'on se propose de tailler, mais comme les filets de bois de cette pièce seraient loin de produire ce résulat, il faut les armer de fer.

Pour cela on creuse parallèlement à l'axe, et presque au milieu de la largeur de l'instrument, une rainure angulaire, à fond carré, dans laquelle on fixe avec un coin, comme on le fait pour les outils à fût, un fer dont l'extrémité est taillée en double biseau, et suivant une forme tout-à-fait semblable au filet. Comme la rainure dans laquelle on le place, pénètre jusque dans l'écrou, on y enfonce aussi le fer de façon à ce qu'il forme pour ainsi dire, le prolongement du filet qu'il ne doit pas dépasser, et qui est interrompu en ce point. A côté de la pointe de fer est une échancrure de forme à peu près demi-circulaire, et qui permet le dégagement du copeau. Le tout est recouvert par une autre planchette plus mince que la première, fixée avec deux vis ou deux boulons placés dans les trous qu'indique la figure. Cette planchette est percée au-dessus de l'écrou de la seconde, afin de laisser passer le cylindre qu'on veut fileter. Pour se servir de cet outil, on prend le cylindre dans un étau ; on engage dans la filière son extrémité un peu amincie, puis on tourne l'instrument à deux mains. Dès que le fer a entamé le bois, le filet de l'écrou y pénètre, et le travail se continue sans peine jusqu'à ce que tout le cylindre ait passé. Quand on veut affûter le fer, on le retire de la rainure après avoir ôté le coin, et on aiguise le tranchant sur la pierre ; on le remet ensuite en place, en veillant à ce que sa pointe ne dépasse pas la vive arête du filet.

Le bois qu'on emploie pour faire ainsi une vis doit être doux et liant. Ceux qui conviennent le mieux sont le pommier, l'alizier et le poirier sauvage.

Procédé pour faire des ornemens sur le bois travaillé au tour.

Ce procédé consiste à faire une composition de gomme laque et de résine, à laquelle on ajoute des poudres diversement coloriées , pendant que la matière est liquide, par exemple , du minium , du vermillon , du bleu de Prusse, de l'indigo , du jaune de roi (king's yellow), de l'ocre jaune , du noir de fumée , etc., etc. Chaque couleur formant une petite boule ou masse séparée qu'on emploie de la manière suivante : Lorsqu'on a donné au bois la forme convenable, on le fait tourner rapidement sur le tour , et on en approche un morceau de la couleur dont on veut l'orner.

La chaleur produite par la rapidité du frottement, fait fondre une partie de la composition qui adhère au bois. On peut alors l'étendre sur la surface de celui-ci , et le polir au moyen d'un morceau de liège qu'on y aplique fortement. On peut ensuite arrêter nettement les bords de cet anneau coloré, avec le ciseau à tourner , et appliquer aussi successivement plusieurs couleurs pour obtenir l'effet désiré.

On voit souvent des couleurs appliquées d'une manière grossière , sur les pièces de tour en bois ; ces couleurs sont mélangées dans une composition molle dont la cire forme la partie principale ; mais il est impossible de l'appliquer d'une manière aussi délicate que par le procédé que nous venons de décrire ci-dessus.

Il y aurait un grand avantage à peindre aussi sur le tour les vases de bois, façon de Tumbridge.

FIN DU TOME PREMIER.

TABLE DES MATIÈRES

CONTENUES DANS LE TOME PREMIER.

TABLE 281

282

DEUXIÈME SECTION. — INSTRUMENS ET OUTILS DU MENUISIER.

CHAPITRE I. — Instrumens et outils propres à assujettir

SECONDE PARTIE.

Des Travaux du Menuisier.

PREMIÈRE SECTION.—CONNAISSANCES PRÉLIMI-NAIRES ET OPÉRATIONS FONDAMENTALES.

TOUL IMPRIMERIE DE Vᵉ BASTIEN.

N. B. *Comme il existe à Paris deux libraires du nom de RORET, l'on est prié de bien indiquer l'adresse.*

COLLECTION DE MANUELS

FORMANT UNE

ENCYCLOPÉDIE

DES

Sciences et Arts,

FORMAT IN-18;

PAR UNE REUNION DE SAVANS ET DE PRATICIENS,

M. Amoros, Arsenne, Biret, Biston, Boisduval, Boitard, Bosc, Boyard. Cahen, Chaussier, Chozon, Paulin Désormeaux, Janvier, Julia-Fontenelle Julian, Lacroix, Landrin, Launay, Sébastien Lenormand, Lesson, Loriol Matter, Noël, Rang, Richard, Riffault, Scarbe, Tabbé, Terquem, Thillaye Toussaint, Trembery, Vauquelin, Verchaud, etc., etc.

Depuis que les Sciences exactes ont, par leur application à l'Agriculture et x Arts, contribué si puissamment au développement de l'Industrie agricole de l'Industrie manufacturière, leur étude est devenue un besoin pour toutes s classes de la société. Les Mathématiques, la Physique, la Chimie, sont des iences qu'il n'est plus permis d'ignorer : aussi les traités de ce genre sont-ils ijourd'hui dans les mains des artisans et dans celles des gens du monde. Mais i a généralement reconnu que la cherté de ces sortes de livres est un grand npêchement à leur propagation, et que la rédaction n'a pas toujours la clarté la simplicité nécessaires pour faire pénétrer promptement dans l'esprit les incipes qu'ils exposent. C'est pour remédier à ces deux inconvéniens que ius avons entrepris de publier, sous le titre de *Manuels*, des Traités vraiment émentaires, dont la réunion formera une Encyclopédie portative des Sciences des Arts, dans laquelle les agriculteurs, les fabricans, les manufacturiers les ouvriers en tout genre trouveront tout ce qui les concerne, et par là ront à même d'acquérir à peu de frais toutes les connaissances qu'ils doivent oir pour exercer avec fruit leur profession.

(2)

Les professeurs, les élèves, les amateurs et les gens du monde pourront
ser des connaissances aussi solides qu'instructives.

Plusieurs de nos manuels sont arrivés en peu de temps à plusieurs éditi
un si grand succès est une preuve évidente de leur utilité ; aussi sommes l
décidés à en continuer la publication avec toute la célérité possible La ré
tion des volumes à faire paraître est fort avancée et nous croyons pouvoir
mettre que cette intéressante Collection sera terminée avant peu.

La meilleure preuve que nous puissions donner de l'utilité et de la b
de cette Encyclopédie populaire, c'est le succès prodigieux des divers Tr
parus.

Cette entreprise étant toute philantropique, les personnes qui auraient q
que chose à faire parvenir dans l'intérêt des sciences et des arts, sont pré
l'envoyer franco à M. le Directeur de l'Encyclopédie in-18, chez Koret, libr
ue Hautefeuille, n. 10 bis, au coin de la rue du Battoir, à Paris.

Tous les Traités se vendent séparement. Un grand nombre est en vente ; les e
paraîtront successivement. Pour les recevoir franc de port, on ajoute a 50 cen
par volume in.18.

NUEL D'ALGÈBRE, ou Exposition élémentaire des principes de cette
ce à l'usage des personnes privées des secours d'un maître, par M. TER-
, docteur ès-sciences, officier de l'Université, professeur aux Ecoles royale. *Deuxième édition.* Un gros volume.   3 fr. 50 c.

DE L'AMIDONNIER ET DU VERMICELLIER, auquel on a joint
ce qui est relatif à la fabrication des produits obtenus avec la pomme de
, les marrons d'Inde, les châtaignes, et toutes les autres plantes connues
contenir quelque substance alimacée ou féculente ; par M. MOARD. Un vol
de figures.   8 fr.

D'ARCHITECTURE, ou Traité général de l'art de bâtir ; par M. TOCS
, architecte. *Seconde édition.* Deux gros volumes ornés d'un grand nombre
anches.   7 fr.

DE L'ARMURIER, DU FOURBISSEUR ET DE L'ARQUEBUSIER
raité complet et simplifié de ces arts ; par M. PAULIN DÉSORMEAUX. Un vol.
de planches.   3 fr.

D'ARPENTAGE, ou Instruction sur cet art et sur celui de lever les
: par M. LACROIX, membre de l'Institut. *Cinquième édition.* Un vol. orné
anches.   3 fr. 50 c.

SUPPLÉMENTAIRE D'ARPENTAGE, ou Recueil d'exemples pra
- pour les différentes opérations d'arpentage et de levé des plans ; pa
Jocart père et fils. Un vol. orné de *Modèles de topographie* et de beaucoup
jures.

D'ARITHMÉTIQUE DÉMONTRÉE, à l'usage des jeunes gens qui se
nent au commerce, et de tous ceux qui désirent se bien pénétrer de cett
ce : par M. COLLIN, et revu par M. R.... ancien élève de l'Ecole Polytech-
e Un vol. *Neuvième édition.*   3 fr. 50 c.

COMPLÉMENTAIRE D'ARITHMÉTIQUE, ou Recueil de problème
- solutions, par M. TREMEY, professeur. Un vol.

DE L'ARTIFICIER, ou l'Art de faire toutes sortes de feux d'artifice à
de frais, et d'après les meilleurs procédés, contenant les Elémens de la
technie civile et militaire, leur application pratique à tous les artifices
ius jusqu'à ce jour, et à de nouvelles combinaisons fulminantes ; par
ESCNAUD. capitaine d'artillerie. *Deuxième édition.* Un vol. orné de pl. 3 fi.

D'ASTRONOMIE, ou Traité élémentaire de cette science, d'après
l actuel de nos connaissances, contenant l'Exposé complet du système du
de, basé sur les travaux les plus récens et les résultats qui dérivent de
erches de M. Pouillet sur la température du soleil, et de celles de M. Arag
à densite de la partie extérieure de cet astre, par M. BAILLY, membre de
ieurs sociétés savantes, *Troisième édition,* Un vol. orné de pl.   2 fr. 50

MANUEL DE L'ACCORDEUR, ou l'Art d'accorder le Piano, mis à portée de tout le monde ; par M. Giorgio di Roma. 1 fr. 25

— **DU BANQUIER, DE L'AGENT DE CHANGE ET DU COURTIER**, contenant les lois et règlemens qui s'y rapportent, les diverses opérations de change, courtage et négociation des effets à la Bourse ; par M. PEUCHET. Un vol. 2 fr. 50

— **DU BIJOUTIER, DU JOAILLIER ET DE L'ORFÈVRE**, ou Traité complet et simplifié de ces arts, par M. JULIA DE FONTENELLE. Deux vol. ornés de pl. 7

MANUEL DU BONNETIER ET DU FABRICANT DE BAS, ou Traité complet et simplifié de ces arts ; par MM. V. LEBLANC et PRÉAUX-CALTOT. Un vol. orné de pl. 3

— **DE BOTANIQUE**, contenant les principes élémentaires de cette science, la Glossologie, l'Organographie et la Physiologie végétale, la Phytothérosie, l'Analyse de tous les systèmes, tant naturels qu'artificiels, faits sur la distribution des plantes, depuis Aristote jusqu'à ce jour ; et le développement du système des familles naturelles ; par M. BOITARD. Troisième édition. Un vol. orné de planches. 3 fr. 50

— **DE BOTANIQUE**, deuxième partie. **FLORE FRANÇAISE**, ou Description synoptique de toutes les plantes phanérogames et cryptogames qui croissent naturellement sur le sol français, avec les caractères des genres et agames et l'indication des principales espèces ; par M. BOISDUVAL. Trois gros vol. 10 fr 50

ATLAS DE BOTANIQUE, composé de 120 planches, représentant la plupart des planches décrites dans les ouvrages ci-dessus.

Figures noires, 18 fr.   Figures coloriées, 36

MANUEL DU BOTTIER ET DU CORDONNIER, ou Traité complet de ces arts, par M. MORIN. Un vol. orné de pl. 3

— **DE BIOGRAPHIE**, ou Dictionnaire historique abrégé des grands hommes ; par M. JACQUELIN et par M. NOEL, inspecteur général des études. Deux vol. Deuxième édition. 6

— **DU BOULANGER, DU NÉGOCIANT EN GRAINS, DU MEUNIER ET DU CONSTRUCTEUR DE MOULINS**. Troisième édition, entièrement refondue, par MM. JULIA FONTENELLE et BENOIST. 2 gros vol. ornés de pl. 8

— **DU BOURRELIER ET DU SELLIER**, contenant la description de tous les procédés usuels, perfectionnés ou nouvellement inventés, pour garnir toutes sortes de voitures, et préparer les attelages ; par M. LEBRUN. Un vol. orné de fig. 3

— **COMPLET DU BLANCHIMENT ET DU BLANCHISSAGE, NETTOYAGE ET DÉGRAISSAGE DES FILS ET ÉTOFFES DE CHANVRE, LIN, COTON, LAINE, SOIE**, ainsi que de la Cire, des Eponges, de la Laque, du Papier, de la Paille, etc., offrant l'Exposé de toutes les découvertes, perfectionnemens et pratiques nouvelles dont les arts se sont enrichis, tant en France que dans l'étranger ; par M. JULIA DE FONTENELLE. Deux vol. ornés de pl. 5

— **DU BRASSEUR**, ou l'Art de faire toutes sortes de bières, contenant tous les procédés de cet art ; traduit de l'anglais de ACCUM, par M. RIFFAULT. Deuxième édition, revue, corrigée et augmentée. Un vol. 2 fr. 50

— **DE CALLIGRAPHIE**, méthode complète de CARSTAIRS, dite Américaine, ou l'Art d'écrire en peu de leçons, par des moyens prompts et faciles ; traduit de l'anglais par M. TREMBAY, accompagné d'un Atlas renfermant grand nombre de modèles mis en français. Nouvelle édition. 3

— **DU CARTONNIER, DU CARTIER ET DU FABRICANT DE CARTONNAGE**, ou l'Art de faire toutes sortes de cartons, de cartonnages et de cartes à jouer, contenant les meilleurs procédés pour gaufrer, colorier, vernir, dorer, couvrir en paille, en soie, etc., les ouvrages en carton ; par M. LEBRUN, membre de plusieurs sociétés savantes. Un vol. orné d'un grand nombre de fig. 5

— **DU CHARPENTIER**, ou Traité complet et simplifié de cet art ; par

M. Haxus et Biston (Valentin). *Troisième édition.* Un vol. orné de 12 planches. . . . . prix 3 fr. 50 c.

MANUEL DU CHAMOISEUR, MAROQUINIER, PÉAUSSIER ET ARCHEMINIER, contenant les procédés les plus nouveaux, toutes les découvertes faites jusqu'à ce jour, et toutes les connaissances nécessaires à ceux qui
veulent pratiquer ces arts; par M. Dessables. Un vol. orné de pl. . . . 3 fr.

— DU CHANDELIER ET DU CIRIER, suivi de l'Art du fabricant
de cire à cacheter: par M. Sébastien Lenormand, professeur de technologie, etc. Un gros vol. orné de pl. . . . . 3 fr.

— DU CHARCUTIER, ou l'Art de préparer et de conserver les diffé
rentes parties du cochon, d'après les plus nouveaux procédés, précédé de l'art
d'élever les porcs, de les engraisser et de les guérir; par une réunion de Char-
cutiers, et rédigé par madame Celnart. Un vol. . . . . 2 fr. 50 c.

— DU CHASSEUR, contenant un Traité sur toutes les chasses; un vocabulaire des termes de vénerie, de fauconnerie et de chasse; les lois, ordonnances de police. etc., sur le port d'armes, la chasse, la pêche, la louveterie.
Cinquième édition. Un vol. avec fig et musique. . . . . 3 fr

— DU CHAUFOURNIER, contenant l'art de calciner la pierre à chaux et
à plâtre, de composer toutes sortes de mortiers ordinaires et hydrauliques,
cimens pouzzolanes artificielles, bétons, mastics, briques crues, pierres et
statues, ou marbres factices propres aux constructions; par M. Biston. Un
gros vol. . . . . 3 fr.

— DE CHIMIE, ou Précis élémentaire de cette science, dans l'état
actuel de nos connaissances; *Quatrième édition,* revue, corrigee, et très augmentée. par M. Vergnaud. Un gros vol. orné de fig. . . . 3 fr. 50 c.

— DE CHIMIE AMUSANTE, ou nouvelles Récréations chimiques,
contenant une suite d'expériences curieuses et instructives en chimie, d'une
exécution facile, et ne présentant aucun danger; par Frédéric Accum, suivi
de notes intéressantes sur la Physique, la Chimie, la Minéralogie, etc. par
Samuel Parkes. *Quatrième édition,* revue par M. Vergnaud. Un vol. orné de fig.
. . . . 3 fr.

— DU COLORISTE, ou Instruction complète et élémentaire pour l'enlu-
minure, le lavis et la retouche des gravures, images, lithographies, planches
d'histoire naturelle, cartes géographiques et plans topographiques, contenant
la description des instrumens et ustensiles propres au Coloriste, la composition,
les qualités, le mélange, l'emploi des couleurs, et les différens travaux d'enlu-
minure: par M. A. M. Perrot, revu et augmenté par M. E. Blanchard, peintre
d'histoire naturelle. un vol. orné de pl. . . . . 2 fr. 50. c.

ART DE SE COIFFER SOI-MÊME, enseigné aux dames, suivi du
Manuel du Coiffeur, précédé de préceptes sur l'entretien, la beauté et
la conservation de la chevelure, etc., etc.; par M. Villarsy. Un joli vol.
. . . . 2 fr. 50 c.

MANUEL DE LA BONNE COMPAGNIE, ou Guide de la politesse des
égards, du bon ton et de la bienséance. *Septième édition.* Un vol. 2 fr. 50 c.

— DU CHARRON ET DU CARROSSIER, ou l'Art de fabriquer
toutes sortes de voitures; par M. Nosban. Deux vol. ornés de pl. 6 lr

— DU CONSTRUCTEUR DES MACHINES A VAPEUR, par
M. Janvier, officier au corps royal de la marine. Un vol. orné de pl. 2 fr. 50 c.

— DU CONSTRUCTEUR DES CHEMINS DE FER, ou essai sur les
principes généraux de l'art de construire les chemins de fer par M. Ed. Biot.
un vol. . . . . 3 f.

— POUR LA CONSTRUCTION ET LE DESSIN DES CARTES
GÉOGRAPHIQUES, contenant des considérations générales sur l'étude de la
géographie, l'usage des cartes et les principes de leur rédaction, le tracé linéaire des projections, les instrumens qui servent aux différentes opérations, et la manière de dessiner toutes espèces de cartes; par A. M. Perrot;
ouvrage orné d'un grand nombre de pl. Un vol. . . . . 3 fr.

MANUEL PRATIQUE DES CONTRE-POISONS, ou Traitément des ind vidus empoisonnés, asphyxiés, noyés ou mordus par des animaux enragés et de serpens, ou piqués par des insectes venimeux, suivi des moVens a employer dac les cas de mort apparente, par M. le doct. Chaussier. Un vol. orné de fig. 1 fr. 50 c

— **DES CONTRIBUTIONS DIRECTES**, à l'usage des contribuables des receveurs, des employes des contributions et du cadastre, suivi du mud des réclamations, et la marche à suivre pour obtenir une juste et prompte dé cision. etc. : par M. Deloncle, ex contrôleur Un vol 1 fr. 50 c

— **DU COUTELIER**, ou Traité théorique et pratique de l'art de faire tou les ouvrages de coutellerie: par M. Landrin. Un gros vol. orné de planche 5 fr. 50 c

— **DE L'HISTOIRE NATURELLE DES CRUSTACÉS**, conte nant leur description et leurs mœurs, avec figures dessinées d'après natur par feu M. Bosc, de l'Institut: édition mise au niveau des connaissances a tuelles, par M. Desmarets, correspondant de l'Académie royale des Science Deux vol. 6 f

— **DU CUISINIER ET DE LA CUISINIÈRE**, à l'usage de la ville et campagne, contenant toutes les recettes les plus simples pour faire bonn chère avec économie, ainsi que les meilleurs procédés pour la pâtisserie l'office, précédé d'un Traité sur la dissection des viandes, suivi de la m niere de conserver les substances alimentaires, et d'un traité sur les vins p M. Cardelli, ancien chef d'office. Dixième édition. Ung vos vol. orné 1 fr. 50 c

— **DU CULTIVATEUR-FORESTIER**, contenant l'art de cultiver en forê tous les arbres indigènes et exotiques, propres à l'aménagement des bois, l'e plication des termes techniques employés dans le langag forestier et en bot nique dendrologique: un extrait des lois concernant les propriétés particuliér soumises au régime forestier et les fonctions des gardes; enfin une Flo dendrologique de la France; par M. Borrard, membre de plusieurs sociétés vantes nationales et étrangères. Deux vol. 5

— **DU CULTIVATEUR FRANÇAIS**, ou l'art de bien cultiver les terr de soigner les bestiaux et de retirer des unes et des autres le plus de bénéfi possible; par M. Thiébaut de Berneaud Deux vol. 5

— **DE LA CORRESPONDANCE COMMERCIALE**, contenant : Dictionnaire des termes du Commerce des modèles et des formules épistolai et de comptabilité, pour tous les cas qui se présentent dans les opérations co merciales, avec des notions générales et particulières sur leur emploi; p M. C. F. Rebes-Lestienne. Deuxième édition revue, corrigée et augmentée d' nouveau mode pour dresser les comptes d'intérêts, de plus, d'un traité sur lettres de change, billets et autres effets de commerce, ainsi que de toutes formules qui y sont relatives, etc. Un vol. 1 fr. 50

— **DES DAMES**, ou l'Art de l'Elégance; par mad. Celnart. Deuxiè édition. Un vol. orne de fig 3

— **DE LA DÁNSE**, comprenant la théorie, la pratique et l'histoire cet art, depuis les temps les plus reculés jusqu'à nos jours : à l'usage amateurs et des professeurs, par M. Blasis; traduit de l'anglais M. P. Vergnaud, et revu par M Gardel Un gros vol. orné de planches musique. 5 fr. 50

— **DES DEMOISELLES**, ou Arts et Métiers qui leur conviennent tels que la couture, la broderie, le tricot, la dentelle, la tapisserie, bourses, les ouvrages en filets, en chenille, en gance, en perles, en c veux, etc., etc.; enfin tous les arts dont les demoiselles peuvent s'occu avec agrément; par mad. Elisabeth Celnart. Quatrième édition. Un vol. e de planches. 5

— **DU DESSINATEUR**, ou Traité complet de cet art, contenant le d sin géométrique, le dessin d'après nature et le dessin topographique M. Perrot, etc. Troisième édit., augmentée par M. Vergnaud. Un vol. o de planches. 5

graphies.

DU DESTRUCTEUR DES ANIMAUX NUISIBLES, ou l'Art e
dre et de détruire tous les animaux nuisibles à l'agriculture, au jar-
ge, à l'économie domestique. à la conservation des chasses, des étangs,
etc. ; par M. Vérard. *Deuxième édition.* Un vol. orné de pl.   5 fr.

· **DU DISTILLATEUR LIQUORISTE**, ou Traité de la distillation
général, suivi de l'Art de fabriquer des liqueurs à peu de frais et d'a
les meilleurs procédés : par M. Lebaro. *Quatrième edit* Un vol. 3 fr. 50 c.

· **DES DOMESTIQUES**, ou l'Art de former de bons serviteurs ; savoir :
tres-d'hôtels, cuisiniers, cuisinières, femmes et valets de chambre, frotteurs,
iers bonnes d'enfans, cochers, etc. par madame Celnart. Un vol. 1 fr. 50 c.

· **D'ÉCONOMIE DOMESTIQUE**, contenant toutes les recettes les
simples et les plus efficaces sur l'économie rurale et domestique, à l'u-
de la ville et de la campagne ; par mad. Celnart. *Deuxième édit.* Un
orné de figures.   2 fr. 50 c.

- **D'ÉCONOMIE POLITIQUE**, par M. J. Pautet. Un volume. 1 fr. 50 c.

- **DES ÉCOLES PRIMAIRES MOYENNES ET NORMALES**, ou
de complet des instituteurs et des institutrices, contenant, 1° l'ex-
b des principes et des méthodes d'instruction et d'éducation populaire de
s les degrés : 2° des Catalogues pour la composition de bibliothèques po-
aires ; 3° des Lois, Circulaires et Règlemens de l'autorité sur l'enseignement
naire ; 4° des Plans pour la construction de maisons, d'écoles, et la distri-
ion des salles de classes ; par un membre de l'Université. et revu par M. May-
, inspecteur général des études. Un vol. orné de planches.   2 fr. 50 c.

- **D'ENTOMOLOGIE**, ou Histoire naturelle des Insectes, contenant
ynonymie et la description de la plus grande partie des espèces d'Europe
des espèces exotiques les plus remarquables ; par M. Boitard. Deux gros
                                                         7 fr.

ATLAS D'ENTOMOLOGIE, composé de 110 planches représentant les
ectes decrits dans l'ouvrage ci-dessus.
Figures noires.,   ,   ,   17 fr.   Figures coloriées,   34 fr.

MANUEL D'ÉLECTRICITÉ ATMOSPHÉRIQUE, par H. Royault.
1 vol. orné de planches.   2 fr. 50 c.

- **D'ÉQUITATION**, à l'usage des deux sexes, contenant le manège civil et
litaire : le manège pour les dames, la conduite des voitures ; les soins et
ntretien du cheval en santé ; les soins à donner au cheval en voyage, les no-
ns de médecine veterinaire indispensables pour attendre les secours régulier.
l'art ; l'achat, le signalement et l'éducation des chevaux, orné de vingt-
aire jolies figures lithographiées par V. Adam. Par M. A. D. Vergnaud.
1 vol.   3 fr.

- **DU STYLE ÉPISTOLAIRE**, ou Choix de lettres puisées dans nos
eilleurs auteurs, précede d'instructions sur l'Art épistolaire, et de notices
ographiques ; par M. Biscarrat, professeur. Un gros vol. *Deuxième édition.*
                                                         2 fr. 50 c.

- **DE L'ESSAYEUR**, par M. Vauquelin; suivi de l'Instruction de M. Gay-
ussac sur l'essai des matières d'or et d'argent par la voie humide, et des disposi-
ons du laboratoire de la monnaie de Paris, par M. Darcet : édition publiée par
. Vergnaud, ancien élève de l'Ecole polytechnique. Un vol. orné de planch. 3 fr.

- **DU FABRICANT D'ETOFFES IMPRIMÉES ET DU FABRI-
ANT DE PAPIERS PEINTS**, contenant les procédés les plus nouveaux
our imprimer les étoffes de coton, de lin, de laine et de sois, et pour co-
rer la surface de toutes sortes de papiers ; par M. Sébastien Lenormand. Un
ol. orné de pl.   3 fr.

- **DU FABRICANT D'INDIENNES**, renfermant les impressions des laines,
les châles et des soies, précédé de la description botanique et chimique des
natières colorantes. Ouvrage orné de planches, et destiné à faire suite au Ma-

nuel de fabricant d'étoffes imprimées et de papiers peints, par M. L.-J.-S. Thilla, professeur de chimie appliquée aux arts et à la teinture. Un vol.　3 fr. 50

MANUEL DU FABRICANT DE DRAPS, ou Traité général de fabrication des draps: par M. Bonnet. Un vol.　3

— **DU FABRICANT ET DE L'ÉPURATEUR D'HUILE**, suivi d'un Aperçu sur l'éclairage par le gaz; par M. Julia Fontenelle. Un vol. orné de pl.　3 f.

— **DU FABRICANT DE CHAPEAUX EN TOUS GENRES**, tels que feutres divers, schakos, chapeaux de soie, de coton, et autres étoffes floconneuses; chapeaux de plumes, de cuir, de paille, de bois, d'osier, etc., enrichi de tous les brevets d'invention; par MM. Cles et F., fabricans, Jul. Fontenelle professeur de chimie. Un vol. orné de pl.　3

— **DU FABRICANT DE GANTS**, considéré dans ses rapports avec la mégisserie, la chamoiserie et les diverses opérations qui s'y rattachent, par M. Vallat d'Artois, ancien fabricant. Un vol. orné de planch.　3 fr. 50

— **DU FABRICANT DE PAPIERS**, ou Traité complet de cet art; par M. Sébastien Lenormand. Deux vol. ornés d'un grand nombre de pl. 10 fr. 50

— **DU FABRICANT DE PRODUITS CHIMIQUES**, ou Formules, Procédés usuels relatifs aux matières que la chimie fournit aux arts industriels, à la médecine et à la pharmacie, renfermant la description des opérations, des principaux ustensiles en usage dans les laboratoires; par M. Thillaya, professeur de chimie, chef des travaux chimiques de l'ancienne fabrique de M. Vauquelin. Deux vol. ornés de pl.　7

— **DU FABRICANT ET DU RAFFINEUR DU SUCRE**, ou Essai les différens moyens d'extraire le sucre et de le raffiner; par MM. Blache et Zoëga. Seconde édition, revue par M. Julia Fontenelle. Un vol. orné de pl.　3 fr. 50

— **THÉORIQUE ET PRATIQUE DU FABRICANT DE CIDRE ET DE POIRÉ**, avec les moyens d'imiter avec le suc des pommes ou des poires le vin de raisin, l'eau-de-vie et le vinaigre de vin; suivi de l'art de faire les vins de fruits et les vins de liqueurs artificiels, de s'imposer des aromes ou bouquets des vins, et de faire avec les raisins de tous les vignobles, soit les vins de Bar Bourgogne, du Cher, de Touraine, de Saint-Gilles, de Roussillon, de Bordeaux et autres. Ouvrage indispensable aux marchands de vins, fabricans de cidre, cultivateurs, et aux amis de l'économie domestique, avec figures; par M. L.-F. Dubief. Un vol.　2 fr. 50

— **DU FERBLANTIER ET DU LAMPISTE**, ou l'Art de confectionner en ferblanc tous les ustensiles possibles, l'étamage, le travail du zinc, l'art de fabriquer les lampes d'après tous les systèmes anciens et nouveaux; orné d'un grand nombre de figures et de modèles pris dans les meilleurs ateliers; par M. Lebrun. Un vol. in-18.　3

— **DU FLEURISTE ARTIFICIEL**, ou l'Art d'imiter d'après nature toute espèce de fleurs, en papier, batiste, mousseline et autres étoffes de coton; gaze, taffetas, satin, velours; de faire des fleurs en or, argent, chenille, plumes, paille, baleine, cire, coquillages, les autres fleurs de fantaisie: les fruits artificiels; et contenant tout ce qui est relatif au commerce des fleurs; suivi de l'Art du Plumassier. par madame Celnart. Un vol. de fig.　2 fr. 50

— **DU FONDEUR SUR TOUS MÉTAUX**, ou Traité de toutes les opérations de la fonderie, contenant tout ce qui a rapport à la fonte et au moulage du cuivre à la fabrication des pompes à incendie et des machines hydrauliques. etc., etc.; par M. Launay, fondeur de la colonne de la place Vendôme, etc. Deux vol. ornés d'un grand nombre de pl.　7

— **THÉORIQUE ET PRATIQUE DU MAITRE DE FORGES**, l'Art de travailler le fer; par H. Landrin, ingénieur civil. Deux vol. ornés de pl.　6

MANUEL FORMULAIRE DE TOUS LES ACTES OUS SIGNATURE RIVÉES, par M. Biret, jurisconsulte. Un vol.　2 fr. 50

**MANUEL DES GARDES CHAMPÊTRES, FORESTIERS, GARDES
PÊCHES,** contenant l'exposé méthodique des lois, etc.; sur leurs attributions
ctions, droits et devoirs, avec les formules et modèles des rapports et des
ces verbaux: par M. Botard. *Nouvelle édition.* Un vol.   2 fr. 50 c.

— **DES GARDES MALADES,** et des personnes qui veulent se soigner
es mêmes; ou l'Ami de la santé, contenant un exposé clair et précis des
ns à donner aux malades de tout genre; par M. Morin, docteur en méde-
ne. Un vol. *Troisième édition.*   1 fr. 50 c.

— **DES GARDES NATIONAUX DE FRANCE,** contenant l'école du
dat et de peloton, d'après l'ordonnance du 4 mars 1831, l'entretien des ar-
es, etc.; précédé de la nouvelle loi de 1831 sur la garde nationale l'état-
ajor, le modèle du drapeau, l'ordre du jour sur l'uniforme en général, et
lui pour les communes rurales: adopté par le général en chef; par M. R. L.
ente-deuxième édition, ornée d'un grand nombre de figures représentant les
vers uniformes de la gard nationale, et toutes celles nécessaires pour l'exerce et les manœuvres. Un gros vol. in-18; 1 fr. 25 c., et 1 fr. 75 c. par la
ste. L'on ajoutera 50 c. pour recevoir le même ouvrage avec tous les unifor-
es coloriés.

— **GÉOGRAPHIQUE,** ou le nouveau Géographe-manuel, contenant la
scription statistique et historique de toutes les parties du monde, la Con-
rdance des calendriers? une Notice sur les lettres de change, bons au por-
ur, billets à ordre, etc.; le Système métrique, la Concordance des mesures
ciennes et nouvelles; les Changes et Monnaies étrangères évaluées en francs
centi es; par Alexandre Devilliers. Un gros vol. orné de pl. *Quatrième
dition.*   3 fr. 50 c.

— **DE GÉOGRAPHIE PHYSIQUE, HISTORIQUE ET TOPOGRA-
PHIQUE DE LA FRANCE,** divisée par Bassins; par M. V. A. Loriol,
hef d'institution, membre de la société de géographie. *Deuxième édition,* revue;
orrigée et considérablement augmentée. Un vol.   2 fr. 50 c.

— **DE GÉOMÉTRIE,** ou Exposition élémentaire des principes de
ette science, comprenant les deux trigonometries, la théorie des projections,
t les principales propriétés des lignes et surfaces du second degré; à l'usage des
ersonnes privées des secours d'un maître; par M. Terquem. *Deuxième édition*
n gros vol. orné de pl.   3 fr. 50 c.

— **DE GYMNASTIQUE,** par M. le colonel Amoros. Deux gros vol et
Atlas composé de 50 pl.   10 fr. 50 c.

— **DU GRAVEUR,** ou Traité complet de l'Art de la gravure en tous
enres, d'après les renseignemens fournis par plusieurs artistes, et rédigé par
M. Perrot. Un vol.   5 fr.

— **DES HABITANS DE LA CAMPAGNE ET DE LA BONNE FER-
MIÈRE,** ou Guide pratique des travaux à faire à la campagne; par mesdames
Jacon-Dupuis et Celnart. *Deuxième édition.* En vol.   2 fr. 50 c.

— **DE L'HERBORISTE, DE L'ÉPICIER-DROGUISTE ET DU
GRAINIER PÉPINIÉRISTE,** contenant la description des végétaux, les
ieux de leur naissance, leur analyse chimique et leurs propriétés médicales;
ar MM. Julia Fontenelle et Tollard. Deux gros vol.   7 fr.

— **D'HISTOIRE NATURELLE,** comprenant les trois règnes de la
Nature, ou Genera complet des animaux, des végétaux et des minéraux; par
M. Botard. Deux gros vol.   7 fr.

Atlas des différentes parties de l'Histoire naturelle, et qui se vendent séparément.

ATLAS POUR LA BOTANIQUE, composé de 120 pl., fig. noires. 18 fr.
Fig. coloriées.   36 fr.
— **POUR LES MOLLUSQUES,** représentant les mollusques nus et les
oquilles, 51 pl., fig. noires, 7 fr. Fig. coloriées.   14 fr.
— **POUR LES CRUSTACÉS,** 18 pl., fig. noires, 5 fr. Fig. coloriées. 6 fr.

TLAS POUR LES INSECTES, 110 pl., fig. noires, 17 fr. Fig. coloriées.
36 fr.

— POUR LES MAMMIFÈRES, 80 pl.,(fig. noires, 12 fr. Fig. coloriées, 24 fr.
— POUR LES MINÉRAUX. 40 pl., fig. noires, 6 fr Fig coloriées. 12 fr.
— POUR LES OISEAUX, 129 pl., fig. noires, 20 fr Fig. coloriées. 40 fr.
— POUR LES POISSONS, 155 pl., fig. noires, 24 fr. Fig. coloriées. 48 fr.
— POUR LES REPTILES, 54 pl., fig. noires, 9 fr. Fig. coloriées. 18 fr.
— POUR LES ZOOPHYTES, représentant la plupart des vers et des animaux plantes, 25 pl., fig. noires, 6 fr. Fig. coloriées. 22 fr.

MANUEL DE L'HORLOGER ou Guide des ouvriers qui s'occupent de la construction des machines propres à mesurer le temps; par M. Sébastien Lenormand. Un gros vol. orné de pl. 3 fr. 50 c.

— D'HYGIÈNE, ou l'Art de conserver sa santé; par M. Morin, docteur médecin. Un vol. 3 fr.

— DU JARDINIER, ou l'Art de cultiver et de composer toutes sortes de jardins : ouvrage divisé en deux parties : la première contient la culture des jardins potagers et fruitiers : la seconde, la culture des fleurs, et tout ce qui a rapport aux jardins d'agrément; dédié à M. Thouin, ex professeur de culture au Museum d'histoire naturelle, membre de l'Institut, etc.; par M. Bailly, son élève. *Sixième édition*, revue, corrigée et considérablement augmentée. Deux gros vol. ornés de pl. 5 fr

MANUEL DU JARDINIER DES PRIMEURS, ou l'Art de forcer la nature à donner ses productions en tout temps; par MM. Noisette et Boitard. Un vol. orné de pl. 3 fr.

—DE L'ARCHITECTE DES JARDINS, ou l'Art de les composer et de les décorer; par M. Boitard, ouvrage orné de 120 pl. gravées sur acier. 15 fr.

— DU JAUGEAGE ET DES DÉBITANS DE BOISSONS, contenant les tarifs très simplifiés en anciennes et nouvelles mesures, relatifs à l'art de jauger; toutes les lois, ordonnances, règlemens sur les boissons, etc., etc.; par M. Laudier, membre de la Légion-d'Honneur, et par M. D..., avocat à la Cour royale de Paris. Un vol. orné de fig. 3 fr.

— DES JEUNES GENS, ou Sciences, arts et récréations qui leur conviennent, et dont ils peuvent s'occuper avec agrément et utilité, tels que jeux de billes, etc.; la gymnastique, l'escrime, la natation, etc.; les amusemens d'arithmétique, d'optique, aérostatiques, chimiques, etc.; tours de magie, de cartes, feux d'artifice, jeux de dames d'échecs, etc.; traduit de l'anglais par Paul Vergnaud. Ouvrage orné d'un grand nombre de vignettes gravées sur bois par Godard. Deux vol. 6 fr.

— DES JEUX DE CALCUL ET DE HASARD, ou nouvelle Académie des jeux, contenant tous les jeux préparés simples, tels que les jeux de l'Oie, de Loto, de Domino, les jeux préparés composés, comme Dames, Trictrac, Echecs, Billard, etc.; 1º tous les jeux de Cartes, soit simples, soit composés, 2º les jeux d'enfans, les jeux communs, tels que la Bête, la Mouche, la Triomphe, etc.; 3º les jeux de salon, comme le Boston, le Reversis, le Whiste; les jeux d'application, le Piquet, etc.; 4º les jeux de distraction, comme le Commerce, le Vingt-et-Un, etc.; 5º enfin les jeux spécialement dits de Hasard, tels que le Pharaon, le Trente et Quarante, la Roulette, etc. *Seconde édition*; par M. Lebrun. Un vol. 3 fr.

—DES JEUX DE SOCIÉTÉ, renfermant tous les jeux qui conviennent aux jeunes gens des deux sexes, tels que Jeux de jardin, Rondes, Jeux-Rondes, Jeux publics, Montagnes russes et autres; Jeux de salon, Jeux préparés: Jeux-Gages, Jeux d'Attrape, d'Action, Charades en action; Jeux de Mémoire, Jeux d'Esprit, Jeux de Mots, Jeux-Proverbes, Jeux-Pénitences, etc.; par madame Celnart. *Deuxième édition*. Un gros vol. 3 fr.

— DES CLASSES ÉLÉMENTAIRES DE LATIN, ou Cours de thèmes pour les huitième et septième, par M. Serres, instituteur. Un vol. 2 fr. 50 c.

MANUEL DU LIMONADIER ET DU CONFISEUR, contenant les meilleurs procédés pour préparer le café, le chocolat, le punch, les glaces, boissons
fraîchissantes, liqueurs, fruits à l'eau-de-vie, confitures, pâtes, esprits, essen-
ces, vins artificiels, pâtisserie légère, bière, cidre, eaux, pommades et poudres
cosmétiques, vinaigres de ménage et de toilette, etc., etc.; par M. CARDELLI.
gros vol. *Sixième édition* 2 fr. 50 c.

— DE LITTÉRATURE A L'USAGE DES DEUX SEXES, contenant un
précis de rhétorique, un traité de la versification française, la définition de tous
les différens genres de compositions en prose et en vers, avec des exemples tirés des prosateurs et des poètes les plus célèbres, et des préceptes sur l'art de
lire à haute voix, par M. VIEL. *Troisième édition*, revue par madame d'HAUT-
POUL. Un vol. in 18. 1 fr. 75 c.

— DU LUTHIER, contenant, 1° la construction intérieure et extérieure des
instrumens à archets, tels que Violons, Alto, Basses et Contre-Basses ; 2° la construction de la Guitare ; 3° la confection de l'Archet ; par M. J. C. MAUGIN.
1 vol., orné de planches. 2 fr. 50 c.

— DU MAÇON-PLÂTRIER, DU CARRELEUR, DU COUVREUR ET
DU PAVEUR ; par TOUSSAINT. Un vol. orné de planches. 3 fr.

— DE LA MAITRESSE DE MAISON ET DE LA PARFAITE MÉ-
NAGÈRE, ou Guide pratique pour la gestion d'une maison à la ville et à la
campagne, contenant les moyens d'y maintenir le bon ordre et d'y établir l'abondance, de soigner les enfans, de conserver les substances alimentaires, etc.;
troisième édition, revue par madame CELNART. Un vol. 2 fr. 50 c.,

— DE MAMMALOGIE, ou l'Histoire naturelle des Mammifères ;
par M. LESSON, membre de plusieurs Sociétés savantes. 1 gros vol. 3 fr. 50 c.
ATLAS DE MAMMALOGIE, composé de 80 planches représentant la
plupart des animaux décrits dans l'ouvrage ci-dessus. Figures noires. 12 fr.
Figures coloriées. 24 fr.

**MANUEL COMPLET DES MARCHANDS DE BOIS ET DE CHAR-
BONS**, ou Traité de ce commerce en général, contenant tout ce qu'il est utile
de savoir depuis l'ouverture des adjudications des coupes jusqu'à et compris
l'arrivée et le débit des bois et charbons, ainsi que le précis des lois, ordonnances, règlemens, etc., sur cette matière ; suivi de NOUVEAUX TARIFS pour le cubage
et le mesurage des bois de toute espèce, en anciennes et nouvelles mesures ; par
M. MARIE DE L'ISLE, ancien agent du flottage des bois. *Seconde édition*. Un vol.
3 fr.

— DU MÉCANICIEN-FONTAINIER, POMPIER, PLOMBIER,
contenant la théorie des pompes ordinaires, des machines hydrauliques les
plus usitées, et celle des pompes rotatives, leur application à la navigation
sous marine, à un mode de nouveau réfrigérant ; l'Art du Plombier, et la description des appareils les plus nouveaux relatifs à cette branche d'industrie ; par
M. JANVIER et BISTON. *Deuxième édition*. Un vol., orné de planches. 3 fr.

— D'APPLICATIONS MATHÉMATIQUES USUELLES ET AMU-
SANTES, contenant des problèmes de Statique, de Dynamique, d'Hydrostati-
que et d'Hydrodynamique, de Pneumatique, d'Acoustique, d'Optique, etc.,
ec leurs solutions des notions de Chronologie de Gnomonique, de Levée
des Plans, de Nivellement, de Géométrie pratique, etc., avec les formules y
relatives ; plus, un grand nombre de tables usuelles, et terminé par un Vocabulaire renfermant la substance d'un Cours de Mathématiques élémentaires ;
par M. RICHARD. *Deuxième édition*. Un gros vol. 3 fr.

— SIMPLIFIÉ DE MUSIQUE, ou Nouvelle Grammaire contenant les
principes de cet art ; par M. LE DUC. Un vol. 1 fr. 50 c.

— DE MÉCANIQUE, ou Exposition élémentaire des lois de l'équilibre et du mouvement des corps solides, à l'usage des personnes privées des
cours d'un maître ; par M. TERQUEM. *Deuxième édition*. Un gros vol., orné de
planches. 3 fr. 50 c.

— DE MEDECINE ET CHIRURGIE DOMESTIQUES, contenant un
choix des remèdes les plus simples et les plus efficaces pour la guérison de toutes

les maladies internes et externes qui affligent le corps humain. *Troisième é-*
tion , entièrement refondue et considérablement augmentée ; par M. Mor[
docteur-médecin. Un vol.   5 fr. 50

MANUEL DU MENUISIER EN MEUBLES ET EN BATIMENS ,
l'Art de l'ébéniste, contenant tous les détails utiles sur la nature des bois in
gènes et exotiques, la manière de les teindre, de les travailler, d'en faire t
les espèces d'ouvrages et de meubles, de les polir et vernir, d'exécuter tou
sortes de planches et de marqueterie ; par M. Nossan, menuisier-ébénis
Quatrième édition, Deux vol., ornés de planches.   6

   — DE LA JEUNE MÈRE , ou Guide pour l'éducation physique et n
rale des enfans ; par madame Campan, surintendante d'Ecouen. Un vol. 3

   — DE MÉTÉOROLOGIE , ou Explication théorique et démonstrative (
phénomènes connus sous le nom de météores ; par M. Fellens, Un vol. , o
de planches.   3 fr. 50

   — DE MINERALOGIE ou Traité élémentaire de cette science , d'ap
l'état actuel de nos connaissances ; par M. Blonzeau *Troisième édition* , rev
par M. Julia Fontenelle. Un gros vol.   5 fr. 50

ATLAS DE MINÉRALOGIE, composé de 40 planches représentant
plupart des minéraux décrits dans l'ouvrage ci-dessus :
Figures noires.   6 fr.   Figures coloriées   12 1

   — DE MINIATURE ET DE GOUACHE , par M. Constant Viguie
suivi du Manuel du Lavis a la sippia et de l'Aquarelle , par M. Langl
de Longueville. *Troisième édition*. Un gros vol., orné de planches.   3

   — D'HISTOIRE NATURELLE MÉDICALE ET DE PHARMAC
GRAPHIE , ou Tableau synoptique, méthodique et descriptif des produ
que la médecine et les arts empruntent à l'histoire naturelle ; *res non verba*, I
M. R.-P. Lesson , pharmacien en chef de la marine et professeur de chimie
l'école de médecine de Rochefort. Deux vol.   5

   — DE L'HISTOIRE NATURELLE DES MOLLUSQUES ET 1
LEURS COQUILLES , ayant pour base de classification celle de M. Cuvie
par M. Rang. Un gros vol., orné de planches.   3 fr. 50

ATLAS POUR LES MOLLUSQUES, représentant les Mollusques nus
les coquilles, 51 planches. Figures noires.   7
Figures coloriées.   14

MANUEL DU MOULEUR, ou l'Art de mouler en plâtre, carton, cart
pierre, carton cuir, cire, plomb, argile, bois, écaille, corne, etc., etc., c
tenant tout ce qui est relatif au moulage sur nature morte et vivante, au m
lage de l'argile , etc. ; par M. Lebrun. Un vol., orné de figures.   2 fr. 50

   — DU MOULEUR EN MÉDAILLES , ou l'Art de les mouler en plât
en soufre , en cire , à la mie de pain et en gélatine ; ou à la colle-forte : suivi
l'art de clicher ou de frapper les creux et les reliefs en métaux, par M. P.
Robert, membre de la société d'émulation du Jura. Un vol.   1 fr. 50

   — DU NATURALISTE PRÉPARATEUR , ou l'Art d'empailler les
maux , de conserver les végétaux et les minéraux ; par M. Boitard. Un v
Troisième édition.   3

   — DU NÉGOCIANT ET DU MANUFACTURIER , contenant les L
et Règlemens relatifs au commerce, aux fabriques et à l'industrie ; la conn
ance des marchandises ; les usages dans les ventes et achats ; les poids , 1
sures, monnaies étrangères ; les douanes et les tarifs des droits ; par M. Petch
Un vol.   2 fr. 50

   — DES OFFICIERS MUNICIPAUX , Nouveau guide des maires ,
joints et conseillers municipaux, dans leurs rapports avec l'ordre administ
et l'ordre judiciaire, les collèges électoraux, la garde nationale, l'armée, l
ministration forestière, l'instruction publique et le clergé, selon la legisla
nouvelle ; suivi d'un formulaire de tous les actes d'administration et de po
administrative et judiciaire ; par M. Boitard. *Deuxième édit.* Un gros vol. 3

   — SIMPLIFIÉ DE L'ORGANISTE , ou nouvelle méthode pour
cuter sur l'orgue tous les offices de l'année, selon les rituels parisien

romain , sans qu'il soit nécessaire de connaître la musique , par M. Miné, organiste de Saint-Roch ; suivi des leçons d'orgue de Kegel. Un vol. in-8 oblong. 3 fr. 50 c.

MANUEL D'OPTIQUE, par MM. David Brewster, membre et correspondant de l'Institut de France , et Verniaud. Deux vol. ernés de pl. 6 fr.

— **D'ORNITHOLOGIE DOMESTIQUE** , ou Guide de l'amateur des oiseaux de volière , histoire générale et particulière des oiseaux de chambre , avec les préceptes que réclament leur éducation , leurs maladies, leur nourriture , etc, etc. ; ouvrage entièrement refondu par M. R. P. Lesson. Un vol. 2 fr. 50 c.

— **D'ORNITHOLOGIE** , ou Description des genres et des principales espèces d'oiseaux ; par M. Lesson. Deux gros vol 7 fr.

ATLAS D'ORNITHOLOGIE, composé de 129 planches représentant les oiseaux decrits dans l'ouvrage ci-dessus. Figures noires. 20 fr.
Figures coloriees. 40 fr.

MANUEL DE L'ORTHOGRAPHISTE, ou Cours théorique et pratique d'orthographe, contenant des règles neuves ou peu connues sur le redoublement des consonnes, sur les diverses manières de représenter les sons ressemblans de la langue française , suivi d'un recueil d'exercice , d'un traité de ponctuation , etc. , par T. Taïmary. Un vol. 2 fr. 50 c.

— **DU PARFUMEUR,** contenant les moyens de perfectionner les pâtes odorantes, les poudres de diverses sortes, les pommades, les savons de toilette les eaux de senteur, les vinaigres , élixirs , etc. , etc. , et où se trouve indiqué un grand nombre de compositions nouvelles ; par madame Celnart. *Deuxième édition.* Un vol. 2 fr. 50 c.

— **DU MARCHAND PAPETIER ET DU RÉGLEUR** , contenant la connaissance des papiers divers , la fabrication des crayons naturels et factices gris, noirs et colorés ; la préparation des plumes ; des pains et de la cire à cacheter de la colle à bouche, des sables, etc. ; par M. Julia-Fontenelle et M. Poisson. Un gros vol. orné de planches. 3 fr.

— **DU PATISSIER ET DE LA PATISSIERE,** à l'usage de la ville et de la campagne , contenant les moyens de composer toutes sortes de pâtisseries; par M Leblanc, *Deuxieme édition.* Un vol. 2 fr. 50 c.

— **DE PHARMACIE POPULAIRE** , simplifiée et mise à la portée de toutes les classes de la société , contenant les formules et les pratiques nouvelles publiees dans les meilleurs dispensaires, les cosmétiques et les médicamens par brevet d'invention, les secours à donner aux malades dans les cas urgens avant l'arrivée du médecin, etc. ; par M. Julia Fontenelle. Deux vol. 6 fr.

— **DU PÊCHEUR FRANÇAIS** , ou Traité général de toutes sortes des pêches ; l'Art de fabriquer les filets ; un traite sur les étangs ; un Précis des lois, ordonnances et règlemens sur la pêche , etc., etc. ; par M. Pesson-Maisonneuve. *Deuxième édition.* Un vol., orné de figures. 3 fr.

— **DU PEINTRE EN BATIMENS, DU DOREUR ET DU VERNISSEUR,** ouvrage utile tant à ceux qui exercent ces arts qu'aux fabricans de couleur et à toutes les personnes qui voudraient décorer elles-mêmes leurs habitation, leurs appartemens, etc.; par M. Verchaud. *Sixième édition,* revue et augmentée. Un vol. 2 fr. 50 c.

— **DU PEINTRE D'HISTOIRE ET DU SCULPTEUR,** par M. Arsenne. Deux vol. 6 fr.

— **DE PERSPECTIVE, DU DESSINATEUR ET DU PEINTRE,** contenant les Élémens de géométrie indispensables au tracé de la perspective, la perspective linéaire et aérienne, et l'étude du dessin et de la peinture, spécialement appliquée au paysage ; par M. Verchaud, ancien élève de l'Ecole Polytechnique. *Quatrième édition.* Un vol., orné d'un grand nombre de pl. 3 fr.

— **DE PHILOSOPHIE EXPÉRIMENTALE,** ou Recueil de dissertations sur les questions fondamentales de metaphysique, extraites de Locke Condillac , Destuit-Tracy, Degérando, La Romiguière Jouffroy, Reid, Dugald-Stewart, Kant, Courier, etc.; ouvrage conçu sur le plan des leçons de M. Noël; par M. Amici, régent de rhétorique à l'Académie de Paris. Un gros vol.   3 fr. 50 c.

MANUEL DE PHYSIOLOGIE VÉGÉTALE, DE PHYSIQUE, DE CHIMIE ET DE MINÉRALOGIE, APPLIQUÉES A LA CULTURE ; par M. Boitard. Un vol. orné de pl.   3 fr.

— DE PHYSIQUE, ou Élémens abrégés de cette science, mis à la portée des gens du monde et des étudians, contenant l'exposé complet et méthodique des propriétés générales des corps solides, liquides et aériformes, ainsi que les phénomènes du son : suivi de la nouvelle Théorie de la lumière dans le système des ondulations, et de celles de l'electricité et du magnetisme réunis ; par M. Bailly, élève de MM. Arago et Biot. *Sixième édition.* Un vol. orné de pl.   2 fr. 50 c.

— DE PHYSIQUE AMUSANTE, ou nouvelles Récréations physiques, contenant une suite d'expériences curieuses, instructives, et d'une exécution facile; ainsi que diverses applications aux arts et à l'industrie; suivi d'un Vocabulaire de physique; par M. Julia Fontenelle. *Quatrième édition.* Un vol. orné de pl.   3 fr.

— DU POÊLIER-FUMISTE, ou Traité complet de cet art, indiquant les moyens d'empêcher les cheminées de fumer, l'art de chauffer économiquement et d'aérer les habitations, les manufactures, les ateliers, etc.; par M. Ardenne et Julia Fontenelle. *Deuxième édition.* Un vol. orné de pl.   3 fr.

— DES POIDS ET MESURES, des Monnaies et du Calcul décimal; par M. Tarbe. *Quinzième édition.* Un vol.   3 fr.

— DU PORCELAINIER, DU FAIENCIER ET DU POTIER DE TERRE, suivi de l'Art de fabriquer les terres anglaises et de pipe, ainsi que les poêles, les pipes, les carreaux, les briques et les tuiles ; par M. Boyer, ancien fabricant et pensionnaire du Roi. Deux vol.   6 fr.

— DU PRATICIEN, ou Traité complet de la science du Droit mise à la portée de tout le monde, où sont présentées les instructions sur la madière de conduire toutes les affaires, tant civiles que judiciaires, commerciales et criminelles, qui peuvent se rencontrer dans le cours de la vie, avec les formules de tous les actes, et suivi d'un Dictionnaire administratif abrégé ; par MM. D*** et Rondonneau. *Troisième édition.* Un gros vol.   3 fr. 50 c.

— DES PROPRIETAIRES D'ABEILLES, contenant : 1° la ruche villageoise et lombarde, et les ruches à hausses, perfectionnees au moyen de petits grillages en bois, très faciles à exécuter; 2° des procédes pour réunir ensemble plusieurs ruches faibles, afin d'être dispensé de les nourrir; 3° une méthode très avantageuse de gouverner les abeilles, de quelque forme que soient leurs ruches, pour en tirer de grands profits; par J. Radouan. *Troisième édition* corrigée, et suivie de l'Art d'élever les vers à soie et de cultiver le mûrier; par M. Morin. Un gros vol. orné de pl.   3 fr.

— DU PROPRIETAIRE ET DU LOCATAIRE OU SOUS-LOCATAIRE, tant de biens de ville que de biens ruraux; par M. Sergent. *Troisième édition.* Un volume.   2 fr. 50 c.

— DE LA PURETÉ DU LANGAGE, ou Dictionnaire des difficultés de la langue française, relativement à la prononciation, au genre des substantifs, à l'orthographe, à la syntaxe et à l'emploi des mots, où sont signalées et corrigées les expressions et les locutions vicieuses usitées dans la conversation ; par MM. Biscarrat et Boniface. 1 vol.   2 fr. 50 c.

— DU RELIEUR DANS TOUTES SES PARTES, précédé des Arts de l'assembleur, du brocheur, du marbreur, du d e et du satin eur; par M. Sébastien Lenormand. *Seconde édition.* Un gros vol. orné de pl.   3 fr.

— DU SAPEUR-POMPIER, contenant la descript on des machines en usage contre les incendies, l'ordre du service, les exercices pour la manœuvre des pompes, etc.; par M. Joly, capitaine : suivi de la description du tonneau hydraulique et de la pompe aspirante et foulante; par M. Lauray. Un vol. avec pl. *Troisième édition.*   2 fr. 50 c.

MANUEL DU SAVONNIER, ou l'Art de faire toutes sortes de savons : par une réunion de fabricans, et rédigé par mad. Gacon-Dufour et un chimiste. Un vol. 3 fr.

— **DU SERRURIER**, ou Traité complet et simplifié de cet art, d'après les notes fournies par plusieurs Serruriers distingués de la capitale, et rédigé par M. le comte de Grandpré, *Seconde édition*. Un vol. orné de pl. 3 fr.

— **DU SOMMELIER**, ou Instruction pratique sur la manière de soigner les vins ; contenant la dégustation, la clarification, le collage et la fermentation secondaire des vins, les moyens de prévenir leur altération et de les rétablir lorsqu'ils sont dégénérés, de distinguer les vins purs des vins mélangés, frelatés ou artificiels, etc., etc. ; dédié à M. le comte Chaptal par M. Julien ; quatrième édition, 1 vol. in 12, orné d'un grand nombre de figures. 4 fr.

— **DE STÉNOGRAPHIE**, ou l'Art de suivre la parole en écrivant par M. Hip. Prévost. Un volume, orné de planches. 1 fr. 75 c.

— **DU TAILLEUR D'HABITS**, ou Traité complet et simplifié de cet art, contenant la manière de tracer, couper, confectionner les vêtemens ; précédé d'une Notice sur les outils du tailleur, sur les étoffes à employer pour les vêtemens d'homme, etc., ainsi que les uniformes de tous les corps de l'armée : par M. Vandael, tailleur au Palais-Royal. Un vol. orné d'un grand nombre de fig. 1 fr. 50 c.

— **COMPLET DES SORCIERS**, ou la Magie blanche dévoilée par les découvertes de la chimie, de la physique et de la mécanique ; les scènes de ventriloquie, etc., exécutées et communiquées par M. Comte, physicien du Roi. par M. J. Fontenelle. *Deuxième édition*. Un gros vol. orné de pl. 3 fr.

— **DU TANNEUR, DU CORROYEUR, DE L'HONGROYEUR ET DU BOYAUDIER**, contenant les procédés les plus nouveaux, toutes les découvertes faites jusqu'à ce jour relativement à la préparation et à l'amélioration des cuirs, et généralement toutes les connaissances nécessaires à ceux qui veulent pratiquer ces arts. *Seconde édition*, revue par M. Julia de Fontenelle. Un vol. orné de pl. 3 fr. 50 c

— **DU TAPISSIER, DÉCORATEUR ET MARCHAND DE MEUBLES**, contenant les principes de l'Art du tapissier, les instructions nécessaires pour choisir et employer les matières premières, décorer et meubler les appartemens, etc., par M. Giannin Audiger. Un vol. orné de fig. 2 fr. 50 c.

— **COMPLET DU TENEUR DE LIVRES**, ou l'Art de tenir les livres en peu de leçons, par des moyens prompts et faciles ; les diverses manières d'établir les comptes courans avec ou sans nombres rouges de calculer les époques communes, les intérêts, les escomptes, etc., etc. : ouvrage à l'aide duquel on peut apprendre sans maître ; par M. Trénery, professeur. *Deuxième édition*. Un gros vol. 3 fr.

— **DU TEINTURIER**, comprenant l'Art de teindre la laine, le coton, la soie, le fil, etc., ainsi que tout ce qui concerne l'Art du teinturier dégraisseur, etc., etc. ; par M. Vergnaud. *Troisième édition*. Un gros vol. orné de figures. 3 fr.

— **DU TOISEUR EN BATIMENS**, ou Traité complet de l'art de toiser tous les ouvrages de bâtiment, mis à la portée de tout le monde : ouvrage indispensable aux architectes, ingénieurs, experts, vérificateurs, propriétaires, etc., à l'usage de toutes les personnes qui s'occupent de la construction ou qui font bâtir : par M. Lebossu, Première partie, *Terrasse et Maçonnerie*. Un vol. orné de fig. 1 fr. 50 c

— Deuxième partie, contenant la menuiserie, la peinture, la tenture, la vitrerie, la dorure, la charpente, la serrurerie, la couverture, la plomberie, la marbrerie, le carrelage, le pavage, la poêlerie, la fumisterie, le grillage et le treillage. Un vol. 1 fr. 50 c.

— **DU TRAVAIL DES METAUX**, fer et acier manufacturés : traduit de l'anglais par M. Vergnaud, capitaine d'artillerie. 2 vol. ornés de planches. 6 fr.

— **DU TOURNEUR**, ou Traité complet et simplifié de cet art, d'après les

enseignemens fournis par plusieurs Tourneurs de la capitale ; rédigé par M. Dessables. Deuxième édition. Deux vol. ornés de pl.　6 fr.
MANUEL DE TYPOGRAPHIE, IMPRIMERIE, contenant les principes
théoriques et pratiques de l'imprimeur-typographe ; par M. Frey. 2 vol. ornés
d'un grand nombre de planches.　5 fr.
— DU VERRIER ET DU FABRICANT DE GLACES, cristaux, pierres
précieuses, factices, verres colorés, yeux artificiels, etc. ; par M. Julia
Fontenelle. Un gros vol. orné de pl.　5 fr.
— DU VÉTÉRINAIRE, contenant la connaissance générale des chevaux,
la manière de les élever, de les dresser et de les conduire, la description de
leurs maladies, et les meilleurs modes de traitement, des préceptes sur la fer-
rure, suivi de l'Art de l'équitation ; par M. Lebeaud. Troisième édition. Un
vol.　3 fr.
— DU VIGNERON FRANÇAIS, ou l'Art de cultiver la vigne, de faire
les vins, eaux-de-vie et vinaigres, contenant les différentes espèces et variétés
de la vigne, ses maladies et les moyens de les prévenir, les meilleurs procédés
pour gouverner perfectionner et conserver les vins, les eaux-de-vie et vinaigres,
ainsi que la manière de faire avec ces substances toutes les liqueurs, de gouverner une cave, mettre en bouteilles, etc., etc.; enfin de profiter avec avantage
de tout ce qui nous vient de la vigne; suivi d'un coup d'œil sur les maladies particulières aux vignerons ; par M. Thibaud de Berneaud. Un gros vol. orné de
pl. Quatrième édition.　5 fr.
— DU VINAIGRIER ET DU MOUTARDIER, suivi de nouvelles Recherches sur la fermentation vineuse, présenté à l'Académie royale des sciences ; par M. Julia Fontenelle. Un vol.　5 fr.
— DU VOYAGEUR DANS PARIS, ou Nouveau Guide de l'étranger dans
cette capitale, soit pour la visiter ou s'y établir ; contenant la description historique, géographique et statistique ce Paris, son tableau politique, sa description intérieure, tout ce qui concerne Paris, les besoins, les habitudes de la
vie, les amusemens, etc.; orné de plans et de planches représentant ses
monumens ; par M. Lebrun. Un gros vol.　3 fr. 50 c.
— DU ZOOPHILE, ou l'Art d'élever et de soigner les animaux domestiques; par un propriétaire cultivateur, et rédigé par madame Celnart. Un
vol.　2 fr. 50 c.

OUVRAGES SOUS PRESSE :

MANUEL DU BIBLIOPHILE ET DE L'AMATEUR DE LIVRES,
par M. F. Denis
— DE CHRONOLOGIE.
— DU FABRICANT DE SOIE.
— DU FACTEUR D'ORGUES.
— DU FILATEUR EN GÉNÉRAL ET DU TISSERAND, 2 vol.
— DE GÉOLOGIE.
— DE MYTHOLOGIE.
— DU LAYETIER ET DE L'EMBALLEUR.
— DE MUSIQUE VOCALE ET INSTRUMENTALE, par M. Choron.
— DU TONNELIER BOISSELIER.
— DE L'AMATEUR DES ROSES.
— D'HISTOIRE UNIVERSELLE.
— DU NOTARIAT.
— DE L'INGÉNIEUR EN INSTRUMENS DE PHYSIQUE, chimie,
optique et mathématique.
— DU FABRICANT D'INSTRUMENS DE CHIRURGIE.
— DU TREILLAGEUR.
— DE LA COUPE DES PIERRES.

Belle Edition, format in - 8°.

SUITES A BUFFON,

Formant, avec les Œuvres de cet auteur, un Cours complet d'Histoire naturelle embrassant les trois règnes de la nature.

Les noms des auteurs indiqués ci-après seront pour le public une garanti certaine de la conscience et du talent apportés à la rédaction des différens traités.

MESSIEURS,

AUDINET-SERVILLE, ex-président de la société entomologique, membre de plusieurs sociétés savantes, nationales et étrangères, un des collaborateurs de l'*Encyclopédie*, auteur de plusieurs mémoires sur l'entomologie, etc.(*Orthoptères, Névroptères et Hémiptères.*)

AUDOUIN, professeur-administrateur du Muséum, membre de plusieurs sociétés savantes, nationales et étrangères. (*Annélides.*)

BIBRON, aide-naturaliste au Muséum. (*Collaborateur de M. Duméril, pour les Reptiles.*)

BOISDUVAL, membre de plusieurs sociétés savantes nationales et étrangères, collaborateur de M. le comte Dejean, auteur de l'*Entomologie de l'Astrolabe*, de l'*Icones des Lépidoptères d'Europe*, de la *Faune de Madagascar*, etc., etc. *Lépidoptères.*)

DE BLAINVILLE, membre de l'Institut, professeur-administrateur du Muséum d'histoire naturelle, professeur à la faculté des Sciences, etc. (*Mollusques.*)

DE BREBISSON, membre de plusieurs sociétés savantes, auteur des *Mousses* et de la *Flore de Normandie. (Plantes Cryptogames).*

A. DE CANDOLLE, de Genève. (*Botanique.*)

CUVIER (Fr.), membre de l'Institut. (*Cétacés.*)

M. DEJEAN (le comte), lieutenant-général, pair de France. (*Coléoptères*).

DESMAREST, membre correspondant de l'Institut, professeur de Zoologie à l'école vétérinaire d'Alfort. (*Poissons.*)

DUMERIL, membre de l'Institut, professeur-administrateur du Muséum d'Histoire naturelle, professeur à l'Ecole de Médecine, etc. (*Reptiles.*)

LACORDAIRE, naturaliste-voyageur, membre de la société Entomologique, auteur de divers mémoires sur l'entomologie, etc. (*Introduction à l'Entomologie.*)

LESSON, membre correspondant de l'Institut, professeur à Rochefort, naturaliste de l'expédition de *la Coquille*, auteur d'une foule d'ouvrages sur la Zoologie, etc. (*Zoophytes et ins.*)

MACQUART, directeur du Muséum de Lille, auteur des *Diptères du nord de la France*, etc., etc. (*Diptères.*)

MILNE-EDWARS, professeur d'Histoire naturelle, membre de diverses Sociétés savantes, auteur de plusieurs travaux sur les crustacés, les insectes etc., etc. (*Crustacés.*)

LE PELETIER DE SAINT-FARGEAU, président de la Société entomologique un des collaborateurs de l'*Encyclopédie*, auteur de la *Monographie des Tenthrédines*, etc., etc. (*Hyménoptères.*)

2*

SPACH, aide-naturaliste au Muséum. (Plantes phanérogames.)
WALCKENAER, membre de l'Institut, auteur de plusieurs travaux sur les arachnides, etc., etc. (Arachnides et Insectes aptères).

CONDITIONS DE LA SOUSCRIPTION.

Les Suites à Buffon formeront 45 volumes in-8. environ, imprimés avec le plus grand soin et sur beau papier : ce nombre paraît suffisant pour donner à cet ensemble toute l'étendue convenable, ainsi qu'il a été dit précédemment, chaque auteur s'occupant depuis long-temps de la partie qui lui est confiée, l'éditeur sera à même de publier en peu de temps la totalité des traités dont se compose cette utile collection

A partir de janvier 1834, il paraîtra au moins tous les mois un volume in-8, accompagné de livraisons d'environ 10 planches noires ou coloriées.

Prix du texte, chaque volume .1)   5 fr. 50 c.
Prix de chaque livraison } noire .   3
                         } coloriée   6

Nota. Les personnes qui souscriront pour des parties séparées paieront chaque volume 6 fr. 50 c.

Cette collection rendra un très grand service en remplissant la lacune immense que Buffon a laissé dans les sciences naturelles, car les noms des collaborateurs des Suites à Buffon en garantissent d'avance le succès. En effet, il suffit de nommer MM. de Blainville, de Candolle, Fr. Cuvier, le comte Dejean, Desmarest, Duméril, Lesson, Walckenaer, etc., pour être certain de travaux extraordinaires et consciencieux dont sera dotée cette collection unique, qui sera indispensable à tous les possesseurs des œuvres de Buffon, quelle qu'en soit l'édition.

Ouvrages complets déjà parus.

INTRODUCTION A LA BOTANIQUE, ou Traité élémentaire de cette science : contenant l'Organographie, la Physiologie, la Méthodologie, la Géographie des plantes, un aperçu des fossiles végétaux, de la Botanique médicale et de l'Histoire de la Botanique, par M. Alph. de Candolle, professeur à l'académie de Genève, 2 vol. in-8° et atlas (Ouvrage terminé) Prix : 10 fr.

HISTOIRE NATURELLE DES INSECTES DIPTÈRES, par M. Macquart, directeur du muséum de Lille, membre d'un grand nombre de Sociétés savantes, avec deux livraisons de planches, 2 gros volumes, prix : 19 fr. figures noires, et 25 fr., figures coloriées.

Ouvrages en publication.

HISTOIRE NATURELLE DES VÉGÉTAUX PHANÉROGAMES, par M. E. Spach, aide naturaliste au muséum, membre de la société des sciences naturelles de France, et correspondant de la société de botanique médicale de Londres : tomes 1 à 4, avec six livraisons de planches. Prix de chaque volume, 6 f. 50 c.

HISTOIRE NATURELLE DES CRUSTACÉS, comprenant l'anatomie, la physiologie et la classification de ces animaux, par M. Milne Edwars, professeur d'histoire naturelle ; tome premier, avec une livraison de planches. Prix du volume, 6 fr. 50. L'ouvrage sera complété par le second volume, qui paraîtra bientôt.

HISTOIRE NATURELLE DES REPTILES, par M. Duméril, membre de l'Institut, professeur à la Faculté de médecine, professeur-administrateur au muséum d'histoire naturelle, et M. Bibron, aide-naturaliste au muséum d'histoire naturelle ; tome 1 et 2, avec deux livraisons de planches. Prix de chaque volume, 6 f. 50 c.

HISTOIRE NATURELLE DES INSECTES, introduction à l'Entomolo-

(1) L'Editeur ayant à payer pour cette collection des honoraires aux auteurs, le prix des volumes ne peut être comparé à celui des réimpressions d'ouvrages appartenant au domaine public et exempts de droits d'auteur, tels que Buffon, Voltaire, etc., etc.

bé, comprenant les principes généraux de l'anatomie et de la physiologie des insectes, des détails sur leurs mœurs, et un résumé des principaux systèmes de classification proposés jusqu'à ce jour pour ces animaux ; par Lacordaire, membre de la société entomologique de France, etc. Tome premier, avec une livraison de planches. Prix du volume, 6 fr. 50 c. Le tome second et dernier de cet ouvrage paraîtra bientôt.

Volumes sous presse et qui paraîtront sous peu.

Tome premier des Lépidoptères, par M. Boisduval.
Cétacés, 1 volume, par M. F. Cuvier.

SUITES A BUFFON,

FORMAT IN-18,

Formant, avec les Œuvres de cet auteur, un Cours complet d'Histoire naturelle, contenant les trois règnes de la nature : par MM. Bosc, Brongniart, Bloch, Castel, Guérin, de Lamarck, Latreille, de Mirbel, Patrin, Sonnini et de Tigny, la plupart Membres de l'Institut et Professeurs au Jardin du Roi.

Cette collection, primitivement publiée par les soins de M. Déterville, et qui est devenue la propriété de M. Roret, ne peut être donnée par d'autres éditeurs, n'étant pas, comme les Œuvres de Buffon, dans le domaine public.

Les personnes qui auraient les suites de Lacépède, contenant seulement les Poissons et les Reptiles, auront la liberté de ne pas les prendre dans cette Collection.

Cette Collection forme 54 volumes, ornés d'environ 600 planches dessinées d'après nature par Desève, et précieusement terminées au burin. Elle se compose des ouvrages suivans :

HISTOIRE NATURELLE DES INSECTES, composée d'après Réaumur, Geoffroy, Degeer, Roesel, Linnée, Fabricius, et les meilleurs ouvrages qui ont paru sur cette partie, rédigée suivant les méthodes d'Olivier et de Latreille, avec des notes, plusieurs observations nouvelles et des figures dessinées d'après nature; par F.-M.-G. de Tigny et Brongniart, pour les généralités. Edition ornée de beaucoup de figures, augmentée et mise au niveau des connaissances actuelles par M. Guérin, 10 vol. ornés de planches, figures noires.
23 fr. 40 c.
Le même ouvrage, figures coloriées. 59 fr.
— NATURELLE DES VÉGÉTAUX, classés par familles, avec la citation de la classe et de l'ordre de Linnée, et l'indication de l'usage qu'on peut faire des plantes dans les arts, le commerce, l'agriculture, le jardinage, la médecine, etc., des figures dessinées d'après nature, et un Genera complet selon le système de Linnée, avec des renvois aux familles naturelles de Jussieu: par J.-B. Lamarck membre de l'Institut, professeur au Muséum d'Histoire naturelle, et par C.-F.-B. Mirbel, membre de l'Académie des Sciences, professeur de botanique. Edition ornée de 110 planches représentant plus de 1600 sujets. 15 vol., ornés de planches, figures noires. 30 fr. 90 c
Le même ouvrage, figures coloriées. 46 fr. 50 e
HISTOIRE NATURELLE DES COQUILLES, contenant leur description, leurs mœurs et leurs usages; par M. Bosc, membre de l'Institut. 5 vol. ornés de planches, figures noires. 10 fr. 65
Le même ouvrage, figures colorié. 16 fr. 50 e
— NATURELLE DES VERS, contenant leur description, leurs mœurs

leurs usages; par M. Bosc. 3 vol., ornés de planches, figures noires 6 fr. 60 c.
Le même ouvrage, figures coloriées. 10 fr. 50 c.
HISTOIRE NATURELLE DES CRUSTACES, contenant leur descrip:
tion, leurs mœurs et leurs usages ; par M. Bosc. 2 vol., ornés de planches, fig.
noires. 4 fr. 75c.
Le même ouvrage, figures coloriées. 8 fr.
— NATURELLE DES MINÉRAUX; par M. E. M. Patrin, membre
de l'Institut. Ouvrage orné de 40 planches, représentant un grand nombre
de sujets dessinés d'après nature. 5 vol. ornés de planches, figures noires.
10 fr. 30 c.
Le même ouvrage, figures coloriées. 15 fr. 50 c.
— NATURELLE DES POISSONS, avec des fig. dessinées d'après nature,
par Bloch; ouvrage classé par ordres, genres et espèces, d'après le système de
Linnée, avec les caractères génériques, par René-Richard Castel. Edition ornée de 100 planches représentant 600 espèces de poissons (10 vol.). 30 fr
Avec fig. coloriées. 45 fr.
— NATURELLE DES REPTILES ; avec figures dessinées d'après nature ; par Sonnini, homme-de-lettres et naturaliste, et Latreille, membre de
l'Institut. Edition ornée de 54 planches, représentant environ 150 espèces différentes de serpens, vipères, couleuvres, lézards, grenouilles, tortues, etc. 4 vol.
ornés de planches, figures noires. 9 fr. 85 c
Le même ouvrage, figures coloriées. 17 fr.
Cette collection de 54 vol. a été annoncée en 108 demi-vol., on les envei a
brochés de cette manière aux personnes qui en feront la demande.

Tous les ouvrages ci-dessus sont en vente.

SOUSCRIPTIONS.

Troisième série.

NOUVELLES ANNALES
DU MUSÉUM D'HISTOIRE NATURELLE.

RECUEIL DE MEMOIRES de MM. les professeurs-administrateurs de cet
établissement et autres naturalistes célèbres, sur les branches des sciences naturelles et chimiques qui y sont enseignées.
L'année 1832, première de la troisième série, forme un vol. in-4° du prix de
30 francs.
MM. les Souscripteurs sont invités à renouveler promptement leur abonn -
ment pour 1835, le premier cahier devant bientôt paraître.
Le prix est toujours de 30 fr. pour Paris, et de 33 fr., franc de port, pour l
départemens.
Quatre cahiers composent l'année ; ils paraissent régulièrement tous les trol
mois, et forment à la fin de l'année un vol. in-4° d'environ 60 feuilles, orné d
10 planches au moins. L'on souscrit chez Roret, rue Hautefeuille, n° 10 bis.
Ce recueil sera plus particulièrement consacré à la description des objets
inédits ou peu connus, conservés dans ce Musée ; il intéressera ainsi, par la
variété des Mémoires ou des observations qu'il offrira, les personnes qui font
une étude spéciale des diverses productions de la nad e, soit vivantes, soit
fossiles. L'anatomie comparée, la physiologie animale et végétale, et la chimie
compléteront ces connaissances par le secours de leurs lumières.
REVUE ENTOMOLOGIQUE; par M. Gustave Silbermann, journal pa:

faisant tous les mois par cahier d'au moins trois feuilles, formant avec les planches deux volumes à la fin de l'année

Prix de l'abonnement pour l'année, *franc.*   36 fr.

ÉNUMÉRATION DES ENTOMOLOGISTES VIVANS, suivie de notes sur les collections entomologistes des musées d'Europe, etc., avec une table des résidences des entomologistes, par Silbermann, in-8.   3 fr.

JOURNAL D'AGRICULTURE PRATIQUE ET D'ÉDUCATION AGRICOLE, Troisième année.   6 fr.

Les précédentes années, à   6 fr.

ICONOGRAPHIE ET HISTOIRE DES LÉPIDOPTÈRES ET DES CHENILLES DE L'AMÉRIQUE SEPTENTRIONALE; par le docteur Boisduval et par le major John Lecomte de New-York.

Cet ouvrage, dont il n'avait paru que huit livraisons, et interrompu par suite de la révolution de 1830, va être continué avec rapidité. Les livraisons 1 à 22 sont en vente, et les suivantes paraîtront à des intervalles très rapprochés.

L'ouvrage comprendra environ quarante livraisons. Chaque livraison contient trois planches coloriées, et le texte correspondant. Prix pour les souscripteurs, francs la livraison.

ICONES HISTORIQUE

DES LÉPIDOPTREÈS

NOUVEAUX OU PEU CONNUS.

Collection, avec figures coloriées, des Papillons d'Europe nouvellement découverts, ouvrage formant le complément de tous les auteurs iconographes, par e docteur Boisduval.

Cet ouvrage se composera d'environ 40 *livraisons* grand in-8°, comprenant chacune deux planches coloriées et le texte correspondant. Prix : 3 fr. *la livraison* sur papier vélin, et franche de port, 3 fr. 25 c.

Comme il est probable que l'on découvrira encore des espèces nouvelles dans les contrées de l'Europe qui n'ont pas été bien explorées, l'on aura soin de publier chaque année une ou deux livraisons, pour tenir les souscripteurs au courant des nouvelles découvertes. Ce sera en même temps un moyen très avantageux et très prompt pour MM. les entomologistes qui auront trouvé un Lépidoptère nouveau, de pouvoir le publier les premiers. C'est-à-dire que, si après avoir subi un examen nécessaire, leur espèce est réellement nouvelle, leur description sera imprimée textuellement; ils pourront même en faire tirer quelques exemplaires à part. — *Trente-quatre livraisons ont déjà paru*

COLLECTION

ICONOGRAPHIQUE ET HISTORIQUE

DES CHENILLES,

Ou Description et Figures des Chenilles d'Europe, avec l'histoire de leurs métamorphoses, et des applications à l'agriculture, par MM. Boisduval, Rambur et Graslin.

Cette collection se composera d'environ 60 livraisons format grand in-8°, et chaque livraison comprendra trois *planches coloriées* et le texte correspondant.

Le prix de chaque livraison sera de 3 fr. sur papier vélin, et franche de port 3 fr. 25 c. — *Trente-quatre livraisons ont déjà paru.*

Les dessins des espèces qui habitent les environs de Paris, comme aussi ceux des chenilles que l'on a envoyées vivantes à l'auteur, ont été exécutés par M. Dumesnil, avec autant de précision que de talent. Il continuera à dessiner toutes celles que l'on pourra se procurer en nature. Quant aux espèces propres à l'Allemagne, la Russie, la Hongrie, etc., elles seront peintes par les artistes les plus distingués de ces pays, et M. Dumesnil en dirigera la gravure et le coloris avec le même soin que pour l'*Iconcs*.

Le texte sera imprimé sans pagination; chaque espèce aura une page séparée, que l'on pourra classer comme on voudra. Au commencement de chaque page se trouvera le même numéro qu'à la figure qui s'y rapportera, et en tête le nom de la tribu, comme en tête de la planche.

Ces deux ouvrages, de beaucoup supérieurs à tout ce qui a paru jusqu'à présent, formeront un supplément et une suite indispensables aux ouvrages de Hübner, de Godard, etc. Tout ce que nous pouvons dire en faveur de ces deux uvrages remarquables peut se réduire à cette expression employée par M. D randans le cinquième volume de son *Species* : M. Boisduval est de tous n entomologistes celui qui connaît le mieux les Lépidoptères.

FAUNE DE L'OCÉANIE ; par le docteur Boisduval. Un gros vol in 8. imprimé sur grand papier vélin. 10 fr.

ENTOMOLOGIE de Madagascar, Bourbon et Maurice. — *Lépidoptères* par le docteur Boisduval; avec des notes sur les métamorphoses, par M. Scanzin.

Huit livraisons, renfermant chacune 2 pl. coloriées, avec le texte correspondant, sur papier vélin. 32 r.

CATALOGUE DES LÉPIDOPTÈRES DU DEPARTEMENT DU VAR, par M. Cantenzr. 2 fr.

SYNONYMIA INSECTORUM. — CURCULIONIDES ; ouvrage comprenant la synonymie et la description de tous les Curculionites connus; par M. Schoenherr. 4 vol. in-8º. (Ouvrage latin.) Chaque partie. 9 fr.

Le premier et le second volume, contenant deux parties chaque, sont en vente.

En attendant que l'éditeur satisfasse l'impatience des naturalistes en leur livrant le grand ouvrage du célèbre entomologiste Schoenherr qui renferm ta la synonymie et la description méthodique de près de trois mille espèces de *Charançons*, et dont l'impression n'est pas encore achevée, il vient de recevoir de Suède et de mettre en vente le petit nombre d'exemplaires restant de la *Synonymia insectorum* du même auteur. Chacun des trois volumes qui composent ce dernier ouvrage est accompagné de planches coloriées, dans lesquelles l'auteur a fait representer des espèces nouvelles. Un demi-volume, consacré à des descriptions d'espèces inédites, est annexé au troisième tome sous forme d *Appendix* Le prix de ces trois volumes et demi est de 5o fr. pris à Paris.

HERBARII TIMORENSIS DESCRIPTIO, cum tabulis 6 æneis auctore . Decaisne, in-4. 15 fr.

INSECTA SUECICA, par M. Gylleuhal. Tomes 1 à 3. 33 fr.

FAUNA INSECTORUM LAPPONICA, par M. Zetterstedt. tomes 1 et 2.

VOYAGE

DE DÉCOUVERTES

AUTOUR DU MONDE,

Et à la recherche de La Peyrouse, par M. J. Dumont d'Urville, capitaine de vaisseau ; exécuté sous son commandement et par ordre du gouvernement, sur la corvette *l'Astrolabe*, pendant les années 1826, 1827, 1828 et 1829. — Histoire du Voyage, 5 gros volumes in-8º, avec des vignettes en bois, dessinées par MM. de Sainson et Tony Johannot gravées par Porret, accompagnes d'un atlas contenant 10 planches ou cartes grand in folio. 6o fr.

Ce Voyage, exécuté par ordre du gouvernement en 1826, 1827, 1828 et 829 sous le commandement de M. Dumont d'Urville et rédigé par lui, n'a

rien de commun avec le VOYAGE PITTORESQUE qui se publie sous sa direction.
Approuvé, D'URVILLE.

L'ART DE CRÉER LES JARDINS, contenant, les préceptes généraux de cet art ; leur application développée sur des vues perspectives, coupe et élévations, par des exemples choisis dans les jardins les plus célèbres de France et d'Angleterre : et le tracé pratique de toutes espèces de jardins. Par M. N. Vergnaud, architecte, à Paris.

L'ouvrage, imprimé sur format in-fol, est orné de lithographies dessinées par nos meilleurs artistes et imprimées par MM. Thierry frères.

Il forme 6 livraisons de 4 planches chacune avec plusieurs feuilles de texte. Chaque livraison est du prix de 11 francs sur papier blanc.

—   13 id.   id. Chine.
                         14 id. coloriée.

NOUVEL ATLAS NATIONAL

DE LA FRANCE,

Par départemens, divisés en arrondissemens et cantons, avec le tracé des routes royales et departementales ; des canaux, rivieres, cours d'eau navigables : des chemins de fer construits et projetés : indiquant pa rdes signes particuliers les relais de poste aux chevaux et aux lettres, et donnant un precis statistique sur chaque département, dressé à l'échelle de un trois cent cinquante millièmes ; par CHARLE, géographe, attaché au dépôt géneral de la guerre, membre de la Société de géographie : avec des augmentations, par DARMET, chargé des travaux topographiques au ministère des affaires étrangères et GRANGEZ, au dépôt des ponts-et-chaussées, chargé des dernières rectifications et des cartes particulières des Colonies françaises qui devront paraitre en 1835 : imprimé sur format in-folio, grand raisin des Vosges, de 13 pouces en largeur, et de 17 pouces en hauteur.

Chaque département se vend séparément.

Le Nouvel Atlas national se compose de 80 planches (à cause de l'uniformité des échelles, sept feuilles contiennent deux départemens).

PRIX.

Chaque carte séparée, en noir. . . . .   fr. 40 c.
Idem , coloriée.   60
L'Atlas complet, avec titre et table, noir, .   32
Idem , colorié . . . . , ...   48
Iaem , cartonné , en plus.   8

FAUNA JAPONICA, sive descriptio animalium, quæ in itinere per Japoniam, jussu et auspiciis superiorum, qui summun in India Batava imperium tenent. suscepto, annis 1823-1850, collegit, notis, observationibus et adumbrationibus illustravit : Ph. Fr. de Siebold. Prix de chaque livraison, 16 francs. L'ouvrage aura 35 livraisons.

OUVRAGES DIVERS.

ABUS (des) EN MATIÈRE ECCLÉSIASTIQUE ; par M. BOYARD. 1 vol. in 8°   1 fr. 30 c.

ANNUAIRE DU BON JARDINIER ET DE L'AGRONOME, renfermant la description et la culture de toutes les plantes utiles ou d'agrément qui ont paru pour la première fois.

Les années 1836, 27, 28, coûtent 1 fr. 50 c. chaque.

Les années 1829 et 1830, 3 fr. chaque.

ART DE COMPOSER ET DÉCORER LES JARDINS, ouvrage entièrement neuf, par M. BOITARD, accompagné d'un Atlas contenant 120 planches, gravées par l'auteur. Deux vol. oblongs. 15 fr.

ART DE CULTIVER LES JARDINS, ou ANNUAIRE DU BON JARDINIER ET DE L'AGRONOME, renfermant un calendrier indiquant mois par mois tous les travaux à faire tant en jardinage qu'en agriculture ; les principes généraux de jardinage, tels que connaissances et compositions des terres, multiplication des plantes par semis, marcottes, boutures, greffes, etc. ; la culture et la description de toutes les espèces et variétés d'arbres fruitiers et de plantes potagères, ainsi que toutes les espèces et variétés de plantes utiles ou d'agrément ; par un Jardinier agronome. 1 gros volume in-18. 1835. Ouvrage orné de figures. 3 fr. 50 c.

Les années 1831 et 1832, 1833 et 1834, 3 fr. 50 c. chaque.

LES ANIMAUX CÉLÈBRES, anecdotes historiques sur les traits d'intelligence, d'adresse, de courage, de bonté, d'attachement, de reconnaissance, etc., des animaux de toute espèce, ornés de gravures ; par A. ANTONI. 2 vol. in-12. 5 fr.

ARITHMÉTIQUE DES DEMOISELLES, ou Cours élémentaire d'arithmétique, en 12 leçons ; par M. VENTENAC. 1 vol. 2 fr. 50 c.

Cahier de questions pour le même ouvrage, 50 c.

ART DE BRODER, ou Recueil de modèles coloriés analogues aux différentes parties de cet art, à l'usage des demoiselles ; par Augustin LEGRAND. 1 vol. oblong. 7 fr.

ART (L') DE CONSERVER ET D'AUGMENTER LA BEAUTÉ, de corriger et déguiser les imperfections de la nature ; par LEMY. 1 jolis vol. in-18, ornés de gravures. 5 fr.

BARÊME (le) PORTATIF DES ENTREPRENEURS EN CONSTRUCTIONS ET DES OUVRIERS EN BATIMENT; p. r M. BARREME. 1 vol. in-24. 60 c.

BEAUTÉS (les) DE LA NATURE, ou Description des arbres, plantes, cataractes, fontaines, volcans, montagnes, mines, etc., les plus extraordinaires et les plus admirables qui se trouvent dans les quatre parties du monde ; par ANTOINE. 1 vol., orné de six gravures. 2 fr. 50 c.

BOTANIQUE (la) DE J.-J. ROUSSEAU, contenant tout ce qu'il a écrit sur cette science, augmentée de l'exposition de la méthode de Tournefort et de Linnée, suivie d'un Dictionnaire de botanique et de notes historiques ; par M. DEVILLE. 1° édition. 1 gros vol., orné de 8 planches. 4 fr.

Figures coloriées. 5 fr.

CORDON BLEU (le), NOUVELLE CUISINIÈRE BOURGEOISE, dirigée et mise en par ordre alphabétique ; par mademoiselle MARGUERITE. Dixième édition, considérablement augmentée. 1 vol. in-18. 1 fr. 75

CHIENS (les) CÉLÈBRES. *Troisième édition,* augmentée de traits nouveaux et curieux sur l'instinct, les services, le courage, le reconnaissance et la fidélité de ces animaux ; par M. FRÉVILLE. 1 gros volume in-12, orné de planche. 3 fr.

CHOIX (nouveau) D'ANECDOTES ANCIENNES ET MODERNES tirées des meilleurs auteurs, contenant les faits les plus intéressans de l'histoire en général, les exploits des héros, traits d'esprit, saillies ingénieuses, bons mots, etc., etc., suivi d'un précis sur la Révolution française ; par M. BRUY. *Cinquième édition,* revue, corrigée et augmentée par madame CELNART. 4 vol. in-18, ornés de jolies vignettes. 7 fr.

CHOIX (nouveau) DE CHANSONS ET DE POÉSIES LÉGÈRES; 3 jolis vol. in-32. 3 fr.

CODE DES MAITRES DE POSTE, DES ENTREPRENEURS DE DILIGENCES ET DE ROULAGE, ET DES VOITURIERS EN GÉNÉRAL PAR TERRE ET PAR EAU, ou Recueil général des Arrêts du nseil, Arrêts de règlement, Lois, Décrets, Arrêtés, Ordonnances du roi autres actes de l'autorité publique, concernant les Maîtres de Poste, les trepreneurs de Diligences, et Voitures publiques en général, les Entrepr.. urs et Commissionnaires de Roulage, les Maîtres de Coches et de Bateaux .; par M. LANOE, avocat à la Cour royale de Paris, 2 vol. in-8. 15 fr.

COURS D'ENTOMOLOGIE, ou de l'Histoire naturelle des crustacés, des ichnides, des myriapodes et des insectes, à l'usage des élèves de l'Ecole du iséum d'Histoire naturelle, par M. LATREILLE, professeur, membre de istitut, etc., etc. Première année, etc., contenant le discours d'ouverture du urs. — Tableau de l'histoire de l'Entomologie. — Généralité de la classe des ustacés et de celle des Arachnides, des Myriapodes et des Insectes. — Expo- on méthodique des ordres, des familles, et des genres des trois premières sses. 1 gros vol. in-8, et un atlas composé de 24 planches. 15 fr
La seconde et dernière année, complétant cet ouvrage, paraîtra bientôt.

DICTIONNAIRE BOTANIQUE ET PHARMACEUTIQUE, contenant principales propriétés des minéraux, des végétaux et des animaux, avec les éparations de pharmacie, internes et externes, les plus usitées en médecine n chirurgie, etc., par une société de médecins, de pharmaciens et de natura- es. Ouvrage utile à toutes les classes de la société, orné de 17 grandes plan- es représentant 278 figures de plantes gravées avec le plus grand soin ; 3 édit. ue, corrigée et augmentée de beaucoup de préparations pharmaceutiques de recettes nouvelles. 2 gros vol. in 8, fig. en noir 15 fr.
Le même, fig. coloriées d'après nature. 25 fr.
Cet ouvrage est spécialement destiné aux personnes qui, sans s'occuper de la decine, aiment à secourir les malheureux.

DESCRIPTION DES MOEURS, USAGES ET COUTUMES de tous peuples du monde, contenant une foule d'Anecdotes sur les sauvages d'A- que, d'Amérique, les Anthropophages, Hottentots, Caraïbes, Patagons, , etc. Seconde édition, très augmentée. 2 volumes in-18, ornés de douze vures. 5 fr.

LES DERNIERS MOMENS DE LA RÉVOLUTION DE POLOGNE 1831, depuis l'attaque de Varsovie, récit des évènemens de l'époque, ompagné des Observations et des Notes historiques, par M. Jean-Népomu- e JANOWSKI. In-8. 2 fr. 50 c.

ÉPILEPSIE (de l') EN GÉNÉRAL, et particulièrement de celle qui déterminée par des cause morales ; par M. DOUSSIN-DUBREUIL. 1 vol. in 12. ixième édition. 3 fr.

ESPAGNE (de l'), et de ses relations commerciales ; par F. A. DA CU 8°. 3 fr

ÉTUDE ANALYTIQUE SUR LES DIVERSES ACCEPTIONS DES OTS FRANÇAIS, par mademoiselle FAURE. 1 vol in-12. 2 fr. 50 c.

ÉVÈNEMENS DE BRUXELLES ET AUTRES VILLES DU ROYAUME S PAYS-BAS, depuis le 25 août 1830, précédés du Catéchisme du en belge et de chants patriotiques. 1 vol. in-18. 1 fr. 25

XTRAIT D'UN DISCOURS SUR L'ORIGINE DU CLERGÉ, les gres et la décadence du pouvoir temporel ; par l'ancien archevêque de T.... chure in-8. 2 fr.

XAMEN DU SALON DE 1827, avec cette épigraphe : Rien n'est beau te vrai. 2 brochures in-8. 5 fr.

ALERIE DE RUBENS, dite du Luxembourg, faisant suite aux galeries Florence et du Palais-Royal ; par MM. MATHET et CASTEL. Treize livraisons tenant 26 planches. 1 gros vol. in-fol. (Ouvrage terminé.)
rix de chaque livraison, figures noires. 6 fr.
vec figures coloriées. 10 fr.

ÉOMÉTRIE PERSPECTIVE, avec ses applications à la recherche ombres, par G.-B. DUPOUX colonel du génie, membre de la Légion-

3

d'Honneur, et secrétaire de la Société des Arts de Genève; in-8, avec un
Atlas de 11 planches in-4.   6 fr

GRAISSINET (M.), ou Qu'est-il donc? histoire comique, satirique et
véridique, publiée par Duval. 4 vol. in-12.   10 fr

Ce roman, écrit dans le genre de ceux de Pigault, est un des plus amusant
que nous ayons.

HISTOIRE DE POLOGNE, d'après les historiens polonais Naruszewicz,
Albertrandy, Czacki, Lelewel, Bandtkie, Niemcewicz, Zielinski, Kollontay,
Oginski, Chodzko, Przeczaszynski, Mochnacki, et autres écrivains nationaux.
2 vol. in-8.   7 f.

HISTOIRE DES PROGRÈS DES SCIENCES NATURELLES, depuis
1789 jusqu'à ce jour; par M. le baron G. Cuvier. 4 vol. in-8.   18 fr

HISTOIRE DES LÉGIONS POLONAISES EN ITALIE, sous le commandement du général Dombrowski, par Léonard Chodzko, 2 vol. in-8. 17 fr

**INFLUENCE (de l') DES ÉRUPTIONS ARTIFICIELLES DANS
CERTAINES MALADIES,** par Jenner, auteur de la découverte de la vac-
cine. Brochure in-8   2 fr. 50 c

LETTRES SUR LES DANGERS DE L'ONANISME, et conseils relatifs
au traitement des maladies qui en résultent; ouvrage utile aux pères de
famille et aux instituteurs; par M. Doussin-Dubreuil. 1 vol. in-12. Troisième
édition.   1 fr. 50 c

LETTRES SUR LA MINIATURE, par Mansion. 1 vol in-12.   4 fr

MANUEL DES JUSTICES DE PAIX, ou Traité des fonctions et des attributions des Juges de paix, des Greffiers et Huissiers attachés à leur tribunal, avec
les formules et modèles de tous les actes qui dépendent de leur ministère; auquel on a joint un recueil chronologique des lois, des décrets, des ordonnances
du roi, et des circulaires instructions officielles, depuis 1790, et un extrait des
cinq Codes; contenant les dispositions relatives à la compétence des justices de
Paix; par M. Levasseur, ancien jurisconsulte. Nouvelle édition, entièrement refondue, par M. Rondonneau; gros volume in-8. 1833.   6 fr

— MUNICIPAL (nouveau), ou Répertoire des Maires, Adjoints, Conseillers municipaux, Juges de paix, Commissaires de police, et des Citoyens français, dans leurs rapports avec l'administration, l'ordre judiciaire, les collèges
électoraux, la garde nationale, l'armée, l'administration forestière, l'instruction publique et le clergé; contenant l'exposé complet du droit et des devoirs
des Officiers municipaux et de leurs Administrés, selon la législation nouvelle;
suivi d'un appendice dans lequel se trouvent les formules pour tous les actes de
l'administration municipale, par M. Boyard, président à la Cour royale d'Or-
léans. 2 vol. in-8. 1834.   10 fr

— DE LITTÉRATURE A L'USAGE DES DEUX SEXES, conte-
nant un précis de rhétorique, un traité de la versification française, la définition de tous les différens genres de compositions en prose et en vers, avec des
exemples tirés des prosateurs et des poètes les plus célèbres, et des préceptes
sur l'art de lire à haute voix; par M. Vieir. 3e. édition, revue par madame
d'Hautpoul. 1 vol. in-18.   1 fr 75 c

— MANUEL DES POIDS ET MESURES, des monnaies et du calcul décimal; par M. Tarbé des Sablons. Édition avec un supplément contenant les additions faites à l'édition in 18. 1 gros vol. in-8   3 fr. 50 c.

— DES EXPERTS EN MATIÈRES CIVILES, ou Traités, d'après les
Codes civil, de procédure et de commerce: 1° des experts, de leur choix, de
leurs devoirs, de leurs rapports, de leur nomination, de leur nombre, de leur
récusation, de leurs vacations, et des principaux cas où il y a lieu d'en nommer; 2° des biens et des différentes espèces de modifications de la propriété;
3° de l'usufruit, de l'usage et de l'habitation; 4° des servitudes et services fon-
ciers; 5° des réparations locatives, de la garantie des défauts de la chose ven-
due, de la vérification des écritures, du faux incident civil, des mines, relatif

ment aux indemnités auxquelles elles peuvent donner lieu entre les proprié
és de terrains et les concessionnaires , et de l'estimation ou fixation de la va *
· des différentes espèces de biens', notamment de ceux qui sont exproprié
r cause d'utilité publique; 6° des bois taillis des futaies et forêts, de leur ré-
ition , délimitation et arpentage , le tout d'après les regles établies par le
e forestier.

et ouvrage, indispensable aux architectes, entrepreneurs , propriétaires ,
aiers, locataires experts et autres , est terminé par des modèles de procès-
taux , ou rapports des principales opérations d'experts en matières conten-
ses et non contentieuses , par M. Ch. , ancien jurisconsulte , auteur du Ma-
! des arbitres. 6ᵉ édit.   6 fr

|ANUEL DES ARBITRES, ou Traité des principales connaissances néces-
es pour instruire et juger les affaires soumises aux décisions arbitrales, soit en
ières civiles ou commerciales , contenant les principes, les lois nouvelles ,
décisions intervenues depuis la publication de nos Codes, et les formules qui
cernent l'arbitrage , ouvrage indispensable aux personnes qui consentent à
| nommées arbitres ou qui sont attachées à l'ordre judiciaire , ainsi qu'aux
aires , négocians , propriétaires , etc. , par M. Ch. , ancien jurisconsulte .
eur du Manuel des Experts. Nouvelle édition.   8 f .

– COMPLET DU VOYAGEUR AUX ENVIRONS DE PARIS, ou Ta-
au actuel des environs de cette capitale. 1 gros vol. in-18 , orné d'un grand
nbre de vues et d'une carte très détaillée des environs de Paris; par M. de
x.   3 f .

– COMPLET DU VOYAGEUR DANS PARIS, ou nouveau Guide de l'é
ager dans cette Capitale ; par M. Lebeux. 1 gros vol. in-18 , orné d'un grand
nbre de vues et de trois cartes.   3 fr. 50 c.

IEMOIRES ET CORRESPONDANCE de Duplessis-Mornay 12 vol. in-8 .
                                                                        84 f .

IEMOIRES SUR LA GUERRE DE 1809 EN ALLEMAGNE , avec les
rations particulières des corps d'Italie , de Pologne , de Saxe , de Naples et de
Beheren : par le general Pelet , d'après son journal fort détaillé de la cam-
ue d'Allemagne. ses reconnaissances et ses divers travaux, la correspondance
Napoléon avec le major-général , les maréchaux , les commandans en chef,
, accompagnés de pièces justificative et inédites. 4 vol. in-8.   28 f .

IÉTHODE COMPLÈTE DE CARSTAIRS, dite AMÉRICAINE, ou l'Art
rire en peu de leçons par des moyens prompts et faciles ; traduit de l'anglais
la dernière édition. par M. Trumzt, professeur. 1 vol. oblong, accompa-
d'un grand nombre de modèles mis en français.   3 fr.

IINISTRE (le) DE WAKEFIELD. 2 vol. in-12. Nouvelle édition.   4 fr.

IOTES SUR LES PRISONS DE LA SUISSE et sur quelques unes du con-
nt de l'Europe: moyens de les améliorer ; par M Fr. Cuningham ; suivies
la description des prisons améliorées de Gand , Philadelphie , Ilchester et
bank: par M. Buxton. In-8.   4 fr. 50.

IOSOGRAPHIE GÉNÉRALE ÉLÉMENTAIRE , ou Description et trai-
ent rationel de toutes les maladies : par M. Sérssscx-Gris, docteur de la
ulté de Paris. Nouvelle édition. 4 vol. in-8.   20 fr.

IOUVEAU COURS DE THÈMES pour les sixième , cinquième qua-
me , troisième et deuxième classes , à l'usage des colleges ; par M. Plancar ,
fesseur de rhétorique au collège royal de Bourbon, et M. Carpentier. Ou-
ge recommandé pour les colleges par le Conseil royal de l'Université. Seconde
ion , entièrement refondue et augmentee. 2 vol. in-12.   10 fr.

es mêmes avec les corrigés à l'usage des maitres. 10 vol.   22 fr. 50 c.

On vend séparément:

Cours de sixième à l'usage des élèves, 1 fr.
Le corrigé à l'usage des maîtres, 1 fr. 50 c.
Cours de cinquième à l'usage des élèves, 1 fr.
Le corrigé, 1 fr. 50 c.
Cours de quatrième à l'usage des élèves, 1 fr.
Le corrigé, 1 fr. 50 c.
Cours de troisième à l'usage des élèves, 2fr.
Le corrigé, 2 fr. 50 c.
Cours de seconde à l'usage des élèves, 2 fr.
Le corrigé, 2 fr. 50 c.

ŒUVRES POÉTIQUES DE BOILEAU. *Nouvelle édition*, accompagnée de Notes faites sur Boileau par les commentateurs ou littérateurs les plus distingués; par M. J. PLANCHE, professeur de rhétorique au collège royal de Bourbon, et M. NOEL, inspecteur-général de l'Université. 1 gros v. in-12. 1 fr. 50 c.
— **DE KRASICKI.** 1 vol. in-8, à deux colonnes, gr. papier vélin. 15 fr.

ORDONNANCE SUR L'EXERCICE ET LES MANŒUVRES D'INFANTERIE, du 4 mars 1831 (Ecole du soldat et de peloton). 1 vol. in-18, orné de figures. 75 c.

PENSÉES ET MAXIMES DE FÉNELON. 2 vol. in-18, portrait. 5 fr.
— **DE J.-J. ROUSSEAU.** 2 vol. in-18, portrait. 8 fr.
— **DE VOLTAIRE.** 2 volumes in-18, portrait. 5 fr.

PRÉCIS DE L'HISTOIRE DES TRIBUNAUX SECRETS DANS LE NORD DE L'ALLEMAGNE, par A. LOEVE VEIMARS. 1 vol. in-18. 1 fr. 25 c.

PRÉCIS HISTORIQUE SUR LES RÉVOLUTIONS DES ROYAUMES DE NAPLES ET DE PIEMONT EN 1820 ET 1821, suivi de documens authentiques sur ces évènemens; par M. le comte de D... *Deuxième édition.* 1 volume in-8. 4 fr. 50 c.

PRINCIPES DE PONCTUATION, fondés sur la nature du langage écrit, par M. FAEZ, ouvrage approuvé par l'Université. Un vol. in-12. 1 fr. 50 c.

PROCÈS DES EX-MINISTRES; Relation exacte et détaillée, contenant tous les débats et plaidoyers recueillis par les meilleurs sténographes. *Troisième édition.* 3 gros volumes in-18, ornés de quatre portraits gravés sur acier. 7 fr. 50 c.

ROMAN COMIQUE DE SCARON. 4 volumes in-12, figures. 8 fr.

RECUEIL GÉNÉRAL ET RAISONNÉ DE LA JURISPRUDENCE et des attributions des justices de paix, en toutes matières, civiles, criminelles, de police, de commerce, d'octroi, de douanes, de brevets d'invention, contentieuses et non contentieuses, etc. etc., par M. BIRET. Cet ouvrage honoré d'un accueil distingué par les magistrats et les jurisconsultes, vient d'être totalement refondu dans une troisième édition; c'est à présent une véritable encyclopédie où l'on trouve tout, absolument tout ce que l'on peut désirer sur ces matières. Toutes les questions de droit, de compétence, d'eprocédure, y sont traitées, et des lacunes, des controverses très nombreuses y sont examinées et aplanies. *Troisième édition.* 2 forts volumes in-8. 1834. 14 fr.

SCIENCE (la) ENSEIGNÉE PAR LES JEUX, ou Théorie scientifique des jeux les plus usuels, accompagnée de recherches historiques sur leur origine, servant d'introduction à l'étude de la mécanique, de la physique, etc; imité de l'anglais par M. RICHARD, professeur de mathématiques. Ouvrage orné d'un grand nombre de vignettes gravées sur bois par M. GODARD fils. 2 jolis volumes in-18 7 fr.

STATISTIQUE DE LA SUISSE, par M. PICOT, de Genève. 1 gros vol. in-12 de plus de 600 pages. 7 fr.

ERMONS DU PÈRE L'ENFANT., PRÉDICATEUR DU ROI
IS XVI. 8 gros volumes in-12, ornés de son portrait. *Deuxième édi-*
20 fr.
NONYMES (nouveaux) FRANÇAIS, à l'usage des Demoiselles; par
emoiselle FACES. 1 volume in-12.
3 fr.
E LA POUDRE LA PLUS CONVENABLE AUX ARMES A PIS-
S; par M. C.F. VERGNAUD aîné. 1 volume in-18.
75 c.
HÉORIE DU JUDAISME, par l'abbé CHABRIT, 2 vol. in-8.
10 fr.
ABLEAU DE LA DISTRIBUTION MÉTHODIQUE DES ESPÈCES
NÉRALES suivie dans le cours de minéralogie fait au Muséum d'histoire
relle en 1833, par M. ALEXANDRE BRONGNIART, professeur. Broch. in-8. 2 fr.
OYAGE MÉDICAL AUTOUR DU MONDE, exécuté sur la corvette
roi *la Coquille*, commandée par le capitaine Duperrey, pendant les
ées 1822, 1823, 1824 et 1825 : suivi d'un mémoire sur les *Races humaines*
ndues dans l'Océanie, la Malaisie et l'Australie; par M. LESSON. 1 vol.
4 fr. 5 cc.

OUVRAGES POUR COMPTE.

ABRÉGÉ D'HISTOIRE UNIVERSELLE, *première partie*, comprenant
stoire des Juifs, des Assyriens, des Perses, des Égyptiens et des Grecs, jus-
à la mort d'Alexandre-le-Grand, avec des tableaux de synchronismes; par
Bourgon, professeur de l'académie de Besançon. *Seconde édition.* 1 vol
2 f.
ABRÉGÉ D'HISTOIRE UNIVERSELLE, *seconde partie*, comprenant
stoire des Romains depuis la fondation de Rome : par M. Bourgon, etc.
ol. in-12.
3 L 50 c.
ABRÉGÉ DE L'HISTOIRE UNIVERSELLE, quatrième partie, com-
nant l'Histoire des Gaulois, les Gallo-Romains, les Francs et les Français
qu'à nos jours, avec des Tableaux de synchronismes; par M. J.-J. Bourgon.
olumes in-12.
6 fr.
ARABESQUES POPULAIRES, suivies de l'Album des murailles. Un vol
8.
5 fr.
LBUM TOPOGRAPHIQUE; par PERROT. 1 cahier oblong contenant
planches coloriées.
7 f
LMANACH DU CULTIVATEUR, pour l'année bissextile 1836, deuxième
ée.
15 c
ARITHMÉTIQUE ÉLÉMENTAIRE, THÉORIQUE ET PRATIQUE;
JOUANNE. 1 vol. in-8.
2 f. 50 c.
RT DE LEVER LES PLANS, et nouveau Traité d'arpentage et de ni
ement: par MASTAINC, 1 vol. in-12.
4 f
TLAS DE LESAGE. *Nouvelle édition.* In-fol. cartonné.
130 f
NALYSES DES SERMONS du P. GUYON, précédées de l'Histoire de
mission du Mans. 1 vol. in-12.
CARTE TOPOGRAPHIQUE DE SAINTE-HÉLÈNE, très bien gravée
1 f. 50 c.
CONGRÈS SCIENTIFIQUES DE FRANCE, première session, tenue à
en en juillet 1835. Un vol. in-8.
4 f. 50 c.
CATALOGUE DES LÉPIDOPTÈRES DU DÉPARTEMENT DU
AR; par M. L. P. CAYRNER. In-8.
2 fr.
CHIMIE APPLIQUÉE AUX ARTS; par CHAPTAL, membre de l'Institut.
ouvelle édition, avec le additions de M. GUILLERY. 5 livraisons en un seul gros
l. in-8. grand papier.
20 f.
CONSIDÉRATIONS SUR LES TROIS SYSTÈMES DE COMMUN

3.

CATIONS INTERIEURES', au moyen des routes, des chemins de fer et de canaux; par M. NADAULT, ingénieur des ponts-et-chaussées. 1 vol. in-4°. 6 f.

COUPE THÉORIQUE DES DIVERS TERRAINS, ROCHES ET MINÉRAUX QUI ENTRENT DANS LA COMPOSITION DU SOL DU BASSIN DE PARIS; par MM. CUVIER et Alexandre BRONGNIART. Une feuille in fol. 1 fr. 50 c.

COURS D'ARITHMÉTIQUE ET D'ALGÈBRE, élémentaires, théoriques et pratiques, avec un supplement pour les aspirans à la marine; par JOUANNO. 1 vol 6 f.

ÉLECTIONS (des) SELON LA CHARTE ET LES LOIS DU ROYAUME, ou Exposé des droits, privileges et obligations attachés à la qualité d'electeur; par M. BOYARD. 1 vol. in-8. 6 f.

ÉLEMENS (nouveaux) DE LA GRAMMAIRE FRANÇAISE; par M. PALLUEL. 1 vol. in-12. 1 f. 25 c.

DES DROITS ET DES DEVOIRS DE LA MAGISTRATURE FRANÇAISE ET DU JURY, par M. BOYARD, conseiller à la Cour Royale de Nancy. 1 vol. in-8. 6 f.

DESCRIPTION GÉOLOGIQUE DE LA PARTIE MERIDIONALE DE LA CHAINE DES VOSGES; par M. Rozet, capitaine au corps royal d'état major. In-8, orné de planches et d'une jolie carte. - 10 fr.

DESCRIPTION DES NOUVELLES MONTRES À SECONDES; par H. Robert. In-4 avec planches. 7 fr.

ESPRIT DU MÉMORIAL DE SAINTE-HÉLÈNE; par le comte de LAS CASES. 3 vol. in-12. 12 f.

ÉLEMENS D'HISTOIRE NATURELLE, présentant dans une suite de tableaux synoptiques accompagnes de nombreuses figures, un précis complet de cette science; par C. Saucerotte, docteur en médecine de la faculté de Paris, membre correspondant de l'Académie royale de médecine et de plusieurs Sociétés savantes, auteur de divers ouvrages couronnés, professeur d'histoire naturelle, etc.

Cet ouvrage comprend trois parties, Minéralogie-Géologie, Botanique et Zoologie : il est accompagné d'un atlas de 35 pl. in-4, et terminé par une table étymologique des diverses branches de l'histoire naturelle.

Prix de l'ouvrage complet : 1 vol. in-4, de 30 feuilles d'impression, figures noires, 10 fr.; coloriées, 20 fr.

Chaque partie se vend séparément :

— Minéralogie-géologie, 2 edit., 1 vol. in-4, 5 planches, figures noires, 4 fr.; coloriees, 8 fr.

— Botanique, 2 édit., 1 vol. in-4, 14 planches, figures noires, 3 fr. 50 c.; coloriees, 7 fr.

— Zoologie, 2 édit., 1 vol. in-4, 15 pl, fig. noires, 4 fr.; coloriées, 8 fr.

— Precis de geologie, 1 vol. in-4 avec 2 planches, 2 fr.

FONCTIONS (les) DE LA PEAU, et des Maladies graves qui résultent de leur dérangement; par M. DOUSSIN-DUBREUIL. 1 vol. in-12. 2 f. 50 c.

GÉOMETRIE USUELLE, dessin géométrique et dessin linéaire sans instrumens, en 120 tableaux dedies à M. le baron Feutrier; par C. BOURSEAU. 1 vol. in-4. 10 f.

GLAIRES (des), de leurs eau es, de leurs effets, et des indications à remplir pour les combattre. Neuvieme édition; par M. DOUSSIN-DUBREUIL. in 8. 4 f.

GRAMMAIRE NOUVELLE DES COMMENÇANS, contenant les dix parties du discours, développees et mises à la portée des enfans; par M. BRAUD, élève de M. Jacotot. 1 f.

GUIDE GÉNÉRAL EN AFFAIRES, ou Recueil de modèles de tous les actes. Troisième édition. 1 vol. in-12. 4 f.

ICTIONNAIRE COMPLET GEOGRAPHIQUE, STATISTIQUE ET MMERCIAL DE LA FRANCE ET DE SES COLONIES; par Briand-de-Verzé. 2 vol. in-18. 9 f r.

CLECTISME EN LITTERATURE, mémoire auquel la médaille d'or de mière classe a été décernée; par madame Elisabeth Celnart. 1 fr. 25 c.

DUCATION (DE L') DES JEUNES PERSONNES, ou indication sue; :te de quelques améliorations importantes à introduire dans les pensionnats mademoiselle Fabre. 1 vol. in-12. 1 fr. 50 c.

LÉMENS DE GEOGRAPHIE UNIVERSELLE ancienne et moderne, M. Noellat. Un gros vol. in-12. 4 fr.

EPTAMERON, ou les sept premiers jours de la création du monde, et les t âges de l'église chrétienne. 1 grand vol. in-8. 5 fr.

EUX DE CARTES HISTORIQUES; par M. Jouy, de l'Académie fran- e. A 2 francs le jeu.
ontenant l'Histoire romaine, l'Histoire de la monarchie française, l'Histoire :que, la Mythologie, l'Histoire sainte la Géographie.
elui-ci se vend 50 c. de plus, à cause du planisphère
'Histoire du Nouveau Testament pour faire suite à l'Histoire sainte, l'His - e d'Angleterre, l'Histoire des animaux, l'Histoire des empereurs, la Lec- s. la Musique, la Chronologie, l'Astronomie et la Botanique.

OURNAL D'AGRICULTURE, d'Economie rurale et des Manufacture du aume des Pays-Bas. La collection complète jusqu'à la fin de 1823 se com- e de 16 vol. in-8. Prix, à Paris 75 f.

LEÇONS D'ARCHITECTURE; par Durand. 2 vol. in-4. 40 f.
La partie graphique, ou tome troisième du même ouvrage : 20 f.

LETTRES INEDITES de Buffon, J.-J. Rousseau, Voltaire, Piron, de lande. Larcher, etc. 1 vol. in-12. 3 f.

LIBERTES les GARANTIES PAR LA CHARTE, ou de la Magistrature 15 ses rapports avec la liberté de la presse et la liberté individuelle; par Bozard 1 vol. in-8. 6 f.

Ma NUEL DES BAINS DE MER, leurs avantages et leurs inconvéniens; M. Blot. 1 vol. in-18. 2 f.

HANUEL DES INSTITUTEURS ET DES INSPECTEURS D'ÉCOLES IMAIRES; par ***, membre d'un comité d'arrondissement, 1 vol. 12. 4 f.

HANUEL DU CAPITALISTE; par M. Bonnet, 1 vol. in-8. 6 fr.

MANUEL DU NEGOCIANT DANS SES RAPPORTS AVEC LA)UANE, ouvrage indispensable aux armateurs, négocians, capitaines de ires, commissionnaires, courtiers, commis du dehors, etc.: par M. Bazos. exien. employé à la douane de Bordeaux. 1 volume in-12. 4 f

MANUEL DES PEINTURES ORIENTALES ET CHINOISES en reliefs Saint-Victor. 1 vol. in 18 3 f.

MANUEL DES NOURRICES; par madame Elisabeth Celnart. Un vol. 18. 1 fi 50 c.

MANUEL DE TRÉFILERIE DE FIL DE FER, Par M. Mignard-Bilinge, ol. in-18. 3 fr. 50 c.

IAPPEMONDE (la) de l'Atlas de Lesage. 2 f.

MODÉLES DE L'ENFANCE. Deuxième édition, revue et augmentée par l'abbé Théodore Pezeax. 1 vol. in-18. 1 f.

UITÉ AU MEMORIAL DE SAINTE-HÉLÈNE, ou Observations criti- s et anecdotes inedites pour servir de supplément et de correctif à cet ou- ge, contenant un manuscrit inédit de Napoléon, etc. Orné du portrait de Las Cases. 1 vol in-8. 7 f.
e même ouvrage. 1 vol. in-12. 3 f. 50 c.

MÉTHODE DE LECTURE ET D'ÉCRITURE, d'après les principes d'eL

seignement universel de M. JACOT, développés et mis à la portée de tout
monde; par BRAUD, 1 vol. in-4. 1 f 50 c

NOUVEAU RÉPERTOIRE DE LA JURISPRUDENCE ET DE LA
SCIENCE DU NOTARIAT, depuis son organisation jusqu'à présent, contenant, dans l'ordre alphabétique, l'extrait et l'analyse des meilleurs ouvrages e
de tout ce qu'il y a de plus intéressant sur cette matière, avec des notes et for
mules; par J.-J.-S. SERRES. 1 vol. in-8. 7 fr

NOUVEAUX APERÇUS SUR LES CAUSES ET LES EFFETS DES
GLAIRES : par M. DOUSSIN-DUBREUIL. In-8. 2 fr

OEUVRES DE M. BALLANCHE, 5 vol. in-8. papier vélin, 4 ont paru.
Prix de chaque vol. 9 fr

Les mêmes, 10 volumes in-18, papier vélin, 12 ont paru, prix de chaqu
volume. 1 fr. 50 c

POÉSIES D'ADAM MICKIEWICZ; 3 volumes in-18, papier véli
superfin d'Annonay. 15 fr

PHILOSOPHIE ANTI-NEWTONIENNE, ou Essai sur une nouvelle phy
sique de l'univers, par M. J. BEAUTES. 3 livraisons in 8. 4 fr. 50 c.

RECUEIL DE MOTS FRANÇAIS, rangés par ordre de matières, avec de
notes sur les locutions vicieuses et des règles d'orthographe, par B. PAUTEX
Quatrième édition. in-8, cart. 1 fr. 50 c

RECUEIL ET PARALLÈLES D'ARCHITECTURE, par M. DURAND
Grand in-fol. 180 fr

RAPPORTS DES MONNAIES, POIDS ET MESURES des principau
états de l'Europe; ce tarif est collé sur bois. 3 fr

SOURD-MUET (le) ENTENDANT PAR LES YEUX, ou Tripl
Moyen de communication avec ces infortunés, par des procédés abréviatifs d
l'écriture, suivi d'un projet d'imprimerie syllabique; par LE PÈRE D'UN SOURD
MUET. Un vol. in-4°. 7 f

STÉNOGRAPHIE, ou l'Art d'écrire aussi vite que la parole; méthod
simplifiée d'après les systèmes des meilleurs auteurs français, avec 4 planches
par C.-D. LAGACHE. Un vol. in-8°. 3 fr. 50 c

STÉNOGRAPHIE, ou l'Art d'écrire aussi vite que la parole; par M. CONEX
DE PRÉPEAN. Nouvelle édition. 4 f. 50 c

SOUVENIRS ATLANTIQUES, Voyage aux États-Unis et au Canada; pa
Théodore PAVIE. 2 vol. in-8. 15 fr

TABLEAU DES PRINCIPAUX ÉVÈNEMENS QUI SE SONT PASSÉ
A REIMS, depuis Jules-César jusqu'à Louis XVI inclusivement; par M. CA
MUS-DARAS. Deuxième édition, revue et augmentée. 1 vol. in-8°. 10 f

TRAITÉ SUR LA NOUVELLE DÉCOUVERTE DU LEVIER VO
LUTE, dit LEVIER-VINET. In-18. 1 f. 50 c

TOPOGRAPHIE DE TOUS LES VIGNOBLES CONNUS, contenan
tous les renseignemens géographiques, statistiques et commerciaux qui peu
vent intéresser les consommateurs et les negocians; quatrième édition, u vo
lumes in-8°. Prix, 7 fr. 50

Ouvrages de M. l'abbé Ceren.

LA ROUTE DU BONHEUR. 1 vol in-18.
L'ART DE RENDRE HEUREUX TOUT CE QUI NOUS ENTOURE
2 vol. in-18.
LA VERTU PARÉE DE TOUS SES CHARMES. 1 vol. in-18.
LE BEAU SOIR DE LA VIE. 1 vol in-18.
L'ECCLÉSIASTIQUE ACCOMPLI. 1 vol. in-18.
LES ÉCOLIERS VERTUEUX. 2 vol. in-18
L'HEUREUX MATIN DE LA VIE. 1 vol in-18.
NOUVELLES HÉROINES CHRÉTIENNES. 2 vol. in-18.
PENSÉES CHRÉTIENNES. 12 volumes in-18.
— ECCLÉSIASTIQUES. 12 vol. in 18

RECUEIL DE CANTIQUES ANCIENS ET NOUVEAUX. 1 vol. in-18.
1 f. 50 c.

Ouvrages de M. Noël.

ABRÉGÉ DE LA GRAMMAIRE FRANÇAISE; par MM. Noël et Chapsal. 1 vol. in-12. 90 c.

GRAMMAIRE LATINE (nouvelle) sur un plan très méthodique: par Noël, inspecteur de l'université et M. Pellens, un vol. 1 fr. 80 c.

GRAMMAIRE FRANÇAISE (nouvelle) sur un plan très méthodique avec nombreux exercices d'Orthographe, de Syntaxe et de Ponctuation, tirés de meilleurs auteurs, et distribués dans l'ordre des Règles; par MM. Noël et Chapsal. 3 volumes in-12 qui se vendent séparément, savoir:

La Grammaire, 1 vol. 1 f. 50 c.
Les Exercices, 1 vol. 1 f. 50 c.
Le corrigé des Exercices. 2 f.

LEÇONS D'ANALYSE GRAMMATICALE, contenant: 1° des Préceptes l'art d'analyser; 2° des Exercices et des sujets d'analyse grammaticale, gradués calqués sur les Préceptes; par MM. Noël et Chapsal. 1 vol. in-12. 1 f. 80 c.

LEÇONS D'ANALYSE LOGIQUE, contenant: 1° les préceptes de l'art analyser; 2° des Exercices et des sujets d'analyse logique, gradués et calqués es Préceptes; par MM. Noël et Chapsal. 1 vol. in-12. 1 f. 80 c.

TRAITÉ (nouveau) DES PARTICIPES, suivi de dictées progressives, par Noël et Chapsal. 1 vol. in-12. 2 f.

CORRIGÉ DES EXERCICES SUR LE PARTICIPE. 1 vol. in-12. 2 f.

COURS DE MYTHOLOGIE. 1 vol. in-12. 2 f.

NOUVEAU DICTIONNAIRE DE LA LANGUE FRANÇAISE. 5e édition. 1 vol. in-8, grand papier. 8 f.

Ouvrages de M. Ollivier.

ARITHMÉTIQUE USUELLE ET DE COMMERCE, ou Cours complet calcul théorique et pratique. Sixième édition. 1 vol. in-12. 2 f. 50 c.

RECUEIL des 500 exercices et des 350 problèmes très variés, contenus dans thmétique usuelle et de commerce. 6e édition. In-12. 1 f. 25 c.

PHYSIQUE USUELLE, ou Thèmes sur la physique, pour être appris de noir par les élèves. Deuxième édition. In-12. 2 f.

TOISÉ DES SURFACES ET DES VOLUMES, autrement appelé Planétrie et Stéréométrie. In-12. 1 f.

GÉOMÉTRIE USUELLE, ou Cours de mathématiques théorique et pratique. 1 vol. in-8. 6 f.

MÉCANIQUE USUELLE, contenant la théorie des forces, ainsi que l'application de ces principes aux différentes machines, telles que les leviers, poulies et moufles, le treuil, le plan incliné, a vis et le coin, le tout de problèmes; par G.-F. Olivier, bachelier ès-sciences, etc. 1 fr. 50 c. et ouvrage, réellement élémentaire et à la portée de tout le monde, faisant à la Géométrie usuelle, est principalement destiné aux jeunes élèves des ges et institutions.

Ouvrages de M. Vileret.

GRAMMAIRE CLASSIQUE, ou cours complet simplifié de langue française, théorique et pratique réellement élémentaire et à la portée des jeunes élèves de l'un et de l'autre sexe. 1 fr. 25 c.

EXERCICES sur l'orthographe et la Syntaxe. 1 fr. 25 c.

GÉOGRAPHIE CLASSIQUE suivie d'un Dictionnaire explicatif des lieux principaux de la géographie ancienne, à l'usage des jeunes élèves des collèges institutions. 1 fr. 25 c.

CHRONOLOGIE CLASSIQUE, ou abrégé d'Histoire générale, 1re partie prenant l'Histoire ancienne, c'est-à-dire l'Histoire suivie et non interrompue de chacun des principaux peuples qui ont existé sur la terre, jusqu'à l'o

rigine de ceux qui y existent maintenant. A l'usage des jeunes élèves des co
èges et institutions.   2 f

ABRÉGE DE GÉOMÉTRIE PRATIQUE appliquée au dessin linéaire
u toisé et au lever des plans; suivi des principes de l'architecture et de l
perspective; par F. P. et L. C. Ouvrage orné de 430 figures en taille douce
Prix, broché: 2 f. 5o

NOUVEAU TRAITÉ D'ARITHMÉTIQUE DÉCIMALE, contenant tout
os operations ordinaires du calcul, les fractions, la racine carrée, les rédu
tions des anciennes mesures, et réciproquement; un abrégé de l'ancien calcu
les principes pour mesurer les surfaces et la solidité des corps, etc. Édition e
richie de 1316 problèmes à résoudre, et d'une planche représentant plusieu
gravures de géométrie, pour servir d'exercice aux élèves; par les mêmes. Vo
in-12, de 216 pages. Prix, broché;   1 f. 5o

RÉPONSES et SOLUTIONS des 1316 questions et problèmes conten
sans le nouveau Traité d'arithmetique décimale; par les mêmes. Vol. in-12
81 pages. Prix, broché: 1 f. 15

NOUVELLE CACOGRAPHIE, dont les exemples sont tirés tant de l'Éc
ture-Sainte que des saints Pères et autres bons auteurs; suivie de modé
d'actes; par les mêmes. Vol. in-12. Prix, broché: 75

CORRIGÉ DES EXERCICES DE LA CACOGRAPHIE, dont les exe
ples sont tirés tant de l'Écriture-Sainte que des saints Pères et autres bo
auteurs; par les mêmes. 1 vol. in-12. Prix, broché: 1

ABRÉGE DE GÉOGRAPHIE COMMERCIALE ET HISTORIQUE
contenant un précis d'astronomie selon le système de Copernic, les définitio
des différens météores, un tableau synoptique pour chaque département,
des notions historiques sur les divers états du globe, etc.; par L. C. et F.
Vol. in-12 orné de 6 cartes géographiques. A l'usage des écoles primaire
                                                                         1 f. 10

OUVRAGES D'ASSORTIMENT.

ABRÉGE DE LA FABLE, ou de l'Histoire poétique, par JOUVENCY, tra
en français et rangé suivant la méthode de DUMARSAIS. In-18.   11.5o

ABRÉGE DE LA GRAMMAIRE FRANÇAISE, par M. de W   .D
nième édition. 1 vol. in-12.   75

ABRÉGE DE L'HISTOIRE DE FRANCE, à l'usage des él   de a
cienne ecole royale militaire, 1 vol. in-12, cart.   2 f

-- DE L'HISTOIRE ROMAINE, idem, in-12, cart.   2 f

— DE L'HISTOIRE ANCIENNE, idem, in-12, cart.   2 f

— DE L'HISTOIRE SAINTE, idem, in-12, cart.   1 fr. 75

— DE LA FABLE, idem, in 12, cart.   1f

ANNÉE AFFECTIVE, par AVRILLON. In-12.   2 f. 5o

**ABRÉGE DES TROIS SIÈCLES DE LA LITTÉRATURE FRAN
ÇAISE,** par SABATIER DE CASTRES. 1 vol. in-12.   3 f

ABRÉGE DU COURS DE LITTÉRATURE DE LA HARPE, p
PELLAIN. Deuxième édition. 3 vol. in-12.   7 f

AVENTURES DE TÉLÉMAQUE, par FÉNELON. Nouvelle édition, av
des notes géographiques et mythologiques, et des remarques pour l'intelligen
de ce poème: augmentée des Aventures d'Aristonoüs. 1 vol. in-12. 2 f. 5o

AVENTURES DE ROBINSON CRUSOÉ. 4 vol. in-18.   6 f

Le même ouvrage, 4 vol. in 32.   5 f

AME (l') CONTEMPLANT LES GRANDEURS DE DIEU. In-1
                                                                         2 f. 5o